纤维增强尾砂胶结材料损伤破坏特性

赵 康 杨 健 著

科 学 出 版 社

北 京

内 容 简 介

本书主要对纤维增强尾砂胶结材料的损伤破坏特性进行研究。通过室内试验研究纤维增强尾砂胶结材料的力学特性、能量演化特征及初始微观结构；基于声发射技术研究纤维增强尾砂胶结材料细观破坏机理、空间定位损伤演化过程及损伤裂纹分类方法；基于数字图像相关技术研究纤维增强尾砂胶结材料表面损伤演化特征；通过理论分析分别建立不同纤维作用下和不同灰砂比条件下尾砂胶结材料的损伤模型；通过数值模拟揭示单轴压缩下不同纤维增强尾砂胶结材料的细观破坏机理。

本书可供从事尾矿资源化利用的资源、环保、岩土、材料等领域相关的政府部门、科研人员及高等院校相关专业师生阅读、参考。

图书在版编目(CIP)数据

纤维增强尾砂胶结材料损伤破坏特性 / 赵康，杨健著. —北京：科学出版社，2024.4

ISBN 978-7-03-077729-4

Ⅰ. ①纤… Ⅱ. ①赵… ②杨… Ⅲ. ①纤维增强材料-胶结充填法-研究 Ⅳ. ①TD853.34

中国国家版本馆CIP数据核字(2024)第020636号

责任编辑：李 雪 李亚佩 / 责任校对：王萌萌
责任印制：赵 博 / 封面设计：无极书装

科学出版社 出版
北京东黄城根北街 16 号
邮政编码：100717
http://www.sciencep.com
北京厚诚则铭印刷科技有限公司印刷
科学出版社发行 各地新华书店经销
*
2024 年 4 月第 一 版 开本：720 × 1000 1/16
2024 年 9 月第二次印刷 印张：15 1/4
字数：299 000

定价：128.00 元

(如有印装质量问题，我社负责调换)

作 者 简 介

赵康，男，1980 年 11 月生，河南周口人，博士，博士后，教授，江西省主要学科学术和技术带头人领军人才，博士生导师，现就职于生态环境部固体废物与化学品管理技术中心，主要从事矿山固废综合利用及生态环境修复、环境污染防控及政策、矿山压力及其控制、岩土工程稳定性分析与评价等方面的研究工作。

主持国家自然科学基金项目、中国科协十大工程技术难题项目、黄河流域生态保护和高质量发展联合研究课题、江西省主要学科学术和技术带头人领军人才项目、江西省自然科学青年重点(杰出青年)基金项目等省部级以上项目近 20 项，主持企业课题多项；以第一作者(通信作者)发表论文 80 余篇，其中 SCI 检索 38 篇、EI 检索 26 篇；出版《金属矿山覆岩移动机理及防治技术》等专著 2 部(独著)；以第一发明人被授予国家发明专利 13 项、登记软件著作权 3 项；获得省部级科学技术进步奖 8 项，编制标准 7 项。国家土壤污染防治先行区建设指导帮扶专家、农业面源污染治理与监督指导专家、国家矿山安全监察局专家、多个省份科技专家库专家；《中国有色金属学报》中、英文版第一届青年编委；中国岩石力学与工程学会矿山采动损害与生态修复专业委员会第一届委员会副主任委员、中国有色金属学会环境保护学术委员会第八届委员会委员、中国冶金矿山企业协会安全应急产业工作委员会委员。

前　言

矿业作为国民经济的支柱产业之一，为众多行业的发展提供了丰富的原材料。随着我国经济的高速发展，对矿产资源的需求量大增，矿石洗选后产生大量尾矿等固体废物，据统计，2021 年我国尾矿产生量约 13.08 亿 t，占一般工业固体废物年产生量的四分之一，尾矿累计总量达 600 亿 t 以上。尾矿大量堆存在尾矿库中，对周边生态环境和安全造成严重威胁。尾矿的资源化、规模化利用和无害化处置是矿山企业面临的机会和挑战。基于此，我国在“十四五”时期提出“无废城市”的发展理念，最大限度地推进固体废物源头减量、资源化和无害化利用。固体废物的趋零排放是当前和未来矿业发展的必然趋势，如何有效地利用尾矿资源对环境保护和安全生产都具有重大意义。

将尾矿作为砂石骨料添加胶凝剂制成尾砂胶结材料，用于矿山井下充填，地表塌陷区回填，路基、建(构)筑物等的原材料，是规模化、资源化消纳矿山固体废物的有效途径。传统的尾砂胶结材料是一种由尾砂、水泥和水等材料混合而成的具有一定强度的水泥基材料。然而，在选矿过程中产生的尾砂含有较多的细集料，导致传统的尾砂胶结材料强度较低，工程应用场景受限。在土木和岩土工程领域，一些新的纤维增强材料已被广泛应用，如聚丙烯腈纤维、玻璃纤维等已应用于纤维增强混凝土。纤维的加入有助于改善混凝土强度不足的问题，但是，传统的尾砂胶结材料与混凝土的力学性能具有较大差异，不宜直接引用混凝土领域纤维增强相关研究成果。因此，有必要对尾砂胶结材料的纤维增强效应和损伤破坏特性开展针对性的系统研究，为拓展新型纤维增强尾砂胶结材料的应用场景提供重要价值。

本书从纤维增强效应和损伤破坏特性入手，定量分析了尾砂胶结材料的力学特性、能量演化特征和初始微观结构差异，讨论了纤维对尾砂胶结材料内部细观破坏、裂隙扩展演化、宏观破坏的影响机制。在上述研究成果的基础上，利用损伤力学理论，论述了不同纤维作用下尾砂胶结材料的损伤破坏特性，并建立了以弹性变形阶段与塑性变形阶段交界点为分段点的修正损伤本构模型。最后，通过数值模拟的方法，进一步揭示了尾砂胶结材料单轴压缩破坏的细观破坏机理。

全书共分 11 章，第 1～7、10 章由赵康撰写，第 8～9、11 章由杨健撰写，于祥、何志伟、赖彦铭、赵康奇等人协助撰写了部分章节；全书由赵康统稿。

本书是作者近些年从事尾矿资源化利用领域研究工作的总结和凝练，相关成果已在国内外学术期刊上发表。本书得到了国家自然科学基金项目(52374138、51764013)、江西省主要学科学术和技术带头人培养计划领军人才项目(20204BCJ22005)、中国博士后科学基金项目(2019M652277)、江西省自然科学杰出青年基金项目(20192ACBL21014)等项目的资助，先后培养了于祥、周昀两位博士生和何志伟、宋宇锋、杨健、伍俊、赖彦铭、赵康奇等硕士研究生。由衷感谢第一作者的工作单位生态环境部固体废物与化学品管理技术中心给予本书出版的大力支持；同时感谢北京科技大学、江西理工大学、灵宝金源矿业股份有限公司和西部煤炭绿色安全开发国家重点实验室等单位提供的实验条件和帮助。

本书对纤维增强尾砂胶结材料损伤破坏特性进行了初步研究和探索，若有不足之处，期待与同行切磋和交流。本书写作时参阅和引用了大量的文献资料，谨向相关作者和单位表示衷心感谢。

由于作者水平有限，书中不妥之处，恳请读者予以批评指正！

作　者

2023 年 11 月于北京

目　录

前言
1　绪论 …… 1
1.1　尾砂胶结材料研究背景及意义 …… 2
1.1.1　尾砂胶结材料研究背景 …… 2
1.1.2　尾砂胶结材料研究意义 …… 3
1.2　尾砂胶结材料研究现状 …… 5
1.2.1　纤维增强尾砂胶结材料 …… 5
1.2.2　尾砂胶结材料力学性能 …… 7
1.2.3　尾砂胶结材料破坏机制 …… 8
1.2.4　尾砂胶结材料损伤特性 …… 9
1.3　声发射技术在尾砂胶结材料中的应用 …… 10
1.4　数字图像相关技术在尾砂胶结材料中的应用 …… 11
参考文献 …… 12
2　纤维增强尾砂胶结材料力学特性及能量演化特征 …… 18
2.1　纤维增强尾砂胶结材料试验 …… 19
2.1.1　试验材料 …… 19
2.1.2　试样制备 …… 23
2.1.3　试验设备及过程 …… 25
2.2　不同纤维作用下尾砂胶结材料力学特性 …… 26
2.2.1　强度规律 …… 26
2.2.2　破坏机制 …… 27
2.2.3　韧性机理 …… 30
2.2.4　比能特征 …… 33
2.3　不同灰砂比聚丙烯腈纤维增强尾砂胶结材料能量耗散 …… 37
2.3.1　能量耗散机理 …… 37
2.3.2　能量耗散特征 …… 39
2.4　不同灰砂比玻璃纤维增强尾砂胶结材料能量演化特征 …… 41
2.4.1　能量演化规律 …… 41
2.4.2　能量分布规律 …… 44
参考文献 …… 46

3 不同灰砂比纤维增强尾砂胶结材料初始微观结构……49
3.1 扫描电镜和核磁共振试验……50
3.1.1 扫描电镜和核磁共振设备……50
3.1.2 横向弛豫时间……51
3.2 不同灰砂比聚丙烯腈纤维增强尾砂胶结材料微观结构……52
3.2.1 微观结构特征……52
3.2.2 初始孔隙分布规律……54
3.3 不同灰砂比玻璃纤维增强尾砂胶结材料微观孔隙特征……58
3.3.1 孔隙分布特征……58
3.3.2 孔隙分形特征……61
参考文献……68
4 尾砂胶结材料细观破坏机理及声发射特性……70
4.1 纤维增强尾砂胶结材料声发射试验……71
4.1.1 声发射设备……71
4.1.2 声发射程序……71
4.2 声发射参数选取……72
4.3 不同纤维作用下尾砂胶结材料的声发射特性……74
4.3.1 不同纤维增强尾砂胶结材料声发射特征……74
4.3.2 不同纤维增强尾砂胶结材料损伤变量与比能演化……77
4.4 不同灰砂比聚丙烯腈纤维增强尾砂胶结材料声发射特性……78
4.4.1 聚丙烯腈纤维增强尾砂胶结材料声发射特征……78
4.4.2 灰砂比对尾砂胶结材料声发射特性的影响……83
4.5 不同灰砂比玻璃纤维增强尾砂胶结材料的声发射特性……84
4.5.1 玻璃纤维增强尾砂胶结材料声发射时序演化特征……84
4.5.2 玻璃纤维增强尾砂胶结材料声发射分形特征……91
参考文献……98
5 纤维增强尾砂胶结材料空间定位损伤演化过程……100
5.1 不同纤维作用下尾砂胶结材料声发射参数特性……101
5.1.1 声发射能量计数时序演化特征……101
5.1.2 能量计数特性及损伤模式……104
5.2 不同纤维作用下尾砂胶结材料声发射定位空间损伤演化……106
5.2.1 声发射定位原理……106
5.2.2 声发射定位损伤演化……109
5.2.3 声发射 b 值特征……112
参考文献……115

6 基于分形维数和 *b* 值的尾砂胶结材料破裂演化……118
6.1 分形理论和声发射 *b* 值……119
6.1.1 分形维数基本概念……119
6.1.2 分形维数计算方法……120
6.1.3 声发射 *b* 值基本概念……121
6.1.4 声发射 *b* 值计算方法……121
6.2 不同纤维作用下尾砂胶结材料关联维数和 *b* 值计算……122
6.2.1 关联维数及相空间维数的确定……122
6.2.2 振幅和 RA 值分形特征的确定……123
6.2.3 关联维数和 *b* 值计算结果……125
6.2.4 裂纹演化规律……129
参考文献……130
7 单轴压缩作用下纤维增强尾砂胶结材料裂纹分类……134
7.1 基于 RA-AF 分析的尾砂胶结材料裂纹模式识别……136
7.1.1 裂纹常规分类……136
7.1.2 无纤维尾砂胶结材料声发射参数 RA-AF 规律……137
7.1.3 纤维增强尾砂胶结材料声发射参数 RA-AF 规律……138
7.2 基于高斯混合模型的尾砂胶结材料裂纹分类……140
7.2.1 高斯混合模型……140
7.2.2 期望最大化算法……141
7.2.3 移动平均滤波法……144
7.2.4 GMM 运算结果及规律……145
参考文献……152
8 纤维增强尾砂胶结材料表面损伤演化特征……155
8.1 数字图像相关技术基本原理和计算……156
8.2 数字图像相关技术测试……157
8.2.1 数字图像相关技术系统……157
8.2.2 数字图像相关技术程序……157
8.3 不同灰砂比聚丙烯腈纤维增强尾砂胶结材料宏观破坏……158
8.3.1 单轴压缩下尾砂胶结材料宏观破坏特征……158
8.3.2 尾砂胶结材料表面裂隙监测点横向位移变化……160
8.3.3 聚丙烯腈纤维增强尾砂胶结材料表面应变云图特征……162
8.4 不同灰砂比玻璃纤维增强尾砂胶结材料表面损伤演化……165
8.4.1 玻璃纤维增强尾砂胶结材料表面应变云图特征……165
8.4.2 尾砂胶结材料表面监测点位移变化……171
参考文献……176

9 不同纤维作用下尾砂胶结材料损伤特征及模型 …… 177
9.1 损伤变量的定义 …… 178
9.2 不同纤维作用下尾砂胶结材料损伤本构模型 …… 180
9.2.1 纤维增强尾砂胶结材料损伤本构模型 …… 180
9.2.2 理论模型曲线与试验曲线 …… 182
9.2.3 纤维增强尾砂胶结材料损伤发展曲线 …… 184
9.3 声发射累计振铃计数与损伤本构模型的耦合关系 …… 185
9.3.1 声发射累计振铃计数与应变的耦合关系 …… 185
9.3.2 声发射累计振铃计数与应力的耦合关系 …… 186
9.3.3 耦合关系模型验证 …… 187
9.4 声发射累计能量与损伤变量的关系 …… 189
9.4.1 考虑损伤能量耗散率的修正损伤本构模型 …… 189
9.4.2 损伤变量与应变的关系曲线 …… 191
9.4.3 声发射累计能量与损伤变量的关系曲线 …… 193
参考文献 …… 195
10 不同灰砂比尾砂胶结材料损伤特征及模型 …… 198
10.1 不同灰砂比尾砂胶结材料损伤模型建立 …… 199
10.1.1 传统损伤本构模型推导 …… 199
10.1.2 传统损伤本构模型修正 …… 201
10.1.3 声发射参数与损伤本构模型的耦合关系模型 …… 204
10.2 不同灰砂比尾砂胶结材料损伤模型验证 …… 207
10.2.1 传统损伤本构模型验证 …… 207
10.2.2 修正损伤本构模型验证 …… 210
10.2.3 声发射参数与损伤本构模型的耦合关系验证 …… 211
10.3 不同灰砂比尾砂胶结材料损伤模型讨论 …… 214
10.3.1 模型参数影响 …… 214
10.3.2 损伤演化特征 …… 218
参考文献 …… 220
11 单轴压缩下不同纤维增强尾砂胶结材料数值模拟 …… 221
11.1 不同纤维增强尾砂胶结材料数值模型 …… 221
11.1.1 模型尺寸及网格划分 …… 222
11.1.2 模型材料参数 …… 222
11.1.3 模型本构关系的选择及加载方式 …… 223
11.1.4 单轴数值模型 …… 223
11.2 单轴压缩下纤维增强尾砂胶结材料数值模拟结果 …… 224
11.2.1 单轴压缩过程中应力分布特征 …… 224

11.2.2 单轴压缩过程中加载方向位移变化……228
11.2.3 单轴压缩过程中塑性区分布……229
11.2.4 单轴压缩过程中位移-应力曲线……230
参考文献……231

1 绪　论

矿产资源的开发利用在我国经济和工业发展中占据举足轻重的地位，是提升我国综合国力的关键所在。我国拥有丰富的矿山资源，全国大小矿山约有 14 万座，矿产资源储量总值占全世界的 16.82%，居世界第三位，每年平均矿石开采量可达 70 多亿 t，矿产开发总规模居世界第三[1]。作为矿产资源大国，截止到 2019 年底，我国已发现并查明资源量的矿产达到了 162 种，其中锌矿、钼矿、铜矿、铝土矿等矿种储量增长显著[2]。此外，近半个世纪以来，采矿业的技术迭代和更新大大提升了矿石开采水平和开采规模。在这样的优势背景下，我国相关领域的发展，如军工、航天、交通、科技等均得到了大幅度的提高。自改革开放以来，我国人民群众生活水平得到了显著的提升，与此同时，矿产及能源消耗也逐年增加，地表浅部矿产资源逐渐开采殆尽，难以满足国内经济发展的需要，因此采矿业开始将目光转向地下深部开采。21 世纪以来，我国深部矿山开采取得了巨大的进展，目前开采深度在 1000m 及以上的矿山有 16 座，其中河南、云南和吉林的部分矿山甚至达到了 1500m 以上[3,4]。结合我国综合国力的发展以及人民日益增长的物质资源需要，今后深部矿产资源开采将成为常态。

近年来，世界各国已进入深部矿产资源开采阶段[5-7]。矿产资源的开发和利用为人类生活提供了必要的保障。然而，在人类获取矿产资源的同时，采矿活动造成的环境问题也日益突出。尾矿是金属非金属矿山开采出的矿石，经选矿厂研磨和洗选出有价值精矿后产生的固体废物[8-10]。随着全球总生产率的显著提高，深部矿产资源的大量开采，导致尾矿的积存量日益增大[11-13]。尾矿的大量堆存带来了环境、安全和经济等方面的问题。尾矿普遍粒径小还缺乏有机质固定，其中有害成分极易通过混入雨水径流和扬尘的方式产生释放和迁移，进而破坏当地的水文地质环境[14-16]。由于一些矿山企业对尾矿库、尾矿堆粗放式管理作业，尾矿坝溃坝等事故对当地的环境和安全造成重大隐患[17-19]。尾矿的地表堆存还为矿山企业带来了包括征地、尾矿库建设维护在内的巨额成本。而如今随着生态环境部建立健全尾矿库污染防治长效机制等政策的发布，尾矿库的建设成本还在不断增加。

固废的零排放是当前和未来矿业发展的必然趋势，如何有效利用尾矿资源对于环境保护和安全生产尤为重要。矿山开采会产生大量的尾矿，导致我国尾矿的储存量和年排放量相当巨大，而且现阶段尾矿的利用率较低。党的十八大以来，以习近平同志为核心的党中央把生态文明建设和生态环境保护摆在治国理政的突出位置，对固废污染防治工作的重视程度前所未有。习近平总书记多次作出有关重要指示，主持召开会议专题研究部署固废管理制度改革等工作，亲自推动有关改革进程。其中，开展“无废城市”建设，全面推进绿色矿山、“无废”矿区建设，是深入贯彻落实习近平生态文明思想的具体行动，是推动减污降碳协同增效的重要举措，是实现美丽中国建设目标的内在要求。因此，如何安全、高效、环保地处理尾矿等固废，是一个亟待解决的问题。

1.1 尾砂胶结材料研究背景及意义

1.1.1 尾砂胶结材料研究背景

在“绿水青山就是金山银山”的理念指导下，无废开采必然是我国采矿工程的未来发展趋势[20-23]。尾砂的资源化、规模化利用是大量消纳矿山固废的主要途径，而尾砂胶结材料在建筑工程、道路工程、采矿工程等领域的应用越来越广泛[24]。使用尾砂作为原料制备混凝土建材是当今常见的研究和应用方向。混凝土的主要制作方法为选取级配合适的粗、细骨料掺入活性胶凝材料和其他辅料，然后将之充分搅拌再使用模具压制或蒸压成型，尾砂可在其中充当骨料和胶凝辅料。尾砂最直接的用法就是替代天然砂石用作骨料，尤其是再选后的尾砂往往粒度较细，满足细骨料要求。以粗粒尾砂、黄砂或再生骨料为粗骨料并使用尾砂作为细骨料，再掺入水泥、石灰与骨料中钙质发生水化反应充填孔隙，就能够制备出蒸压砖和免蒸免烧砖。将尾砂基混凝土的各种配料加温水混合均匀后，再掺入过氧化氢、活性蛋白等发泡剂以及稳泡剂、减水剂等外加剂，在快速搅拌数秒钟并放入模具后，混凝土内部会因化学反应产生气体最终形成发泡水泥。水泥砂浆可以用作砌块材料的黏合剂以及室内外涂料，它一般由水泥、细骨料和水混合调配制成，其中细骨料部分可以使用尾砂。使用尾砂胶结材料对地下空间进行回填和支护是另一种可以大量消耗尾砂库存的手段，在矿山治理和充填采矿时应用较多。

矿山开采产生许多采空区，容易诱发矿井坍塌、矿震等地质灾害。矿区的不稳定性一直是影响矿山生产安全的最重要危险源之一。为了有效控制地面压力和确保矿山安全开采，大多数矿山使用充填系统来处理采矿区。充填开采法被认为是一种时效性强的方法，可以有效解决开采引起的顶板断裂、地层结构破坏、地下水损失、地表沉降、地表结构破坏等生态环境问题。充填采矿法因其在促进尾砂安全处置、提高资源回收率、降低修复成本并提供地面支撑等方面的优势而在采矿工程中得到了广泛的应用，这些优势是传统尾砂处置方法无法具备的或依靠巨大的运营成本才可以实现的[25-27]。该技术将选矿产生的固废尾砂材料与水泥等胶结材料制成尾砂胶结材料，并在彻底均质化后通过管道系统输送到矿山采空区进行有效充填。充填系统保证了采矿安全，大大提高了资源的回收率，减少了地表尾砂储存设施对生态环境的污染。近年来，为促进绿色经济型充填开采方式的发展，实现矿山充填与尾砂废弃物处理相结合，尾砂胶结充填技术引起了学术界的高度重视。尾砂胶结材料的力学性能和稳定性一直是工程领域重点关注的问题，复杂的工程力学环境常导致胶结材料的整体抗压强度降低、韧性不足，这不仅影响工程的质量，而且对人员、设施等造成安全威胁。

尾砂胶结材料对实现工业固废循环利用具有重要意义。采矿、选矿、加工过程中产生的废石、尾砂等固废料，与水泥等胶结材料共同制备成尾砂胶结料浆，形成地下空间被动让压支护结构，不仅能够对地下空间起到支护作用，还能减轻工业固废对生态环境的负面影响，实现可持续发展。普通尾砂胶结材料属于水泥基材料，这类材料在外力作用下的破坏往往是脆性破坏，在实际工程中，爆破或者地压活动导致的覆岩位移等，短时间内产生较大的应力，甚至超过尾砂胶结材料的极限强度，由于尾砂胶结材料的脆性，材料内部裂隙将迅速扩展，进而导致材料结构破坏。一般而言，灰砂比和料浆浓度是影响尾砂胶结材料强度的关键因素，为了提升尾砂胶结材料的强度及韧性，可通过增加水泥等胶结材料的含量，提升尾砂胶结材料的胶结力，从而优化其力学性能。

纤维增强水泥基复合(fiber-reinforced cementitious composites，FRCC)材料通过纤维材料的高强度和延展性来增强混凝土、土壤和结构的强度，在建筑、土木和结构工程中越来越受欢迎[28-31]。纤维对混凝土强度的主要贡献归功于纤维增强材料的高抗拉强度，改善了普通混凝土的刚度和拉伸应变能力。纤维的掺入不仅能够明显增强混凝土的延展性，而且对于混凝土的耐久性也是有益的。纤维增强技术还应用于采矿工程，主要是尾砂资源化利用领域，可以增强尾砂胶结材料的力学性能。纤维增强尾砂胶结材料由尾砂、水泥、纤维和水等材料制成，其中尾砂是主要的骨料，级配良好的尾砂可以改善尾砂胶结材料的固结性能和力学性能。另外，过高的尾砂胶结材料强度虽然在安全性和稳定性方面更有保障，但随之而来的水泥成本也大幅增加。如果减少尾砂胶结材料中的水泥用量，将会大幅降低工程成本，但与此同时尾砂胶结材料的强度也会降低，对工程应用形成重大的安全隐患。尾砂胶结材料的高成本是制约尾砂资源化综合利用方法快速推广和发展的主要因素。因此，如何提高尾砂资源化的利用率和合理设计尾砂胶结材料的强度一直是研究的热点。

1.1.2 尾砂胶结材料研究意义

在水泥基材料中掺入适量的纤维能够有效地提升材料的强度和韧性，增强其力学性能。然而，目前类似的研究大多集中在建筑混凝土方面，对尾砂胶结材料的研究较为罕见。将纤维添加到尾砂胶结材料中作为一种有效的增强措施，也成为最近的研究热点。在相同的安全系数下，纤维增强尾砂胶结材料显著减少了水泥的使用量，为工程应用节省了大量成本。实际上，在尾砂胶结材料料浆中掺入柔性纤维，制备成纤维增强尾砂胶结材料，不仅具备普通尾砂胶结材料的一系列优点，还能弥补普通尾砂胶结材料因脆性带来的缺点。因此，研究纤维增强尾砂胶结材料对尾砂资源化利用具有深刻的意义，主要体现在以下几点。

(1)实现固废尾砂零排放的效果。尾砂胶结材料为尾砂和废石的最大资源化利用提供了条件，可大大减少尾砂和废石堆占地面积，减少尾砂堆积对矿区及周边环境的污染和破坏。在尾砂生产率≤35%的条件下，也可实现尾砂固废零排放的效果。

(2)提升地下空间稳定性，为工程作业提供安全保障。在地下空间中采用纤维增强尾砂胶结材料，不仅能够支撑顶板、有效控制覆岩围岩位移，还能减少地表沉降等安全隐患，保证地下空间的安全。此外，纤维增强尾砂胶结材料在宏观力学性能方面如强度、延性和刚度等均要优于普通尾砂胶结材料，更适合作为地下空间支护结构，为地下工程作业提供保障。

(3)降低工程应用成本，提高工程应用经济指标。将工业固废料制备成尾砂胶结材料，减少矿区环境治理的成本，提升经济效益。另外，尾砂胶结材料的强度及弹性模量与灰砂比和料浆浓度有关，增大料浆中水泥或胶结剂的含量能够提高尾砂胶结材料的力学性能，但同时也会提高经济成本。在等配比等浓度的尾砂胶结材料料浆中添加纤维，一方面能够增强材料的力学性能，另一方面能够降低材料成本，提高工程应用的经济效益。

(4)构建绿色矿山，实现可持续发展。矿产资源的“粗放式”开采与当今国际普遍共识如安全、环保等理念相违背，由此带来的固废污染使得矿区生态环境日益恶化。我国自然资源部于2016年发布《全国矿产资源规划(2016—2020年)》[32]，明确指出要有度有序利用矿产资源，加强矿山环境治理，推动矿山固废的综合循环利用。

综上所述，推广应用纤维增强尾砂胶结材料是构建绿色矿山、“无废”矿区的重要举措，而纤维增强尾砂胶结材料力学性能和损伤破坏机理的研究则是尾砂胶结材料发展的核心要义。纤维增强尾砂胶结材料力学特性和损伤特征对于材料稳定性控制具有重要作用，然而目前针对这方面的研究依然较少。因此，结合国家自然科学基金项目(52374138、51764013)，对纤维增强尾砂胶结材料开展损伤演化研究。以不同料浆浓度和灰砂比为主要考虑因素，选取聚丙烯腈纤维和玻璃纤维作为增强材料，利用单轴压缩试验、核磁共振技术、声发射技术和数字图像相关(digital image correlation, DIC)技术，开展纤维增强尾砂胶结材料单轴压缩下损伤演化过程的试验研究，探究纤维增强尾砂胶结材料损伤特征及损伤模型，为纤维增强尾砂胶结材料的合理设计提供参考依据，以期望对以尾砂胶结材料为主的工程设施、建(构)筑物等的安全运营提供一定的指导作用，同时也解决了固废再次利用问题。

1.2 尾砂胶结材料研究现状

1.2.1 纤维增强尾砂胶结材料

在提高尾砂利用率、降低经济成本的同时，改善尾砂胶结材料质量仍然是一个重要的研究课题。国内外在房建、道路、桥梁等方面关于 FRCC 的研究较多，而针对掺加纤维以改善尾砂胶结材料性能的研究还相对较少，故纤维增强技术在混凝土领域的应用对尾砂胶结材料的研究具有参考意义。

Ahmad 等[33]重点研究了玻璃纤维对混凝土力学性能和微观结构的影响，介绍了玻璃纤维增强混凝土的抗压性、抗弯性、抗拉强度和弹性模量等所有重要特性，发现玻璃纤维改善了混凝土的一部分特性，纤维成分对于实现最佳效果至关重要。Amran 等[34]综述了纤维增强碱活性混凝土中常用纤维的种类、微观结构和化学成分，指出添加天然纤维来克服碱活性混凝土拉伸强度低的弱点，是混凝土复合材料中一个相对较新的进展。甘磊等[35]开展了不同体积掺量条件下玄武岩纤维混凝土的材料力学试验，指出纤维体积掺量对混凝土性能具有显著影响。段明翰等[36]在混凝土损伤渗透特性研究的基础上，分析了不同纤维体积掺量对混凝土渗透特性的影响，指出纤维能够提升混凝土的抗渗性能。李福海等[37]开展了不同纤维掺量条件下混凝土的基本力学性能试验研究，指出玄武岩纤维能够在一定程度上提升混凝土的性能。Gokoz 和 Naaman[38]、Kim 等[39]研究了加载速率对不同纤维从水泥基质中拔出行为的影响，发现聚丙烯纤维和扭曲纤维对加载速率非常敏感，而光滑纤维和钩状纤维则没有表现出明显的速率敏感性。Merta 和 Tschegg[40]采用楔形劈裂试验对天然纤维增强混凝土的断裂能进行了研究，分析了天然纤维对混凝土能量吸收能力的影响，发现添加天然纤维能够改善平面混凝土的断裂韧性。Mishurova 等[41]通过计算机断层扫描技术获得了纤维增强复合材料中的纤维取向分布情况，利用拟合纤维取向分布函数，计算了纤维增强复合材料的有效弹性模量，可用于预测复合材料基体开裂前后的性能。

通过在水泥基料浆中添加纤维制成 FRCC，提升水泥基材料力学性能，是行之有效的方法之一。硬化的水泥基体对内部的纤维具有一定的握裹力，在外力作用下 FRCC 内部裂隙发育，部分断裂能通过水泥基体传递给纤维，以应变能形式储存在纤维中，从而在一定程度上抑制了裂隙的扩展。相较之下，FRCC 的力学性能和破坏机理比普通水泥基材料更为复杂，然而 FRCC 的特性符合现代工程“轻质高强”的目标。为了促进 FRCC 的推广应用，国内外学者对 FRCC 力学性能的影响因素进行了大量研究，这些研究讨论了纤维形状、纤维种类、纤维体积含量和纤维分布等因素对水泥基材料的作用。比如 Banthia 和 Trottier 在 1991 年发表的研究[42]中就指出：纤维对水泥基材料的贡献主要在于基体开裂后，通过纤维的桥接作用将内部应力传递到整个结构中，在这个传递过程中，纤维与基材存在拔出行为，因此，纤维与水泥基材的胶结能力决定了 FRCC 的承载能力和断裂能吸收能力。Banthia 认为仅依靠普通直纤维表面与水泥基材料的弱胶结力，不足以充分发挥 FRCC 的优势，于是通过动载试验研究了变形钢纤维在水泥基材料中的拔出行为，研究发现：相对于静态拔出而言，变形钢纤维在冲击动载条件下能够承受更大的荷载，并且吸收的断裂能也更多。后续学者如 Ellis 等[43]、Choi 等[44]、Dehghani 和 Aslani[45]也通过相关的研究证明了纤维的形态调整是实现 FRCC 性能提升的重要途径。Li 等[46]通过研究认为：相比于随机的纤维分布，与加载方向垂直的定向纤维分布对提升 FRCC 力学性能更为有效，因为定向分布会使更多的纤维穿过水泥基材内部的裂隙，从而增强纤维的桥接效应。此外，Li 还考虑了纤维长度对 FRCC 的影响，指出增大纤维长度能够提升随机分布纤维的桥接效应，但是短纤维对裂隙产生桥接效应时会有一定的缓冲效应，从而弥补纤维因随机分布所损失的增强效果。在此基础上，后续学者针对纤维空间分布及取向进行了进一步的研究，Ding 等[47]通过对高延性水泥基复合材料进行单轴拉伸试验和四点弯曲试验，发现纤维分布取向较大的复合材料试样启裂强度较低，弯曲性能和拉伸性能出现了显著下降；荀鸿翔等[48]对比分析了定向钢纤维试样和乱向钢纤维试样的力学响应，指出定向钢纤维试样可通过分散吸收荷载而使材料弯曲韧性更高，并且初始挠度、强度、韧性指数等均有显著提升。

当前国内外对纤维提升水泥基材料的研究主要集中在混凝土方面，研究主要应用于道路、桥梁和工民建领域，在采矿领域研究较少，特别是缺乏纤维增强尾砂胶结材料破坏机理的研究。此外，需要明确指出的是，针对混凝土的纤维提升研究并不完全适用于尾砂胶结材料，主要体现在以下三点。

(1)骨料粒径差异。普通建筑混凝土的骨料粒径较大，通过与水泥胶结后形成材料的结构骨架，使得其承载能力较强。因此在混凝土中添加纤维，纤维与骨料之间的咬合能够大大增强纤维的桥接效应。而对尾砂制成的尾砂胶结材料进行纤维增强措施则没有上述的纤维与骨料之间的咬合现象，因为尾砂粒径较小，尤其是部分稀有金属矿为了提升矿山收益，选矿后的尾砂为超细尾砂，既不能形成高强度的结构骨架，也无法与纤维产生咬合效应。

(2)适用途径不同。一般而言，为了满足道路、桥梁和工民建的使用要求，不仅需要通过纤维提升水泥基材料的抗压强度，还需要满足刚度、抗拉强度等要求。而在地下工程应用中，不管是作为覆岩支护，还是作为人工矿柱，尾砂胶结材料的力学性能要求主要还是在抗压强度方面。因此对纤维增强尾砂胶结材料方面的研究更需要侧重于纤维通过阻裂效应限制裂隙扩展，从而提高尾砂胶结材料的抗压强度。

(3)制备条件及制作成本差异。普通FRCC的制备具有生产流水化优势和浇筑安装优势，能够制备异形纤维复合材料或者定向分布纤维复合材料。而在地下工程领域，因地下空间体量较大，且料浆充填方式一般为管道自流，需考虑到料浆的流动性能。因此很难系统化制备异形纤维或定向分布纤维复合材料。

综上所述，纤维增强尾砂胶结材料的研究不能简单地套用其他水泥基材料的现有研究成果，而需单独对其进行系统化的宏微观分析，从而发掘其力学响应规律，掌握其破坏机理，以期推动纤维增强尾砂胶结材料在采矿领域的广泛应用。这些纤维增强混凝土的研究成果为研究纤维增强尾砂胶结材料奠定了基础，在这些研究基础之上，学者对纤维增强尾砂胶结材料开展了深入研究。由于工程应用材料的性能差异，如尾砂、纤维和水泥等材料的种类，纤维增强的效果在各自的工程应用中有所不同，增强机理比较复杂，受多因素的影响。因此，有必要针对在尾砂胶结材料中掺加纤维开展系统研究，进而探究纤维对尾砂胶结材料的增强效果，为纤维增强技术在尾砂胶结材料领域的应用奠定理论基础。

1.2.2 尾砂胶结材料力学性能

随着采矿环保力度加强和矿山开采深度增大，尾砂胶结材料因其综合利用尾砂成为大量消纳矿山固废的主要途径。值得注意的是尾砂胶结材料的力学性能受尾砂级配、质量浓度等多因素影响。因此，国内外学者针对尾砂胶结材料力学性能的影响因素进行了大量的研究工作，并取得了许多有价值的研究成果。

Chen等[49]研究了纤维增强尾矿胶结材料的压缩性能及微观结构特征，发现聚丙烯纤维可以提高材料的抗弯强度、刚度、延性和稳定性。Libos和Cui[50]研究了养护时间和温度对纤维增强尾砂胶结材料剪切性能的影响，发现纤维增强尾砂胶结材料破坏前和破坏后的性能表现出较强的养护温度依赖性。Xue等[51]通过单轴压缩试验和扫描电镜试验，考察了纤维对尾砂胶结材料力学性能的增强效果，研究了不同纤维含量对尾砂胶结材料力学性能和微观结构性能的影响，指出峰值应变和峰值后延展性与纤维含量呈正相关。赵康等[52]研究了不同灰砂比对组合体力学特性的影响，指出组合体的强度取决于灰砂比小的单一体。赵康等[53]分析了不同质量浓度条件下尾砂胶结材料的破坏机理，探明了质量浓度对尾砂胶结材料力学特性及损伤规律的影响。吴再海等[54]针对寒区环境对含盐冻结尾砂胶结材料开展力学强度试验，分析了不同盐度对冻结尾砂胶结材料强度的影响，指出强度与盐度呈负相关。侯永强等[55]分析了不同养护龄期对尾砂胶结材料损伤特性的影响，指出抗压强度随养护龄期呈指数函数增长。姜关照等[56]分析了不同水泥含量和质量浓度对尾砂胶结材料强度性能和稳定性的影响，揭示了尾砂胶结材料强度劣化机理。徐文彬等[57]探究了不同纤维掺量对尾砂胶结材料性能的影响，指出纤维的掺入有效阻碍了尾砂胶结材料内部的裂纹扩展，纤维的最优掺量为 0.15%。Zhou 等[58]对掺杂不同长度和比例玻璃纤维的尾砂胶结材料进行了研究，分析了玻璃纤维对尾砂胶结材料力学性能的影响，发现玻璃纤维可以提高其峰值和残余强度，能够抑制拉伸荷载作用下的裂纹扩展。Chen 等[59]研究了固化应力和固化温度耦合效应对尾砂胶结材料物理力学性能的影响规律，发现固化应力和固化温度对尾砂胶结材料的性能具有显著影响，都会促进水泥的水化反应。

结合上述研究成果可知，国内外学者针对尾砂胶结材料在制备过程中受固化时间、固化温度、纤维类型、质量浓度、微观结构、养护龄期等因素影响，对不同条件下尾砂胶结材料在单轴压缩下的力学性能开展了一定的研究工作，其研究结果为尾砂资源化应用与推广提供了良好的理论及技术指导。因此，考虑到纤维能够改善尾砂胶结材料的性能，通过开展掺纤维以增强尾砂胶结材料性能的试验研究，分析纤维对尾砂胶结材料力学性能的影响规律，对科学指导尾砂资源化利用及尾砂胶结材料失稳预防具有重要意义。

1.2.3　尾砂胶结材料破坏机制

基于尾砂胶结材料对地下矿山安全开采的重要性，以及出于对矿区环境治理的角度考量，国内外学者针对尾砂胶结材料的破坏机制进行了大量的研究，并且取得了丰硕的研究成果。

李长洪等[60]以实际采矿工程为背景，通过试验分析建立了高阶段尾砂胶结材料的强度与养护龄期的数学表达式，定量分析了二步骤矿石回采的开挖时间，为实际矿山充填回采提供理论指导；Roshani 等[61]讨论了二氧化硅添加剂与固化温度对尾砂胶结材料流变性的影响，研究发现较高的固化温度下，能够促进添加剂与水化产物的合成，从而填充材料孔隙并增加基体颗粒的摩擦阻力；赵康等[62]揭示了不同质量分数和不同灰砂比的尾砂胶结材料力学性能及损伤规律，提出质量分数与灰砂比均对尾砂胶结材料的强度有显著的影响，且灰砂比相对质量分数而言，其对尾砂胶结材料强度影响更为显著；He 等[63]通过声发射技术研究了不同灰砂比的尾砂胶结材料-岩石组合体声发射特征，发现灰砂比能够显著影响尾砂胶结材料各个破坏阶段的裂隙扩展模式，从而影响尾砂胶结材料的破坏机理；李雅阁等[64]研究了不同加载速率下尾砂胶结材料的破坏特征，研究表明在一定的加载速率范围内，尾砂胶结材料抗压强度和割线模量随着加载速率的提高而提高，尾砂胶结材料的破坏形式由拉剪混合破坏转化为单一剪切破坏。

以往研究发现：养护龄期、固化温度、质量分数和灰砂比等因素对尾砂胶结材料的破坏机理均有一定程度的影响。然而从微观角度而言，尾砂胶结材料破坏的实质是在外力作用下内部裂隙萌生、发育、扩展和联结，最终形成宏观裂隙致使结构失稳[65-67]。此外，尾砂胶结材料脆性破坏特征明显，因此尾砂胶结材料在外力作用下的裂隙扩展较为迅速，结构失稳征兆时间较短。如何在保证经济效益的条件下有效地解决上述问题，一直是学术界的研究重点。

1.2.4 尾砂胶结材料损伤特性

通过尾砂胶结材料支撑工程结构，尾砂胶结材料内部的裂纹等缺陷是影响其力学性能的重要因素，在外荷载作用下尾砂胶结材料的损伤演化规律对于保证工程结构稳定性和安全生产具有重要意义。声发射和 DIC 技术能较好地监测尾砂胶结材料的内部和表面损伤程度及破坏过程，为尾砂胶结材料的稳定性研究提供有效的技术支持。

声发射作为最有效的无损检测技术之一，可以检测尾砂胶结材料中缺陷的形成，并实时评估加载过程中内部损伤的活动状态，而不会对内部结构造成额外的损坏，可以充分反映材料在损伤破坏过程中的内部摩擦、冲击和裂纹扩展等信息[68,69]。冯国瑞等[70]研究了矸石胶结材料在单轴压缩破坏过程中的声发射信号特征，并利用声发射振铃计数表征了矸石胶结材料的损伤破坏过程。赵永辉等[71]借助声发射技术对不同高宽比尾砂胶结材料的变形破坏过程进行监测，探讨了尾砂胶结材料的损伤演化规律及破坏特征。Chen 等[72]通过分析不同粒径级配废石胶结材料破坏过程中的声发射特性，探讨了不同粒径级配废石胶结材料的损伤机理。

DIC 技术是一种有效的非接触式无损检测技术，能够不破坏材料的表面结构，实现无接触测量以获得高精度的响应数据，DIC 技术使得材料表面应变场测量成为现实，得到了广泛重视和应用[73-76]。彭守建等[77]利用 DIC 技术对砂岩开展了不同渗透条件下的三轴压缩试验研究，讨论了耦合作用下砂岩变形局部化破坏特征。范杰等[78]通过 DIC 技术获取了预制裂纹黄砂岩样三维空间坐标下的应变分布，并结合声发射技术从光学与声学的角度监测了岩样破坏过程中的裂纹扩展及损伤变形。Chen 等[79]采用 DIC 技术测量了分层尾砂胶结材料试样在单轴压缩破坏过程中样品分层表面压缩位移和局部应变场的变化规律，讨论了分层表面对样品应变变化的影响。Han 等[80]采用力学试验和 DIC 技术研究了钼尾矿含量对粉煤灰基地质聚合物抗压强度、抗弯强度和挠度的影响，揭示了粉煤灰基地质聚合物的损伤机理。

结合上述研究可知，国内外学者针对尾砂胶结材料的损伤演化特征均开展了一定的研究工作，其研究结果为工程的稳定性控制提供了良好的理论及技术指导。因此，本书辅以声学和光学监测，研究纤维增强尾砂胶结材料变形破坏过程中的内部和表面损伤演化特征，对科学指导尾矿资源化利用具有重要意义。

损伤力学是材料与结构的变形及破坏理论的重要组成部分，损伤是指材料在外力作用下，由于材料内部结构存在缺陷导致材料性能发生劣化的过程。目前，损伤力学在尾砂胶结材料方面已有较为广泛的应用，尾砂胶结材料的本构模型对于评估和预测其力学性能非常重要，但尚未得到充分解决，而针对表征纤维增强尾砂胶结材料破坏全过程的损伤本构模型研究依然较少。

Cheng 等[81]针对不同水泥尾矿比的尾砂胶结材料进行了单轴压缩试验，提出了尾砂胶结材料的完整本构模型。Chen 等[82]分析了胶结材料在固化应力影响下的力学特性演化规律，推导了考虑固化应力影响的胶结材料两阶段损伤本构模型。Hou 等[83]建立了考虑温度、荷载和初始裂纹耦合效应的预制裂纹尾砂胶结材料损伤演化模型，采用多元函数全微分法构建了考虑热力学耦合效应的预制裂纹尾砂胶结材料强度判据。Zhou 等[84]研究了胶结材料在单轴压缩下的损伤演化和声发射特性，提出了一个基于声发射能率的修正损伤变量，推导了基于声发射特性的胶结材料损伤模型。赵康等[85]对纤维增强充填体在单轴压缩下的损伤机制进行了研究，推导了基于统计分布理论的修正损伤本构方程。柯愈贤等[86]构建了全尾砂胶结材料峰值应力前的非线性本构模型，分析了全尾砂胶结材料的强度指标。Qiu 等[87]构建了尾砂胶结材料峰值应力前的损伤本构模型，并通过解析解推导出了尾砂胶结材料的最佳充填强度和配比。冯萧等[88]分析了块石胶结材料在循环荷载条件下的损伤特性，并推导了块石胶结材料分段损伤本构方程。王勇等[89]分析了不同初始温度下胶结材料的力学特性，并提出了胶结材料温度-时间耦合损伤本构模型。赵树果等[90]分析了不同灰砂比条件下尾砂胶结材料的变形破坏特征，建立了可以表征尾砂胶结材料单轴压缩破坏全过程的损伤本构模型。

以上研究大多主要针对尾砂胶结材料未考虑初始压密阶段的本构模型，构建本构模型的目的在于研究尾砂胶结材料整个破坏过程的变形特性。由于尾砂胶结材料是一种复杂的非线性材料，在工程应用过程中尾砂胶结材料内部会产生许多的孔隙等缺陷，导致尾砂胶结材料在破坏过程中存在明显的初始压密阶段。尾砂胶结材料在初始压密阶段发生非线性变形，同时初始压实硬化作用显著提高了尾砂胶结材料的刚度。然而，目前考虑尾砂胶结材料初始压密阶段非线性变形现象的本构模型尚未完全建立。因此，本书通过研究纤维增强尾砂胶结材料破坏过程中的力学特性及损伤特征，推导考虑初始压密阶段的纤维增强尾砂胶结材料修正损伤模型，提出一种新的本构模型来表征纤维增强尾砂胶结材料的应力-应变关系，为优化尾砂胶结材料参数提供重要参考。

1.3　声发射技术在尾砂胶结材料中的应用

尾砂胶结材料的破坏是由遍布材料内部与所施加压力平行的拉伸裂隙扩展所造成的[91-94]，尾砂胶结材料的裂隙发育扩展与破坏特征息息相关。声发射是水泥基、岩石等材料在受力变形或材料破裂过程中以弹性波形式向外部释放应变能的伴随现象，能够反映材料内部裂隙扩展情况[95-97]，因此通过声发射技术所获得的声发射参数，能够合理地分析材料破坏机理，得出材料破坏判据。

国内外学者通过声发射技术评估诸如岩石、混凝土等材料的破坏，取得了丰硕的成果。王笑然等[98]借助声发射技术研究了岩石内部微裂隙的扩展规律以及进行了震源机制反演，并基于此分析讨论了砂岩在荷载作用下内部微裂隙的三种非线性断裂力学行为；Zhao 等[99]通过对不同灰砂比的尾砂胶结材料进行单轴压缩声发射试验，将声发射参数应用于分形理论中，以此研究了受载条件下尾砂胶结材料损伤规律及声发射特性关系；Burud 和 Kishen[100]基于声发射能量参数演化，定义了三类损伤变量，结合损伤力学理论讨论了素混凝土在荷载作用下断裂力学做功与声发射能量的相关性，并确定了相关系数；Xargay 等[101]通过四点弯曲试验将钢筋混凝土梁在荷载作用下的声发射特性与其结构响应和损伤演变建立联系，基于多个声发射指标评估梁的损伤程度，并指出研究结论可用于其他混凝土构件。

综上所述，声发射技术在水泥基材料方面的研究成果丰硕，但是建立的破坏理论和本构模型大多基于普通水泥基材料力学试验获取的声发射参数，对于纤维增强尾砂胶结材料的声发射研究较为少见，现有的声发射数据不足以构建系统的纤维增强尾砂胶结材料破坏机理。根据国内外声发射的研究现状，可以看出材料破裂声发射的理论研究不仅为声发射过程中的力学性质提供了新的尺度，也促进了声发射监测与预测技术对工程稳定性的发展[92-97]。但是，关于纤维增强尾砂胶结材料的声发射特性试验及裂纹扩展特征等研究却鲜有报道。因此，如何有效地利用声发射信息来分析纤维增强尾砂胶结材料的破坏过程，如何建立定量的声发射监测和尾砂胶结材料破坏预测标准是亟待解决的科学问题。

1.4 数字图像相关技术在尾砂胶结材料中的应用

DIC 技术是研究岩石、混凝土等各向异性材料性能的重要手段，通过采集受载过程中材料表面的灰度数字图像，分析该数字图像在不同时刻的位移变化，从而获得材料受载过程中的表面应变数据。与其他接触式检测技术相比，DIC 技术因廉价、简单，具有广泛适用性，能够不破坏材料的表面结构，实现无接触测量以获得高精度的响应数据。DIC 技术通过对材料变形前后的两个数字图像进行关联来获取材料表面的变形响应信息，克服了传统检测技术的缺点，在研究材料受荷载作用下表面位移及应变等方面得到了广泛重视。基于以上特点，国内外学者利用 DIC 技术对岩石、混凝土等材料的损伤破坏过程开展了相关研究。

王学滨等[102]利用 DIC 技术研究了含孔洞土样的变形破坏过程，讨论了不同 DIC 方法的平面应变计算结果的差异。张庆贺等[103]通过 DIC 技术研究了裂隙岩石破坏过程的全场应变演化规律，定量分析了裂隙岩石的变形破坏规律和裂纹扩展特征。Miura 等[104]利用 DIC 成像评价了微裂纹对不同裂缝宽度和角度的混凝土抗压强度和刚度的影响，得到抗压强度和刚度的降低与裂纹面剪切变形产生的微裂纹有关。He 等[105]利用扫描电镜-DIC 成像耦合法原位测量了混凝土界面过渡区的名义压缩弹性模量，指出过渡区石灰岩地区和高水灰比地区比花岗岩地区和低水灰比地区更容易发生变形。Rucka 等[106]检测了纤维增强混凝土梁在失效过程中的损伤演变，并利用 DIC 技术探索了纤维对裂纹扩展的影响。Skarżyński[107]利用 DIC 技术对创新型玄武岩纤维增强混凝土的裂缝现象进行了定量研究，指出注入氧化硼的玄武岩纤维具有限制微裂纹面积的能力。李升涛等[108]利用 DIC 技术分析了泡沫混凝土受载过程中的应变云图和损伤演化特征，研究发现不同密度的泡沫混凝土在受压下裂隙发育和破坏模式也呈现出不同的特征；卿龙邦等[109]以 DIC 技术为手段,采用理论方法计算了混凝土允许损伤尺度,结果表明理论方法与 DIC 技术所获得的损伤尺度结果较吻合，证明了该方法的准确性；Pan 等[110]首次利用 DIC 技术测量了 FRCC 中多个动态裂隙的传播速度和方向，并讨论了不同加载速率和不同纤维掺量对裂隙发展速度和方向的影响。

这些研究人员应用 DIC 技术深入研究了岩石、混凝土等材料在破坏过程中的裂纹扩展、开裂形态、破坏特征和损伤演化，充分论证了利用 DIC 技术测量材料破坏过程全场位移应变的准确性，因此，通过 DIC 测量结果讨论纤维增强尾砂胶结材料在荷载作用下的宏观破坏是行之有效的。

参 考 文 献

[1] Jiao H Z, Wang S F, Yang Y X, et al. Water recovery improvement by shearing of gravity-thickened tailings for cemented paste backfill[J]. Journal of Cleaner Production, 2020, 245: 118882.

[2] 中华人民共和国自然资源部. 中国矿产资源报告 2020[R]. 2020.

[3] 蔡美峰, 薛鼎龙, 任奋华. 金属矿深部开采现状与发展战略[J]. 工程科学学报, 2019, 41(4): 417-426.

[4] 李夕兵, 周健, 王少锋, 等. 深部固体资源开采评述与探索[J]. 中国有色金属学报, 2017, 27(6): 1236-1262.

[5] 蔡美峰, 谭文辉, 吴星辉, 等. 金属矿山深部智能开采现状及其发展策略[J]. 中国有色金属学报, 2021, 31(11): 3409-3421.

[6] 赵兴东, 周鑫, 赵一凡, 等. 深部金属矿采动灾害防控研究现状与进展[J]. 中南大学学报(自然科学版), 2021, 52(8): 2522-2538.

[7] 刘志强, 宋朝阳, 纪洪广, 等. 深部矿产资源开采矿井建设模式及其关键技术[J]. 煤炭学报, 2021, 46(3): 826-845.

[8] Edraki M, Baumgartl T, Manlapig E, et al. Designing mine tailings for better environmental, social and economic outcomes: a review of alternative approaches[J]. Journal of Cleaner Production, 2014, 84: 411-420.

[9] 吕兴栋, 刘战鳌, 朱志刚, 等. 尾矿作为水泥和混凝土原材料综合利用研究进展[J]. 材料导报, 2018, 32(S2): 452-456.

[10] Beylot A, Bodénan F, Guezennec A G, et al. LCA as a support to more sustainable tailings management: critical review, lessons learnt and potential way forward[J]. Resources, Conservation and Recycling, 2022, 183: 106347.

[11] Zhao K, Yu X, Zhu S T, et al. Acoustic emission investigation of cemented paste backfill prepared with tantalum-niobium tailings[J]. Construction and Building Materials, 2020, 237: 117523.

[12] Araya N, Kraslawski A, Cisternas L A. Towards mine tailings valorization: Recovery of critical materials from Chilean mine tailings[J]. Journal of Cleaner Production, 2020, 263: 121555.

[13] 黄太铭, 李圣晨, 李晓辉, 等. 有色金属钨矿和铅锌矿尾矿资源化利用工艺技术研究[J]. 中国有色金属学报, 2021, 31(4): 1057-1073.

[14] Wang L, Wang P, Chen W Q, et al. Environmental impacts of scandium oxide production from rare earths tailings of Bayan Obo Mine[J]. Journal of Cleaner Production, 2020, 270: 122464.

[15] 刘文博, 姚华彦, 王静峰, 等. 铁尾矿资源化综合利用现状[J]. 材料导报, 2020, 34(S1): 268-270.

[16] Argane R, Benzaazoua M, Hakkou R, et al. Reuse of base-metal tailings as aggregates for rendering mortars: assessment of immobilization performances and environmental behavior[J]. Construction and Building Materials, 2015, 96: 296-306.

[17] Yin S, Wu A, Hu K, et al. The effect of solid components on the rheological and mechanical properties of cemented paste backfill[J]. Minerals Engineering, 2012, 35: 61-66.

[18] 刘嘉欣, 阎志坤, 钟启明, 等. 尾矿库漫顶溃坝机理与溃坝过程数值模拟[J]. 中南大学学报(自然科学版), 2022, 53(7): 2694-2708.

[19] 王昆, 杨鹏, Karen H-E, 等. 尾矿库溃坝灾害防控现状及发展[J]. 工程科学学报, 2018, 40(5): 526-539.

[20] Jiao H Z, Wang S F, Yang Y X, et al. Water recovery improvement by shearing of gravity-thickened tailings for cemented paste backfill[J]. Journal of Cleaner Production, 2020, 245:118882.

[21] Benzaazoua M, Fall M, Belem T A. Contribution to understanding the hardening process of cemented pastefill[J]. Minerals Engineering, 2004, 17: 141-152.

[22] Sun Q, Tian S, Sun Q, et al. Preparation and microstructure of fly ash geopolymer paste backfill material[J]. Journal of Cleaner Production, 2019, 225: 376-390.

[23] Feng Y, Yang Q, Chen Q. Characterization and evaluation of the pozzolanic activity of granulated copper slag modified with CaO[J]. Journal of Cleaner Production, 2019, 232: 1112-1120.

[24] 任明昊, 谢贤, 李博琦, 等. 铁尾矿综合利用研究进展[J]. 矿产保护与利用, 2022, 42(3): 155-168.

[25] 程海勇, 吴爱祥, 吴顺川, 等. 金属矿山固废充填研究现状与发展趋势[J]. 工程科学学报, 2022, 44(1): 11-25.

[26] 冯国瑞, 任玉琦, 王朋飞, 等. 厚煤层综放沿空留巷巷旁充填体应力分布及变形特征研究[J]. 采矿与安全工程学报, 2019, 36(6): 1109-1119.

[27] Jafari M, Grabinsky M. Effect of hydration on failure surface evolution of low sulfide content cemented paste backfill[J]. International Journal of Rock Mechanics and Mining Sciences, 2021, 144: 104749.

[28] Yoo D Y, Banthia N. Impact resistance of fiber-reinforced concrete—A review[J]. Cement and Concrete Composites, 2019, 104: 103389.

[29] Festugato L, da Silva A P, Diambra A, et al. Modelling tensile/compressive strength ratio of fibre reinforced cemented soils[J]. Geotextiles and Geomembranes, 2018, 46(2): 155-165.

[30] Wang J Y, Banthia N, Zhang M H. Effect of shrinkage reducing admixture on flexural behaviors of fiber reinforced cementitious composites[J]. Cement and Concrete Composites, 2012, 34(4): 443-450.

[31] Consoli N C, Bassani M A A, Festugato L. Effect of fiber-reinforcement on the strength of cemented soils[J]. Geotextiles and Geomembranes, 2010, 28(4): 344-351.

[32] 中华人民共和国自然资源部. 全国矿产资源规划(2016—2020 年)[R/OL]. (2016-11-15)[2023-11-17]. https://www.mnr.gov.cn/gk/ghjh/201811/t20181101-2324927.html.

[33] Ahmad J, González-Lezcano R A, Majdi A, et al. Glass fibers reinforced concrete: overview on mechanical, durability and microstructure analysis[J]. Materials, 2022, 15(15): 5111.

[34] Amran M, Fediuk R, Abdelgader H S, et al. Fiber-reinforced alkali-activated concrete: a review[J]. Journal of Building Engineering, 2022, 45: 103638.

[35] 甘磊, 吴健, 沈振中, 等. 硫酸盐和干湿循环作用下玄武岩纤维混凝土劣化规律[J]. 土木工程学报, 2021, 54(11): 37-46.

[36] 段明翰, 覃源, 许增光, 等. 聚丙烯纤维对混凝土损伤渗透特性的影响[J]. 复合材料学报, 2021, 38(10): 3474-3483.

[37] 李福海, 高浩, 唐慧琪, 等. 短切玄武岩纤维混凝土基本性能试验研究[J]. 铁道科学与工程学报, 2022, 19(2): 419-427.

[38] Gokoz U N, Naaman A E. Effect of strain-rate on the pull-out behaviour of fibres in mortar[J]. International Journal of Cement Composites and Lightweight Concrete, 1981, 3(3): 187-202.

[39] Kim D J, El-Tawil S, Naaman A E. Loading rate effect on pullout behavior of deformed steel fibers[J]. ACI Materials Journal, 2008, 105(6): 576.

[40] Merta I, Tschegg E K. Fracture energy of natural fibre reinforced concrete[J]. Construction and Building Materials, 2013, 40: 991-997.

[41] Mishurova T, Rachmatulin N, Fontana P, et al. Evaluation of the probability density of inhomogeneous fiber orientations by computed tomography and its application to the calculation of the effective properties of a fiber-reinforced composite[J]. International Journal of Engineering Science, 2018, 122: 14-29.

[42] Banthia N, Trottier J F. Deformed steel fiber—cementitious matrix bond under impact[J]. Cement and Concrete Research, 1991, 21(1): 158-168.

[43] Ellis B, McDowell D, Zhou M. Simulation of single fiber pullout response with account of fiber morphology[J]. Cement and Concrete Composites, 2014, 48: 42-52.

[44] Choi E, Kim D, Chung Y S, et al. Bond-slip characteristics of SMA reinforcing fibers obtained by pull-out tests[J]. Materials Research Bulletin, 2014, 58: 28-31.

[45] Dehghani A, Aslani F. Effect of 3D, 4D, and 5D hooked-end type and loading rate on the pull-out performance of shape memory alloy fibres embedded in cementitious composites[J]. Construction and Building Materials, 2021, 273: 121742.

[46] Li V, Wang Y, Backer S. A micromechanical model of tension-softening and bridging toughening of short random fiber reinforced brittle matrix composites[J]. Journal of the Mechanics and Physics of Solids, 1991, 39(5): 607-625.

[47] Ding C, Guo L, Chen B. Orientation distribution of polyvinyl alcohol fibers and its influence on bridging capacity and mechanical performances for high ductility cementitious composites[J]. Construction and Building Materials, 2020, 247: 118491.

[48] 苟鸿翔, 朱洪波, 周海云, 等. 定向分布钢纤维对超高性能混凝土的增强作用[J]. 硅酸盐学报, 2020, 8(11): 1756-1764.

[49] Chen X, Shi X, Zhou J, et al. Compressive behavior and microstructural properties of tailings polypropylene fibre-reinforced cemented paste backfill[J]. Construction and Building Materials, 2018, 190: 211-221.

[50] Libos I L S, Cui L. Time and temperature-dependence of compressive and tensile behaviors of polypropylene fiber-reinforced cemented paste backfill[J]. Frontiers of Structural and Civil Engineering, 2021, 15(4): 1025-1037.

[51] Xue G, Yilmaz E, Song W, et al. Influence of fiber reinforcement on mechanical behavior and microstructural properties of cemented tailings backfill[J]. Construction and Building Materials, 2019, 213: 275-285.

[52] 赵康, 黄明, 严雅静, 等. 不同灰砂比尾砂胶结充填材料组合体力学特性及协同变形研究[J]. 岩石力学与工程学报, 2021, 40(S1): 2781-2789.

[53] 赵康, 朱胜唐, 周科平, 等. 钽铌矿尾砂胶结充填体力学特性及损伤规律研究[J]. 采矿与安全工程学报, 2019, 36(2): 413-419.

[54] 吴再海, 纪洪广, 姜海强, 等. 尾砂胶结含盐冻结充填体力学特性研究[J]. 岩土力学, 2020, 41(6): 1874-1880.

[55] 侯永强, 尹升华, 曹永, 等. 单轴压缩下不同养护龄期尾砂胶结充填体损伤特性及能量耗散分析[J]. 中南大学学报(自然科学版), 2020, 51(7): 1955-1965.

[56] 姜关照, 吴爱祥, 李红, 等. 含硫尾砂充填体长期强度性能及其影响因素[J]. 中南大学学报(自然科学版), 2018, 49(6): 1504-1510.

[57] 徐文彬, 李乾龙, 田明明. 聚丙烯纤维加筋固化尾砂强度及变形特性[J]. 工程科学学报, 2019, 41(12): 1618-1626.

[58] Zhou N, Du E, Zhang J, et al. Mechanical properties improvement of sand-based cemented backfill body by adding glass fibers of different lengths and ratios[J]. Construction and Building Materials, 2021, 280: 122408.

[59] Chen S, Wu A, Wang Y, et al. Coupled effects of curing stress and curing temperature on mechanical and physical properties of cemented paste backfill[J]. Construction and Building Materials, 2021, 273: 121746.

[60] 李长洪, 魏晓明, 张立新, 等. 胶结充填体与矿石的能量匹配关系及固化时间的确定[J]. 采矿与安全工程学报, 2017, 34(6): 1116-1121.

[61] Roshani A, Fall M. Rheological properties of cemented paste backfill with nano-silica: link to curing temperature[J]. Cement and Concrete Composites, 2020, 114: 103785.

[62] 赵康, 朱胜唐, 周科平, 等. 不同配比及浓度条件下钽铌矿尾砂胶结充填体力学性能研究[J]. 应用基础与工程科学学报, 2020, 28(4): 833-842.

[63] He Z, Zhao K, Yan Y, et al. Mechanical response and acoustic emission characteristics of cement paste backfill and rock combination[J]. Construction and Building Materials, 2021, 288: 123119.

[64] 李雅阁, 金龙哲, 谭昊, 等. 胶结充填体力学特性的加载速率效应试验[J]. 哈尔滨工业大学学报, 2016, 48(9): 49-53.

[65] 陈绍杰, 刘小岩, 韩野, 等. 充填膏体蠕变硬化特征与机制试验研究[J]. 岩石力学与工程学报, 2016, 35(3): 570-578.

[66] Cavusoglu I, Yilmaz E, Yilmaz A O. Sodium silicate effect on setting properties, strength behavior and microstructure of cemented coal fly ash backfill[J]. Powder Technology, 2021, 384: 17-28.

[67] Chen Q, Tao Y, Feng Y, et al. Utilization of modified copper slag activated by Na_2SO_4 and CaO for unclassified lead/zinc mine tailings based cemented paste backfill[J]. Journal of Environmental Management, 2021, 290: 112608.

[68] 王宇, 高少华, 孟华君, 等. 不同频率增幅疲劳荷载下双裂隙花岗岩破裂演化声发射特性与裂纹形态研究[J]. 岩石力学与工程学报, 2021, 40(10): 1976-1989.

[69] Wang Y, Li X. Experimental study on cracking damage characteristics of a soil and rock mixture by UPV testing [J]. Bulletin of Engineering Geology and the Environment, 2015, 74(3): 775-788.

[70] 冯国瑞, 赵永辉, 郭育霞, 等. 柱式充填体单轴压缩损伤演化及破坏特征研究[J]. 中南大学学报(自然科学版), 2022, 53(10): 4012-4023.

[71] 赵永辉, 冉洪宇, 冯国瑞, 等. 单轴压缩下不同高宽比矸石胶结充填体损伤演化及破坏特征研究[J]. 采矿与安全工程学报, 2022, 39(4): 674-682.

[72] Chen G, Ye Y, Yao N, et al. Deformation failure and acoustic emission characteristics of continuous graded waste rock cemented backfill under uniaxial compression[J]. Environmental Science and Pollution Research, 2022, 29(53): 80109-80122.

[73] 王本鑫, 金爱兵, 赵怡晴, 等. 基于 DIC 的含 3D 打印起伏节理试样破裂特性及损伤本构[J]. 工程科学学报,

2022, 44(12): 2029-2039.

[74] 郭聚坤, 王瑞, 寇海磊, 等. 基于三维数字图像相关技术钙质砂颗粒运动行为试验研究[J]. 岩土力学, 2022, 43(10): 2785-2798.

[75] 闫清峰, 张纪刚, 张敏, 等. 基于 DIC 的工程水泥基复合材料弯曲损伤分析[J]. 东南大学学报(自然科学版), 2022, 52(3): 482-488.

[76] 杨恩光, 杨立云, 胡桓宁, 等. 单轴压缩荷载下闭合裂纹扩展的试验和数值研究[J]. 岩土力学, 2022, 43(S1): 613-622.

[77] 彭守建, 张倩文, 许江, 等. 基于三维数字图像相关技术的砂岩渗流-应力耦合变形局部化特性试验研究[J]. 岩土力学, 2022, 43(5): 1197-1206.

[78] 范杰, 朱星, 胡桔维, 等. 基于 3D-DIC 的砂岩裂纹扩展及损伤监测试验研究[J]. 岩土力学, 2022, 43(4): 1009-1019.

[79] Chen S, Jin A, Zhao Y, et al. Mechanical properties and deformation mechanism of stratified cemented tailings backfill under unconfined compression[J]. Construction and Building Materials, 2022, 335: 127205.

[80] Han Q, Wang A, Zhang J. Research on the early fracture behavior of fly ash-based geopolymers modified by molybdenum tailings[J]. Journal of Cleaner Production, 2022, 365: 132759.

[81] Cheng A, Zhou C, Huang S, et al. Study on the nonlinear deformation characteristics and constitutive model of cemented tailings backfill considering compaction hardening and strain softening[J]. Journal of Materials Research and Technology, 2022, 19: 4627-4644.

[82] Chen S, Xiang Z, Eker H. Curing stress influences the mechanical characteristics of cemented paste backfill and its damage constitutive model[J]. Buildings, 2022, 12(10): 1607.

[83] Hou J, Guo Z, Zhao L, et al. Study on the damage statistical strength criterion of backfill with crack under thermo-mechanical coupling[J]. International Journal of Green Energy, 2020, 17(8): 501-509.

[84] Zhou Y, Yu X, Guo Z, et al. On acoustic emission characteristics, initiation crack intensity, and damage evolution of cement-paste backfill under uniaxial compression[J]. Construction and Building Materials, 2021, 269: 121261.

[85] 赵康, 宋宇峰, 于祥, 等. 不同纤维作用下尾砂胶结充填体早期力学特性及损伤本构模型研究[J]. 岩石力学与工程学报, 2022, 41(2): 282-291.

[86] 柯愈贤, 王新民, 张钦礼, 等. 基于全尾砂充填体非线性本构模型的深井充填强度指标[J]. 东北大学学报(自然科学版), 2017, 38(2): 280-283.

[87] Qiu J P, Yang L, Xing J, et al. Analytical solution for determining the required strength of mine backfill based on its damage constitutive model[J]. Soil Mechanics and Foundation Engineering, 2018, 54(6): 371-376.

[88] 冯萧, 曹世荣, 卓毓龙, 等. 块石胶结充填体循环加卸载损伤特性研究[J]. 有色金属工程, 2016, 6(6): 82-86.

[89] 王勇, 吴爱祥, 王洪江, 等. 初始温度条件下全尾胶结膏体损伤本构模型[J]. 工程科学学报, 2017, 39(1): 31-38.

[90] 赵树果, 苏东良, 吴文瑞, 等. 基于 Weibull 分布的充填体单轴压缩损伤模型研究[J]. 中国矿业, 2017, 26(2): 106-111.

[91] Liu Z, Lan M, Xiao S, et al. Damage failure of cemented backfill and its reasonable match with rock mass[J]. Transactions of Nonferrous Metals Society of China, 2015, 25(3): 954-959.

[92] 尹升华, 侯永强, 杨世兴, 等. 单轴压缩下混合集料胶结充填体变形破坏及能耗特征分析[J]. 中南大学学报(自然科学版), 2021, 52(3): 936-947.

[93] Zhou Y, Yan Y, Zhao K, et al. Study of the effect of loading modes on the acoustic emission fractal and damage characteristics of cemented paste backfill[J]. Construction and Building Materials, 2021, 277: 122311.

[94] Liu Z, Lan M, Xiao S, et al. Damage failure of cemented backfill and its reasonable match with rock mass[J]. Transactions of Nonferrous Metals Society of China, 2015, 25(3): 954-959.

[95] 龚囱, 李长洪, 赵奎. 红砂岩短时蠕变声发射 *b* 值特征[J]. 煤炭学报, 2015, 40(S1): 85-92.

[96] Prem P, Verma M, Ambily P. Damage characterization of reinforced concrete beams under different failure modes using acoustic emission[J]. Structures, 2021, 30: 174-187.

[97] 徐晓冬, 孙光华, 姚旭龙, 等. 基于能量耗散与释放的充填体失稳尖点突变预警模型[J]. 岩土力学, 2020, 1(9): 3003-3012.

[98] 王笑然, 李楠, 王恩元, 等. 岩石裂纹扩展微观机制声发射定量反演[J]. 地球物理学报, 2020, 63(7): 2627-2643.

[99] Zhao K, Yu X, Zhu S, et al. Acoustic emission fractal characteristics and mechanical damage mechanism of cemented paste backfill prepared with tantalum niobium mine tailings[J]. Construction and Building Materials, 2020, 258: 119720.

[100] Burud N, Kishen J. Response based damage assessment using acoustic emission energy for plain concrete[J]. Construction and Building Materials, 2021, 269: 121241.

[101] Xargay H, Ripani M, Folino P, et al. Acoustic emission and damage evolution in steel fiber-reinforced concrete beams under cyclic loading[J]. Construction and Building Materials, 2021, 274: 121831.

[102] 王学滨, 张博闻, 董伟, 等. 基于两种 DIC 方法的含孔洞土样变形破坏观测[J]. 地下空间与工程学报, 2020, 16(2): 567-576.

[103] 张庆贺, 陈晨, 袁亮, 等. 基于 DIC 和 YOLO 算法的复杂裂隙岩石破坏过程动态裂隙早期智能识别[J]. 煤炭学报, 2022, 47(3): 1208-1219.

[104] Miura T, Katsuki S, Hikaru N. The role of microcracking on the compressive strength and stiffness of cracked concrete with different crack widths and angles evaluated by DIC[J]. Cement and Concrete Composites, 2020, 114: 103768.

[105] He J T, Lei D, Xu W X. In-situ measurement of nominal compressive elastic modulus of interfacial transition zone in concrete by SEM-DIC coupled method[J]. Cement and Concrete Composites, 2020, 114: 103779.

[106] Rucka M, Wojtczak E, Knak M, et al. Characterization of fracture process in polyolefin fibre-reinforced concrete using ultrasonic waves and digital image correlation[J]. Construction and Building Materials, 2021, 280: 122522.

[107] Skarżyński Ł. Mechanical and radiation shielding properties of concrete reinforced with boron-basalt fibers using digital image correlation and X-ray micro-computed tomography[J]. Construction and Building Materials, 2020, 255: 119252.

[108] 李升涛, 陈徐东, 张锦华, 等. 不同密度等级泡沫混凝土的单轴压缩破坏特征[J]. 建筑材料学报, 2021, 130(6): 1146-1153.

[109] 卿龙邦, 曹国瑞, 管俊峰. 基于 DIC 方法的混凝土允许损伤尺度试验研究[J]. 工程力学, 2019, 36(10): 115-121.

[110] Pan K, Yu R, Ruiz G, et al. The propagation speed of multiple dynamic cracks in fiber-reinforced cement-based composites measured using DIC[J]. Cement and Concrete Composites, 2021, 122: 104140.

2 纤维增强尾砂胶结材料力学特性及能量演化特征

在采矿工程中，尾砂是选矿后产生的各种矿石废料的混合物，它们含有多种重金属元素及部分有害物质，对人类居住的环境、水源和土壤等危害较大[1-3]。因此，把尾砂固废利用到以尾砂胶结材料为主的工程设施、建(构)筑物中，一方面可以减少地表尾矿库的堆存容积和尾砂对环境造成的污染问题；另一方面，尾砂胶结材料通常用作临时或永久性结构来控制工程的稳定性[4,5]。在工程实际应用中，尾砂胶结材料可能会受到岩爆和周围岩石自重应力的影响，这些荷载可能会在很短的时间内产生很大的应力，甚至超过胶结材料的极限强度；如果尾砂胶结材料的强度和韧性不够，尾砂胶结材料将迅速破坏，这会给实际工程应用带来严重的影响[6,7]。尾砂胶结材料强度性能的合理设计是材料在实际工程中应用的前提，尾砂胶结材料的高成本是制约尾砂胶结材料广泛推广的主要因素，尾砂胶结材料只有具有良好的力学性能才能保证实际工程的安全。因此，如何合理设计尾砂胶结材料的强度和有效改善尾砂胶结材料的性能已成为学者关注的焦点。

近几十年来，工程中 FRCC 的应用越来越多，许多研究文献发现，在素混凝土中随机掺入纤维可以有效地提高抗裂能力、强度、韧性、延性[8-10]。然而纤维在增强尾砂胶结材料力学特性方面国内外报道不多。如 Yi[11]对纤维增强胶结膏体材料的力学行为进行了试验研究，比较并讨论了纤维增强对单轴抗压强度、抗剪强度、破坏模式、平均残余强度和吸能能力的影响；Xu 等[12]研究了温度对纤维增强尾砂胶结材料抗压强度的影响，发现纤维增强效果取决于纤维与尾砂胶结材料基体之间的摩擦力，较高的养护温度促进了纤维增强尾砂胶结材料中水泥的水化反应。而在实际工程应用中，尾砂胶结材料的稳定性受许多因素的影响(如原地应力、扰动影响、爆破等)。为了提高尾砂胶结材料的强度并满足其稳定性要求，许多研究人员对新型胶凝剂的开发进行了大量研究，但尾砂胶结材料的强度并未得到很好的改善。因此，仅靠新型胶凝剂来提高或单一评估尾砂胶结材料的强度和稳定性不是很准确。

然而，尾砂胶结材料具有不同于岩石的特性，即具有更细的颗粒和更宽的粒度分布、更低的水泥含量及来自尾砂和选矿工艺的各种化学成分，这些化学成分可能会影响尾砂胶结材料的强度。许多研究者对不同灰砂比和不同浓度的尾砂胶结材料的强度研究已经得到丰硕的研究成果，但是在尾砂胶结材料中加入纤维的研究成果较少。所以本章通过试验研究纤维增强尾砂胶结材料的力学强度特性，综合比较不同纤维类型对纤维增强尾砂胶结材料的抗压强度和韧性的影响。

2.1 纤维增强尾砂胶结材料试验

2.1.1 试验材料

1. 试样集料

试验试样所用的集料(骨料)选自河南某金属矿山的超细尾砂，于该矿的尾砂坝中取得，如图 2-1 所示，尾砂颗粒较细，呈粉状。该矿属于多金属矿，主要包含钼矿、金矿两种矿物，其中又以金矿开采为主。为了优化矿石回收率、提升矿山经济效益，该矿山选矿工艺现代化程度、磨矿机械化程度较高，使得选矿后产生的尾砂粒径不断降低，大量的超细尾砂堆积难以处理。为了解决这个问题，本节特选用该矿山的超细尾砂开展相关研究，以期为同类型矿山超细尾砂再利用提供理论参考。室外取的尾砂较为潮湿，需要托运至实验室内进行烘干(图 2-2)，然后对该尾砂进行化学成分检测。

图 2-1 现场尾矿坝尾砂采集

图 2-2 烘干后的尾砂

取适量烘干的尾砂放入密封良好的袋子里并做 X 射线衍射(X-ray diffraction, XRD)试验。通过 XRD 试验对试验所用的尾砂化学成分进行测定，所用仪器为荷兰 Panaco 公司生产的型号为 Axios mAX X 射线荧光光谱仪，该仪器具有测定数据准确、辐射防护严格和监测样品形态多样化等优点。该仪器是荷兰 Panaco 公司近年来开发的新一代 X 射线衍射平台，可以满足四类 X 射线分析的要求，即衍射、散射、反射和 CT 图像 X 射线检测。该设备具有较为先进的测角仪和 X 射线管，具备严格的辐射安全防护，检测的样品可以是块状材料、粉末状材料和薄膜材料等，本次试验的尾矿砂样品是制成粉状颗粒进行的。

由表 2-1 可知，化学成分化验结果为：二氧化硅、三氧化二铝、氧化镁和氧化钙的总含量占尾砂质量的 86.26%，对材料的强度有不利影响的硫(S)的质量分数仅为 0.12%。根据矿物化学成分指标计算公式，可知其碱度系数 $M_0\left[M_0=(CaO+MgO)/\left(SiO_2+Al_2O_3\right)\right]$ 为 0.070，小于 1，属于酸性尾矿砂。

表 2-1　尾砂化学检测结果(%)

成分	SiO_2	Al_2O_3	MgO	CaO	FeO	S	Cu	Ag	Au
占比	68.23	12.37	4.51	1.15	0.60	0.12	0.046	<0.01	<0.01

由图 2-3(a)测定结果表明：制备试样所用的尾砂主要矿物为石英、硫矿石、方解石和透辉石等；通过激光粒度仪(Mastersizer 3000, Malvern, Britain)对尾砂粒径进行测量，获得尾砂粒径分布曲线[图 2-3(b)]。一般而言，尾砂中粒径小于 20μm 的颗粒含量超过 50%即超细尾砂[13]。由图 2-3(b)可知，本试验所用尾砂颗粒小于 20μm 的含量超过 90%，属于典型的超细尾砂。此外，通过试验所测得的数据可分析得到尾砂粒径累积分布结果为 d_{10}=0.43μm，d_{30}=1.28μm，d_{50}=3.15μm，d_{60}=4.03μm，计算得出尾砂不均匀系数(coefficient of uniformity, C_u)及曲率系数(coefficient of curvature, C_c)分别为 9.37 和 0.95，说明超细尾砂级配不良，或会影响尾砂胶结材料的力学性能。

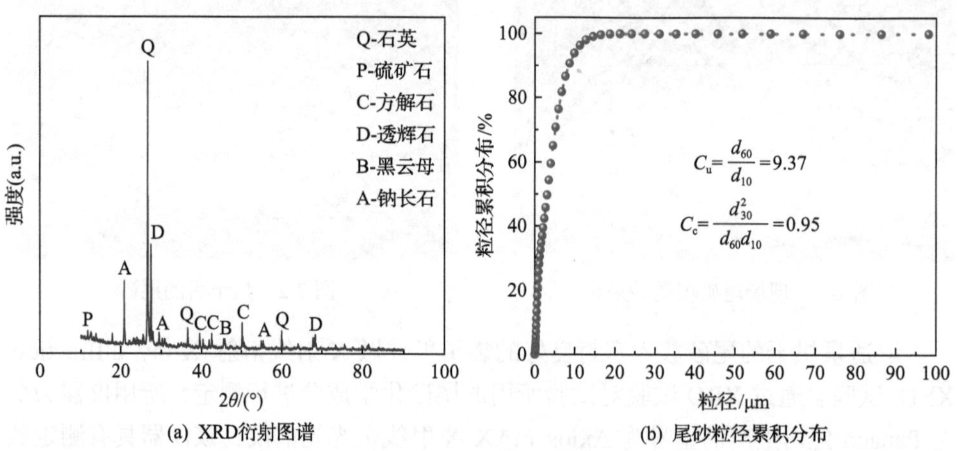

(a) XRD衍射图谱　　(b) 尾砂粒径累积分布

图 2-3　尾砂物理化学参数

2. 胶结材料

试验选用的胶结材料是型号为 P.C 32.5 的复合硅酸盐水泥，该水泥的主要混合材料为粉煤灰和煤石等，水泥中掺合料的总量按质量计应大于 20%且不大于 50%。相比于普通硅酸盐水泥，复合硅酸盐水泥熟料用量较少，在浇筑硬化过程中能耗较低，符合节能减排和绿色可持续发展的理念。此外，复合硅酸盐水泥还具有干缩性低、早期强度高、硬化后密度大等优点，是一种在建筑行业内备受青睐的绿色建材产品，其主要化学成分见表 2-2。该复合硅酸盐水泥中含有高含量的钙硅矿物，可为纤维增强尾砂胶结材料提供足够的基质强度。

表 2-2 复合硅酸盐水泥主要化学成分

主要成分	化学式	含量范围/%
铝酸三钙	$3CaO·Al_2O_3$	6～16
铁铝酸四钙	$4CaO·Al_2O_3·Fe_2O_3$	11～19
硅酸二钙	$2CaO·SiO_2$	14～38
硅酸三钙	$3CaO·SiO_2$	36～59

3. 纤维材料

本试验中，纤维增强尾砂胶结材料试样中所用的增强纤维为玻璃纤维和聚丙烯腈纤维，相对于在 FRCC 中应用较多的聚丙烯纤维，聚丙烯腈纤维具有与水泥胶结后握裹力强、回弹率高和纤维分散度大等优点，有利于提高纤维对水泥基材料的桥接作用和阻裂性能；玻璃纤维有着拉伸强度高、伸长率小(3%)和弹性系数高等特点，同时也具有刚性强、吸水性小、吸收冲击能量大和价格便宜等优点。此外，聚丙烯腈纤维作为一种合成纤维，生产工艺成熟、价格相对低廉。相对于一味提升水泥含量或浆体质量分数，添加聚丙烯腈纤维不仅能够满足尾砂胶结材料的强度需求，还能提升经济效益，特别适用于大体积地下支撑结构。两种纤维如图 2-4 所示，其物理性质见表 2-3。

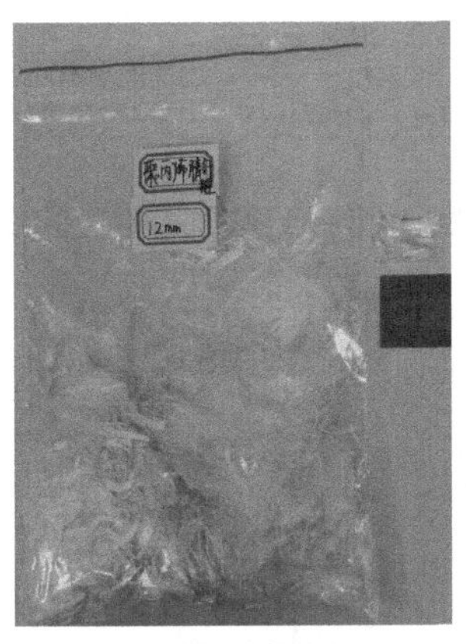

(a) 聚丙烯腈纤维

(b) 玻璃纤维

图 2-4 纤维类型

表 2-3　纤维物理性质

纤维类型	长度/mm	比重	熔点/℃	线密度/dtex	密度/(g/cm^3)	抗拉强度/MPa	断裂伸长率/%	弹性模量/MPa	吸水性
聚丙烯腈纤维	12	1.18	—	—	0.91	＞736	30	＞7.18	小
玻璃纤维	12	—	169	8.12	2.40	346.0	36.4	4286.0	小

研究表明[14-16]，纤维的形状、长度、体积率和弹性模量等因素对水泥基材料的力学性能具有不同程度的影响。许多学者认为：改变纤维的形状、适量提升纤维的长度和更改纤维的分布方向等手段能够有效地优化 FRCC 的性能。然而出于工程实际应用及成本方面的考量，这些方法很难直接应用在尾砂胶结材料方面，比如提升纤维长度会影响尾砂胶结材料的料浆流动性，国内现有条件很难将异形纤维、定向纤维制作尾砂胶结材料的工艺实现生产流水线化。因此出于上述原因，选用形状为圆截面束状，长度为 12mm 的短纤维，其分布方式为三维乱向分布。该纤维弹性模量较低，能够有效提升尾砂胶结材料韧性和裂后应变能力。

纤维对水泥基材料裂隙扩展的抑制效果与纤维体积率有紧密的联系。在实际工程中往往需要满足纤维临界体积率 V_f^{crit}，在普通 FRCC 中，V_f^{crit} 一般根据复合材料理论进行计算，其计算过程如下。

以混合律为基础，将复合材料性能视作各组性能与相对体积含量乘积的和，并基于相关的假定前提[17,18]，FRCC 的弹性模量可表达为

$$E_{fc} = E_m V_m + E_f V_f \tag{2-1}$$

式中：E_{fc}、E_m、E_f 分别为 FRCC 的弹性模量、水泥基体弹性模量、纤维弹性模量；V_m、V_f 分别为水泥基体体积率、纤维体积率。

令 $E_f / E_m = n$，$V_m = 1 - V_f$ 有

$$E_{fc} = E_m \left[1 + (n-1)V_f\right] \tag{2-2}$$

假定水泥基体与FRCC受力产生的应变相同，则FRCC弹性变形阶段应力 σ_{fc}：

$$\sigma_{fc} = \sigma_m \left[1 + (n-1)V_f\right] \tag{2-3}$$

式中：σ_m 为水泥基体拉应力。

根据式(2-3)可得 FRCC 的初裂抗拉强度 σ_{fc}^{cr} 为

$$\sigma_{fc}^{cr} = \sigma_m^{u} \left[1 + (n-1)V_f\right] \tag{2-4}$$

式中：σ_m^{u} 为水泥基体抗拉强度。

假定水泥基体开裂后材料中的拉力全部由纤维承担，则此时 FRCC 的抗拉强度 σ_{fc}^{u} 为

$$\sigma_{fc}^{u} = \sigma_{f}^{u} V_{f} \tag{2-5}$$

式中：σ_{f}^{u} 为纤维抗拉强度。

为使 FRCC 抗拉强度 σ_{fc}^{u} 大于其初裂抗拉强度，纤维的体积率必须大于临界体积率 V_{f}^{crit}。当纤维体积率为 V_{f}^{crit} 时，根据混合律有

$$\sigma_{f}^{u} V_{f}^{crit} = \sigma_{f} V_{f}^{crit} + \sigma_{m}^{u}\left(1 - V_{f}^{crit}\right) \tag{2-6}$$

$$\sigma_{f}^{u} V_{f}^{crit} = E_{f} \varepsilon_{m}^{u} V_{f}^{crit} + \sigma_{m}^{u}\left(1 - V_{f}^{crit}\right) \tag{2-7}$$

由式(2-6)和式(2-7)可得纤维临界体积率为

$$V_{f}^{crit} = \frac{\sigma_{m}^{u}}{\sigma_{f}^{u} + \sigma_{m}^{u} - E_{f}\varepsilon_{m}^{u}} \tag{2-8}$$

式中：ε_{m}^{u} 为水泥基体极限应变。

上述计算基于的假设前提是连续纤维在水泥基体中定向分布，而在实际现有技术条件下，很难制作出定向 FRCC。出于成本考虑，建议制作纤维增强尾砂胶结材料时采用不连续的短纤维，因此需在上述计算中引入纤维取向系数 α 及纤维长度系数 β。本试验所用纤维长度较短，端部传递应力的长度范围较小，故暂不考虑纤维长度系数的影响，仅在式(2-8)中引入纤维取向系数 α，根据上述计算可得考虑纤维取向系数的纤维临界体积率为

$$V_{f}^{crit} = \frac{\sigma_{m}^{u}}{\alpha(\sigma_{f}^{u} - E_{f}\varepsilon_{m}^{u}) + \sigma_{m}^{u}} \tag{2-9}$$

根据式(2-9)得出纤维临界体积率，结合前人的研究经验[19-22]，设定掺入的纤维体积率为 0.25%。

2.1.2 试样制备

在单轴压缩试验中，采用长、宽和高为 70.7mm×70.7mm×70.7mm 的立方形铸铁模具，如图 2-5 所示。每次制作试样前，应在铸铁模腔各部分的表面涂一层薄薄的润滑油，使模具隔板与定位销紧紧靠齐，以免模腔发生歪斜；每次脱模后，应立即擦净各个模腔侧面的余料并涂抹机油以防生锈，所有用于制备尾砂胶结材料试样的材料均采用电子秤称重，其精确度为 0.01g。

图 2-5 尾砂胶结材料试样铸铁模具

对于纤维增强尾砂胶结材料试样，水泥和尾砂的配比选择是根据工程实际情况，并参考文献[23]、[24]的做法进行选择。考虑到工程实际应用成本问题以及尽可能多地利用尾砂材料，故选用灰砂比为 1∶6、1∶8、1∶10 和 1∶12 四种方案，尾砂胶结材料试样的固体浓度为 65%、68%和 72%。单纤维占干尾砂和水泥总质量的 0%、0.5%；混合纤维的掺量占干尾砂和水泥总质量的 0.5%，即聚丙烯腈纤维和玻璃纤维分别占干尾砂和水泥总质量的 0.25%。已有文献[23]、[24]表明 12mm 长度的纤维是最佳选择，故本节将统一选用 12mm 长度的纤维制备纤维增强尾砂胶结材料试样。尾砂胶结材料试样包括无纤维尾砂胶结材料（fiber-free cemented tailings material，FFM）和纤维增强尾砂胶结材料两种，纤维增强尾砂胶结材料又分为聚丙烯腈纤维增强尾砂胶结材料（polyacrylonitrile fiber-reinforced cemented tailings material，PFRM）、玻璃纤维增强尾砂胶结材料（glass fiber-reinforced cemented tailings material，GFRM）和混合纤维增强尾砂胶结材料（hybrid fiber-reinforced cemented tailings material，HFRM）。

为避免纤维增强尾砂胶结材料试样中纤维聚结、漂浮，纤维的加入采用“先干后湿”法。将尾矿坝取得的尾砂运至实验室烘干，通过电子秤称量试验设计所需的各材料质量。各材料准备妥当后，置于搅拌机器中充分混合，避免材料离析。具体操作是：事先按试验方案称量尾砂、水泥和纤维的质量，然后进行干拌并搅拌均匀；接着倒入称量好的水进行二次均匀搅拌，搅拌时间 5～7min，以获得具有工程实际需求的均质尾砂胶结材料混合物，随机选取符合矿山实际需求的均质混合物，浇筑于边长为 70.7mm 的立方体铸铁模具中成型；根据实际工程应用情况（与实际情况同条件养护），将制备好的尾砂胶结材料试样，在相对湿度(75±5)%、温度(22±5)℃的自然环境下养护，养护时间为 7 天，其目的是尽可能接近工程实际尾砂胶结材料的固化环境，使本工作数据更贴近实际工程需要；以 0.01g 的精度称量养护后的尾砂胶结材料样品的质量，以 0.1mm 的精度测量其长度、宽度和高度。图 2-6 是尾砂胶结材料试样的制作和成型情况。

图 2-6　尾砂胶结材料试样的制作和成型情况

2.1.3　试验设备及过程

制作好的试样采用单轴压缩试验测试其强度。单轴压缩仪器为美国美特斯(MTS)微机控制电子万能试验机，型号为 FYB105A，该设备具有非常精确的加载速度和常规测力范围，对荷载、变形和位移的测量和控制具有很高的精度和灵敏度，并且具有很好的加载循环、变形循环和位移循环等功能。试验机的主要参数有：最大试验力量程为 50kN，试验力测量范围为(0.4%～100%)FS/(0.2%～100%)FS(full scale，满量程)；试验力的结果相对误差在±0.5%/±1.0%以内，变形结果的相对误差在±0.50%以内，且满足标准《电子式万能试验机》(GB/T 16491—2022)，微机控制电子万能试验机如图 2-7 所示。

图 2-7　微机控制电子万能试验机

所有制作完成的尾砂胶结材料试样在所需的固化时间(7 天)后，应按照《圆柱形混凝土试样抗压强度的标准试验方法》(ASTM C39/C39M—2016)进行一系列的单轴抗压强度测试；单轴压缩试验采用最大承载能力为 50kN 的微机控制电子万能试验机进行，所有的试样在加载速率为 0.5mm/min 的应变控制模式下测试，直至试样完全破坏；每组平行试样进行 5 次试验，剔除试验强度最大和最小的试样数据，保留强度处于中间的 3 个试样试验数据，试验强度数据处理结果是 3 次试验的平均值。

2.2 不同纤维作用下尾砂胶结材料力学特性

2.2.1 强度规律

单轴压缩作用下两种灰砂比和不同纤维类型尾砂胶结材料的单轴抗压强度统计结果，见表 2-4。由表 2-4 纵向来看，在灰砂比分别为 1∶10 和 1∶8 的条件下，无纤维尾砂胶结材料试样的单轴抗压强度分别为 0.636MPa 和 0.653MPa，单轴抗压强度提高了 0.017MPa，提高率为 2.67%，只有小幅度提升；聚丙烯腈尾砂胶结材料试样的单轴抗压强度分别为 0.747MPa 和 1.253MPa，单轴抗压强度提高了 0.506MPa，提高率为 67.74%；玻璃纤维增强尾砂胶结材料试样的单轴抗压强度分别为 0.936MPa 和 1.305MPa，单轴抗压强度提高了 0.369MPa，提高率为 39.42%；混合纤维增强尾砂胶结材料试样的单轴抗压强度分别为 0.752MPa 和 1.275MPa，单轴抗压强度提高了 0.523MPa，提高率为 69.55%。总体结果是：随着灰砂比的增大，尾砂胶结材料的单轴抗压强度总体增加；无纤维尾砂胶结材料的单轴抗压强度相差不大，但是掺入纤维后，单轴抗压强度有了显著的提升，最高提升率可达 69.55%，说明掺入纤维对单轴抗压强度的提高是显著的。

表 2-4 两种灰砂比和不同纤维类型试样单轴抗压强度

灰砂比	试样编号	单轴抗压强度/MPa			
		FFM	PFRM	GFRM	HFRM
1∶8	F1	0.580	1.489	1.411	1.428
	F2	0.668	0.999	1.326	1.193
	F3	0.711	1.272	1.178	1.205
	均值	0.653	1.253	1.305	1.275
1∶10	G1	0.513	0.708	0.892	0.744
	G2	0.761	0.594	0.926	0.685
	G3	0.635	0.941	0.991	0.827
	均值	0.636	0.747	0.936	0.752

由表 2-4 横向来看，在灰砂比为 1∶8 的条件下，无纤维尾砂胶结材料、聚丙烯腈纤维增强尾砂胶结材料、玻璃纤维增强尾砂胶结材料和混合纤维增强尾砂胶结材料试样的单轴抗压强度分别为 0.653MPa、1.253MPa、1.305MPa 和 1.275MPa；以无纤维尾砂胶结材料为参照对象，聚丙烯腈纤维增强尾砂胶结材料的单轴抗压

强度提高了 0.6MPa，提高率为 91.88%；玻璃纤维增强尾砂胶结材料的单轴抗压强度提高了 0.652MPa，提高率为 99.85%；混合纤维增强尾砂胶结材料的单轴抗压强度提高了 0.622MPa，提高率为 95.25%；全部类型试样的单轴抗压强度由高到低排序为 $\sigma_{GFRM}>\sigma_{HFRM}>\sigma_{PFRM}>\sigma_{FFM}$。在灰砂比为 1∶10 的条件下，无纤维尾砂胶结材料、聚丙烯腈纤维增强尾砂胶结材料、玻璃纤维增强尾砂胶结材料和混合纤维增强尾砂胶结材料试样的单轴抗压强度分别为 0.636MPa、0.747MPa、0.936MPa 和 0.752MPa；以无纤维尾砂胶结材料试样为参照对象，聚丙烯腈纤维增强尾砂胶结材料的单轴抗压强度提高了 0.111MPa，提高率为 17.45%；玻璃纤维增强尾砂胶结材料的单轴抗压强度提高了 0.3MPa，提高率为 47.17%；混合纤维增强尾砂胶结材料的单轴抗压强度提高了 0.116MPa，提高率为 18.24%；全部类型试样的单轴抗压强度由高到低排序为 $\sigma_{GFRM}>\sigma_{HFRM}>\sigma_{PFRM}>\sigma_{FFM}$。因此，在同一种灰砂比的条件下，纤维增强尾砂胶结材料的单轴抗压强度比无纤维尾砂胶结材料的单轴抗压强度有很好的提升，混合纤维增强尾砂胶结材料的单轴抗压强度和聚丙烯腈纤维增强尾砂胶结材料的单轴抗压强度基本差别不大，玻璃纤维增强尾砂胶结材料的单轴抗压强度是最好的。

2.2.2　破坏机制

1. 应力-应变曲线

尾砂胶结材料在单轴荷载作用下产生变形的全过程可由图 2-8 所示的应力-应变曲线表示。1∶8 和 1∶10 两种灰砂比下的应力-应变曲线可将尾砂胶结材料的变形分为以下四个阶段。

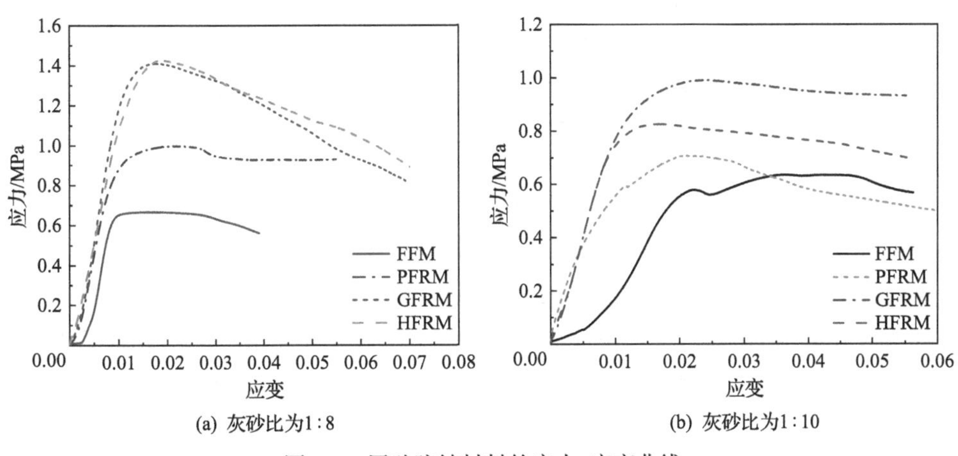

(a) 灰砂比为1∶8　(b) 灰砂比为1∶10

图 2-8　尾砂胶结材料的应力-应变曲线

(1)初始压密阶段。在单轴压力作用下，尾砂胶结材料内原有的微裂纹逐渐闭合，尾砂胶结材料在此阶段被压密；然后在此阶段形成早期的非线性变形，即曲线呈上凹形；另一个特点是尾砂胶结材料的横向膨胀很小，并且随着荷载的增加其体积减小。由图 2-8(a) 和图 2-8(b) 可以发现，不加纤维的应力-应变曲线在初始压密阶段呈现的上凹形很明显，而加纤维的应力-应变曲线在此阶段上凹形并不明显，其原因是加入的纤维填充了试样中原有的初始微裂隙，致使尾砂胶结材料压密不明显。值得注意的是，此阶段变形对强度较低的试样如尾砂胶结材料、混凝土来说较为明显，而对纤维增强尾砂胶结材料则不明显，甚至不出现。

(2) 弹性变形阶段。此阶段的应力-应变曲线接近直线形，从两个灰砂比的整体曲线来看，有灰砂比越大而曲线的直线段越陡、弹性模量越大的规律；在同一灰砂比下，不同纤维的加入在一定程度上提高了尾砂胶结材料的强度和韧性，进而阻止了弹性裂隙的进一步发展；此时对应裂纹虽出现一定的应力集中，但尾砂胶结材料并未达到破坏的应力值，因此此阶段的变形仍处于弹性变形阶段。

(3) 塑性变形阶段。此阶段是尾砂胶结材料从弹性变形到塑性变形的转折点，也是屈服点，相对于该点的应力为屈服应力，其值的大小约为峰值强度的十分之九；进入此阶段后，微裂纹的发展出现了质的变化且裂纹扩展超过其应力值，尾砂胶结材料整体破坏逐渐加剧；此阶段曲线表现为上凸形，其斜率随应力的增加而逐渐减小至零，尾砂胶结材料的体积变化由压缩转换为扩容，且轴向应变和体积也迅速增大，此时应力的上界为峰值强度。

(4) 峰后破坏阶段。当尾砂胶结材料的应力达到峰值强度后，内部结构遭到破坏，但试样基本上保持较为完整的整体状态；裂隙快速发展、聚合，交叉相互联合形成肉眼可见的宏观主裂纹。此后，尾砂胶结材料的承载力将随着变形的增加而逐渐减小，但不会降至零，表明断裂后的尾砂胶结材料仍具有一定的承载力。需要注意的是，纤维增强尾砂胶结材料在峰后应力下降不明显仍然会维持较长的延性变形，这与纤维极大地增强了尾砂胶结材料的韧性有关。

2. 纤维增强尾砂胶结材料破坏形式

图 2-9 是灰砂比为 1∶8 的尾砂胶结材料试样破坏模式图。如图 2-9(a) 所示，无纤维尾砂胶结材料试样出现很明显的倒 V 字形和 X 共轭斜面剪切形状破坏，且破坏裂纹非常清晰明显，无纤维尾砂胶结材料立方块边角部分有明显脱落的现象。主要原因是无纤维尾砂胶结材料试样由于干缩、硬化等存在初始裂纹，在较低的应力下，试样内部某些点会发生拉应力集中，致使相应的初始裂纹发生扩展；当初始裂纹起裂后，如继续加载，并使荷载维持在某一应力水平，裂纹将继续蔓延，一些裂纹将彼此连通形成大裂缝，而另一些裂纹将形成新裂纹。

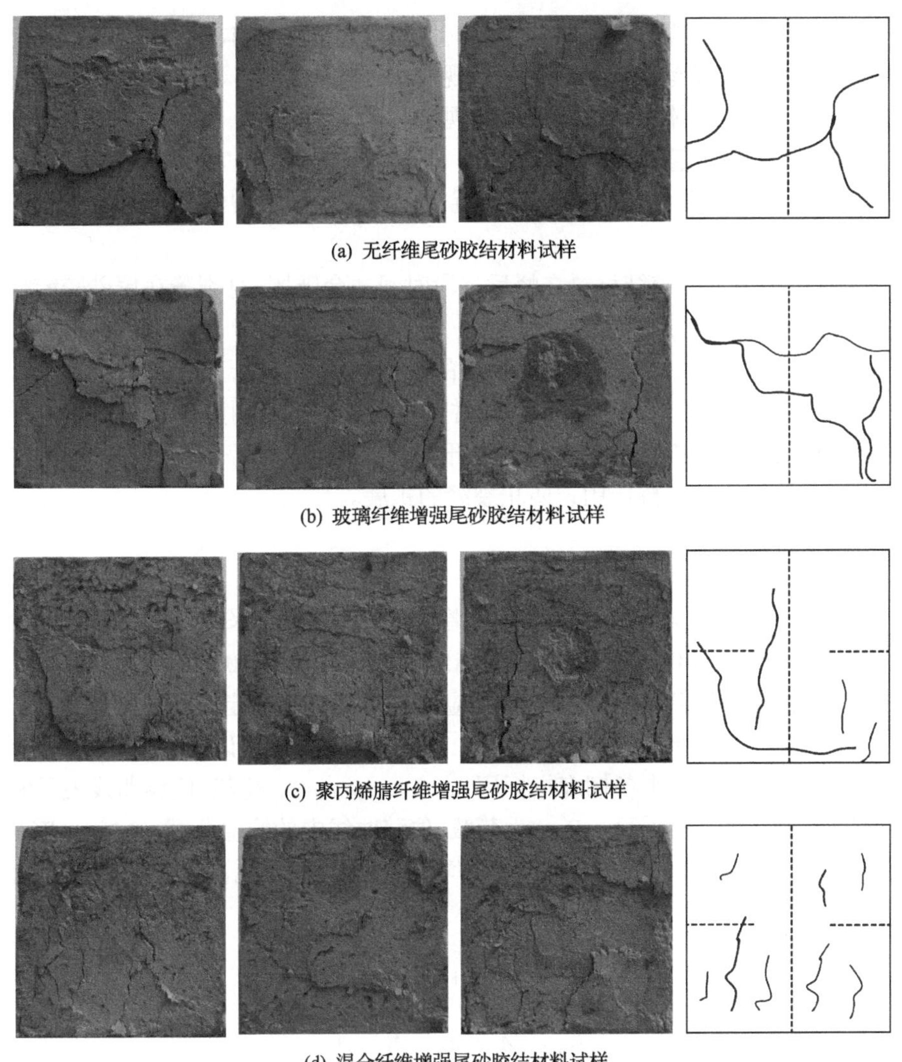

(a) 无纤维尾砂胶结材料试样

(b) 玻璃纤维增强尾砂胶结材料试样

(c) 聚丙烯腈纤维增强尾砂胶结材料试样

(d) 混合纤维增强尾砂胶结材料试样

图 2-9 灰砂比为 1∶8 的尾砂胶结材料试样破坏模式图

图 2-9(b)是玻璃纤维增强尾砂胶结材料试样的破坏形式，可以看出宏观主裂纹的扩展方向与荷载方向一致，横向次生裂纹较为发育并贯通，裂纹破坏以剪切为主；图 2-9(c)、2-9(d)是聚丙烯腈纤维增强尾砂胶结材料试样和混合纤维增强尾砂胶结材料试样的破坏情况。可以看出纤维增强尾砂胶结材料试样与无纤维尾砂胶结材料试样的破裂有明显差异，无纤维尾砂胶结材料最终破坏有一个或两个主要裂缝，而纤维增强尾砂胶结材料有大量的更小更细的裂缝，这证实了纤维增强效果可能是在出现裂缝和局部应变时才发挥作用；试验现场发现无纤维尾砂胶结材料达到峰值强度时一般就会破坏，而纤维增强尾砂胶结材料达到峰值强度并

没有立即破坏，而是峰后一段时间才会有主裂纹出现；整体来说加纤维增强尾砂胶结材料的破坏情况是试样挤压膨胀呈现鼓状，整体裂而不断，并保持很好的完整性，没有出现立方体边角块状脱落的现象。

根据以上分析，整体破坏规律如下。

(1)无纤维尾砂胶结材料在峰值前就会破坏，且破坏裂纹较为明显，无细小裂纹。

(2)纤维增强尾砂胶结材料在峰后一段时间才会破坏，且裂缝在尾砂胶结材料中的扩展方向与荷载方向一致。

(3)加入的纤维对裂缝的扩展有明显的干扰和阻滞作用，裂纹较多且细小。

(4)加入混合纤维的增强尾砂胶结材料对裂纹的阻断明显优于加入单一纤维的情况，这是由于当扩展裂纹尖端碰到纤维时，混合纤维综合两种单一纤维的优点，可以起到很好的连桥作用，防止裂缝的扩展。

2.2.3 韧性机理

韧性是评价材料强度和延性的重要指标，一种方法是采用美国材料与试验协会(American Society of Testing Materials, ASTM)所提倡的 C1018 韧度指数法[25]。另一种方法是将轴向荷载-挠度曲线转换为应力-应变曲线，并定义峰值应变因子 K 为韧性评价参数[26]。按照参考文献[25]～[27]中的方法对此次试验的韧性进行讨论。

C1018 韧度指数法中各韧度指标用 I_5、I_{10}、I_{30} 表示，荷载-位移曲线表示的韧性指数曲线如图 2-10 所示。P_{max} 为荷载-位移曲线中的峰值荷载，kN；$0.75P_{max}$ 为处于峰值荷载 75%的荷载值，kN。平均压缩韧度指数计算结果见表 2-5，选择以灰砂比 1∶8 为例。

$$I_5 = (A_1 + A_2) / A_1 \tag{2-10}$$

$$I_{10} = (A_1 + A_2 + A_3) / A_1 \tag{2-11}$$

$$I_{30} = (A_1 + A_2 + A_3 + A_4) / A_1 \tag{2-12}$$

式中：A_1、A_2、A_3、A_4 分别为区域 OBA、$BCDA$、$CEF'D$、$EGHF'$ 的面积。

设此时位移为临界变形 δ，则 OBA 的面积 A_1 为临界韧度；3δ、5.5δ、15.5δ 是临界变形 δ 的倍数点。

从表 2-5 可以看出，纤维的加入可以提高尾砂胶结材料的平均压缩韧度指数，所有的计算结果 I_{30} 均大于 I_{10}，大于 I_5，这充分说明了尾砂胶结材料残余强度较高的特点，纤维增强尾砂胶结材料的残余强度尤其突出；从不同纤维类型来看，混合纤维的韧性提高率最高，这可能是综合了两种纤维的优点，即单轴压缩尾砂胶结材料在破坏断裂过程中，纤维通过与尾砂胶结材料基体骨料间的黏结、滑移以

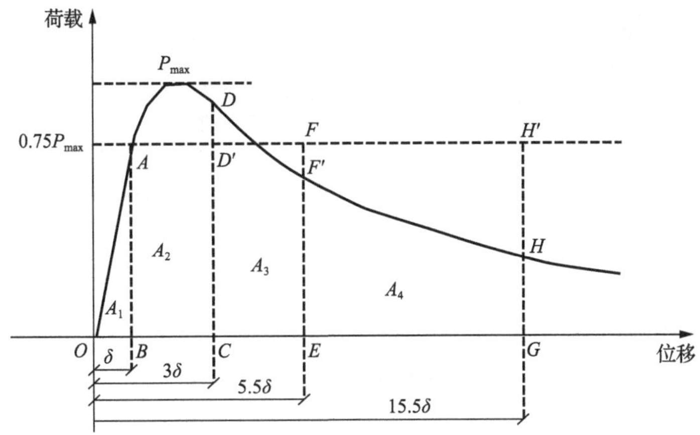

图 2-10 荷载-位移曲线表示的韧性指数曲线

表 2-5 纤维增强尾砂胶结材料平均压缩韧度指数计算结果

纤维类型	平均压缩韧度指数			提高率/%		
	I_5	I_{10}	I_{30}	I_5	I_{10}	I_{30}
FFM	1.5637	2.5217	4.9732	—	—	—
PFRM	1.7735	3.6834	6.1344	11.83	31.54	18.93
GFRM	1.8253	3.8016	5.8055	14.33	33.67	14.34
HFRM	2.0434	4.1794	7.3275	23.48	39.66	32.14

及拔出，吸收了大量断裂能，从而致使韧性提高。

峰值应变因子 K 的计算方法为

$$K=\frac{\varepsilon_{\mathrm{f}}}{\varepsilon_{\mathrm{n}}} \tag{2-13}$$

式中：ε_{f} 为纤维增强尾砂胶结材料试样的峰值应变；ε_{n} 为无纤维尾砂胶结材料试样的峰值应变。

K 的计算结果如图 2-11 所示。

由图 2-11 可知，在灰砂比为 1∶8 的条件下，聚丙烯腈纤维增强尾砂胶结材料、玻璃纤维增强尾砂胶结材料和混合纤维增强尾砂胶结材料的 K 值分别为 1.833、1.417、1.5；在灰砂比为 1∶10 的条件下，聚丙烯腈纤维增强尾砂胶结材料、玻璃纤维增强尾砂胶结材料和混合纤维增强尾砂胶结材料的 K 值分别为 0.583、0.638、0.444；两种灰砂比纵向的 K 值变化规律表现得并不太明显，这与尾砂胶结材料的制作条件和金矿尾砂有关。

当灰砂比为 1∶8 时，聚丙烯腈纤维增强尾砂胶结材料的 K 值最大，当灰砂比为 1∶10 时，玻璃纤维增强尾砂胶结材料的 K 值最大；由此可以认为，当灰砂

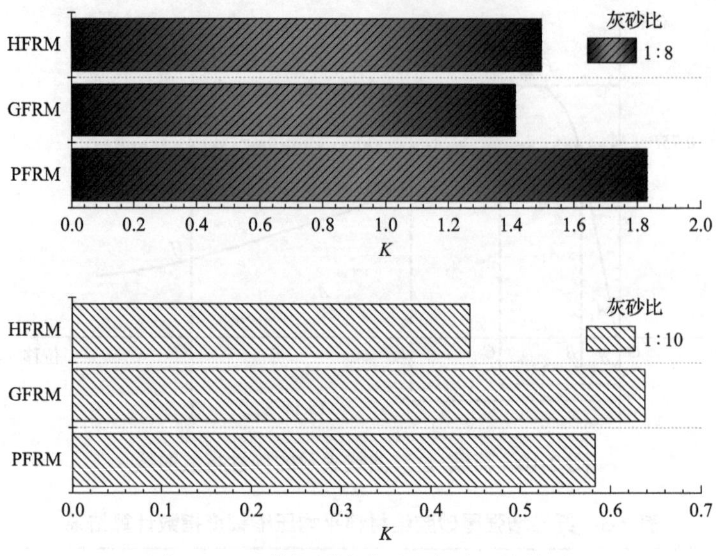

图 2-11　*K* 值与纤维类型和灰砂比的关系

比较小时混合纤维增强尾砂胶结材料和玻璃纤维增强尾砂胶结材料的增韧较好，而当灰砂比较高时聚丙烯腈纤维增强尾砂胶结材料的增韧较好。

图 2-12 是尾砂胶结材料的破坏示意图，一方面可以理解为：纤维的拉出将松弛部分裂纹尖端处的应力，从而减缓裂纹的进一步扩展，因为纤维拉出需要外力做功才能起作用并吸收大量的断裂能，因此起增韧作用；通常其韧性大小取决于尾砂胶结材料吸收破坏能量的大小和抵抗裂纹扩展的能力；也可以理解为裂纹连桥增韧，即一种裂纹尾部效应，它发生在裂纹尖端，纤维桥接元连接裂纹的两个表面并提供使裂纹表面彼此靠近的应力，即闭合应力，这样就可以避免随应力的增长而裂纹增加的概率。

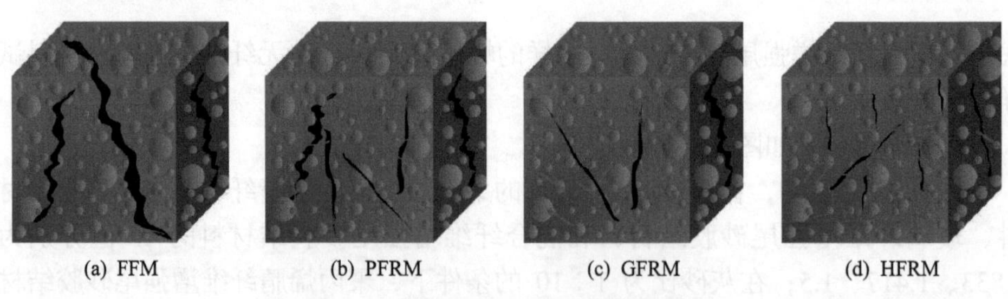

(a) FFM　(b) PFRM　(c) GFRM　(d) HFRM

图 2-12　尾砂胶结材料的破坏示意图

另一方面裂纹的桥接可能是穿晶破坏或连锁现象，即裂纹沿着晶粒发展(裂纹偏转)并在桥接元件周围形成摩擦桥，从而起到增韧作用；也有其他的说法[28]，比如延性颗粒增韧、相变增韧和层状结构增韧等，这些说法虽然能很好地解释纤维增强混凝土韧性原理，但对纤维增强尾砂胶结材料却不太适用，因此，针对本次研究结果，作者更偏向前两种方法。

2.2.4 比能特征

尾砂胶结材料比能为尾砂胶结材料单位体积的能量。试样在单轴压缩过程中外界对尾砂胶结材料做功，在不考虑热交换的条件下，尾砂胶结材料吸收的能量主要转换成两部分：一部分在单轴压缩过程中耗散，造成尾砂胶结材料损伤；另一部分在达到峰值应力之前以弹性能的形式储存在尾砂胶结材料内部，当达到极限抗压强度时，储存的弹性能大部分释放，转换为耗散能，造成试样的宏观破坏。将试样单位体积总能量、弹性能和耗散能分别定义为总比能 U_{r}、弹性比能 U_{re} 和耗散比能 U_{rd}，根据相关文献[29]，单轴压缩条件下尾砂胶结材料的比能有如下关系：

$$U_{\mathrm{r}} = U_{\mathrm{re}} + U_{\mathrm{rd}} \tag{2-14}$$

$$U_{\mathrm{r}} = \frac{\int F\mathrm{d}u}{V} = \frac{SH\int \sigma \mathrm{d}\varepsilon}{V} = \int \sigma \mathrm{d}\varepsilon \tag{2-15}$$

$$U_{\mathrm{re}} = \frac{1}{2}\sigma\varepsilon_{\mathrm{e}} = \frac{\sigma^2}{2E} \tag{2-16}$$

式中：F 为轴向荷载；u 为尾砂胶结材料试样轴向位移；V 为尾砂胶结材料试样体积；S 为尾砂胶结材料试样横截面积；H 为尾砂胶结材料试样高度；σ 为轴向应力；ε 为轴向应变；ε_{e} 为轴向弹性应变；E 为尾砂胶结材料试样的弹性模量。

通过对尾砂胶结材料在单轴压缩条件下的声发射特征分析，并结合损伤理论，采用累计振铃计数定义损伤变量 D_{r} 来定量表征尾砂胶结材料在单轴压缩过程中的损伤程度。根据相关文献[30]，单轴压缩条件下可用式(2-17)计算损伤变量 D_{r}：

$$D_{\mathrm{r}} = \frac{R_{\mathrm{d}}}{R_0} \tag{2-17}$$

式中：R_{d} 为某一应力水平下的累计振铃计数；R_0 为尾砂胶结材料完全破坏时的累计振铃计数。

由于尾砂胶结材料在初始压密阶段只有零星或没有声发射事件产生，且尾砂胶结材料内部存在一定的微裂隙和微裂纹，设尾砂胶结材料初始损伤为

$$D_0 = \frac{\sigma_{\mathrm{m}}}{\sigma_{\mathrm{p}}} \tag{2-18}$$

式中：σ_{m} 为尾砂胶结材料初始压密阶段的临界应力值；σ_{p} 为尾砂胶结材料的峰值强度。

在试验过程中，由于试验机刚度不够或设定尾砂胶结材料的破坏条件不同，

尾砂胶结材料往往还没有完全破坏，即尾砂胶结材料的损伤变量还没有达到 1 时，试验机就停机。因此，损伤变量可以修正为

$$D_r = D_0 + (D_c - D_0)\frac{R_d}{R_0} \tag{2-19}$$

式中：D_c 为损伤临界值。

为了计算简便，损伤临界值 D_c 取值为

$$D_c = \frac{\sigma_r}{\sigma_p} \tag{2-20}$$

式中：σ_r 为尾砂胶结材料的残余强度。

通过计算，得到尾砂胶结材料试样在单轴压缩过程中应力-应变曲线、损伤变量与比能曲线，如图 2-13 所示。

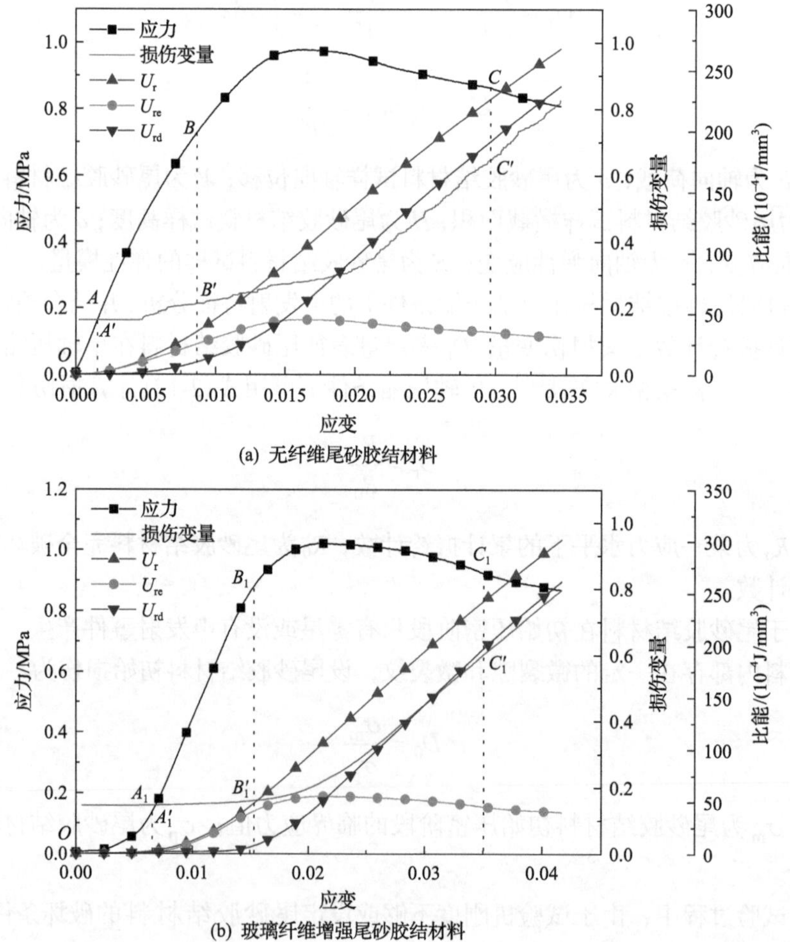

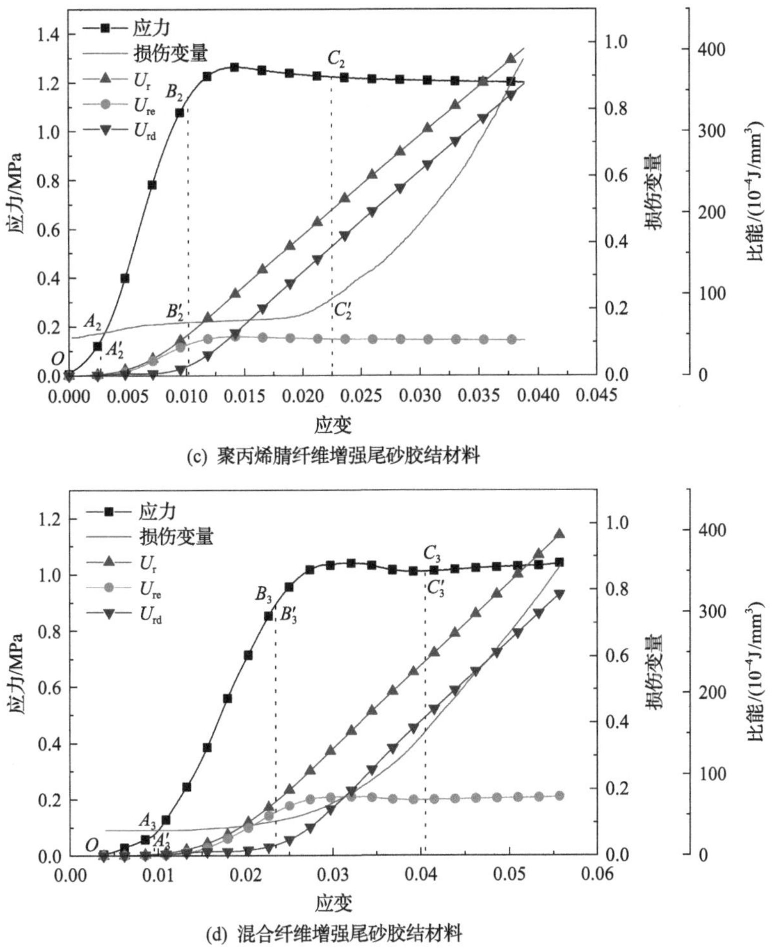

(c) 聚丙烯腈纤维增强尾砂胶结材料

(d) 混合纤维增强尾砂胶结材料

图 2-13 尾砂胶结材料试样应力-应变曲线、损伤变量与比能曲线

由图 2-13 可知，在单轴压缩条件下，尾砂胶结材料的损伤变量随应变的增大而增大。由于尾砂胶结材料内部存在一定的微裂纹和裂隙，故具有一定的初始损伤。因此，在初始压密阶段尾砂胶结材料的损伤变量为一个定值，即斜率为 0。随后，损伤变量的斜率随着应变的增大而增大，大致呈一个凹字形增长。根据损伤变量曲线的变化趋势，可将单轴压缩条件下尾砂胶结材料的损伤过程分为四个阶段：初始损伤阶段(*OA*)、损伤稳定发展阶段(*AB*)、损伤快速发展阶段(*BC*)和损伤破坏后阶段(*C* 点后)。在初始损伤阶段，尾砂胶结材料由于具有一定的初始损伤，其损伤变量均为定值，通过对比可知，在该阶段混合纤维增强尾砂胶结材料的损伤变量最小，这可能是由于两种不同纤维的掺入填充了一部分空隙。而无纤维尾砂胶结材料的损伤变量最大，这说明纤维的掺入能在一定程度上减少初始空隙。在损伤稳定发展阶段，纤维增强尾砂胶结材料损伤变量均小幅度增长，无

纤维尾砂胶结材料的损伤变量出现了陡增的现象，说明此时尾砂胶结材料发生了一定的破坏。在损伤快速发展阶段，尾砂胶结材料的损伤变量的斜率均大幅度增大，损伤变量也逐渐激增，这说明在该阶段尾砂胶结材料内部的损伤急剧增长，尾砂胶结材料达到了极限抗压强度，试样内部微裂隙和微裂纹开始汇聚、贯通和扩展。在损伤破坏后阶段，尾砂胶结材料的损伤变量的斜率均达到最大值，并随着应变的增加而快速增长。在该阶段，尾砂胶结材料内部的裂纹和裂隙快速发展，最终产生宏观破坏。值得注意的是，聚丙烯腈纤维增强尾砂胶结材料在该阶段的损伤变量最大，趋近于 1，即完全破坏。这可能是由于聚丙烯腈纤维增强尾砂胶结材料的残余应力较大，因此对尾砂胶结材料造成了较大损伤。

通过对单轴压缩条件下尾砂胶结材料的总比能、弹性比能和耗散比能计算，得到不同损伤阶段尾砂胶结材料比能见表 2-6。

表 2-6　不同损伤阶段尾砂胶结材料比能

纤维类型	损伤阶段	U_r/（10^{-4}J/mm^3）	U_{re}/（10^{-4}J/mm^3）	U_{rd}/（10^{-4}J/mm^3）
FFM	初始损伤阶段	1.22	1.21	0.01
	损伤稳定发展阶段	32.95	24.36	8.59
	损伤快速发展阶段	190.96	35.19	155.77
	损伤破坏后阶段	42.71	38.47	4.24
GFRM	初始损伤阶段	2.52	1.00	1.52
	损伤稳定发展阶段	46.89	41.50	5.39
	损伤快速发展阶段	196.13	44.83	151.30
	损伤破坏后阶段	56.07	39.98	16.09
PFRM	初始损伤阶段	1.78	0.65	1.13
	损伤稳定发展阶段	50.61	39.26	11.35
	损伤快速发展阶段	155.34	44.82	110.52
	损伤破坏后阶段	193.45	43.12	150.33
HFRM	初始损伤阶段	1.91	0.33	1.58
	损伤稳定发展阶段	65.88	54.37	11.51
	损伤快速发展阶段	172.84	69.04	103.80
	损伤破坏后阶段	155.28	72.95	82.33

由图 2-13 和表 2-6 可知，尾砂胶结材料的总比能和耗散比能都随应变的增大而增大，而弹性比能在应力达到峰值强度之前随应变的增大而增大，且增长速度也逐渐增大，但在应力达到峰值强度后，弹性比能以一个较小速率逐渐减小。并且在初始损伤阶段，外界输入的能量大多都以耗散能的形式被消耗，这些能量主

要运用于试样内部的孔隙压密，因此试样内部储存的弹性能较少。值得注意的是，在该阶段无纤维尾砂胶结材料的耗散比能最小，这可能是因为其内部的初始孔隙较少，用于孔隙压密的能量较少，故在该阶段储存的弹性能较多。

在损伤稳定发展阶段，尾砂胶结材料的总比能和弹性比能均快速增长，且增长速率逐渐增大。这说明在该阶段尾砂胶结材料内部储存的能量以弹性能为主，并且该阶段的耗散比能都比较小，能量主要转化为弹性能储存在尾砂胶结材料内部。

在损伤快速发展阶段，尾砂胶结材料的应力逐渐达到峰值强度。在该阶段尾砂胶结材料的弹性比能增长速率开始逐渐减小，而耗散比能的增长速率开始逐渐增大。这是由于在该阶段尾砂胶结材料内部的裂纹和裂隙开始汇集、贯通和扩展，因此消耗的能量增多。当尾砂胶结材料达到峰值强度时，尾砂胶结材料内部储存的弹性能超过了其储存的极限，故尾砂胶结材料产生宏观破坏。

在损伤破坏后阶段，尾砂胶结材料外界输入的能量大多以耗散能的形式释放出来，同时尾砂胶结材料在达到峰值强度之前储存的弹性能也被释放出来。但由于尾砂胶结材料在破坏后仍具有一定的承载能力，此时尾砂胶结材料内部储存的弹性能不能在一小段时间内立即被释放。因此，在该阶段尾砂胶结材料内部残余的弹性能主要用于尾砂胶结材料宏观破坏及宏观破坏后裂纹的贯通和扩展。需要注意的是，在该阶段聚丙烯腈纤维增强尾砂胶结材料和混合纤维增强尾砂胶结材料的弹性比能大于耗散比能，这可能是因为在该阶段纤维增强尾砂胶结材料具有较大的残余强度，故纤维增强尾砂胶结材料内部储存较多的弹性能用于裂纹的发展。

2.3 不同灰砂比聚丙烯腈纤维增强尾砂胶结材料能量耗散

2.3.1 能量耗散机理

从断裂力学角度而言，尾砂胶结材料这类水泥基材料在破坏过程中存在储能过程[31-33]，试验机施加的机械能储存在尾砂胶结材料的水泥基体中，以及聚丙烯腈纤维增强尾砂胶结材料试样的聚丙烯腈纤维内。当外部施加的机械能 W 达到水泥基体或聚丙烯腈纤维断裂的能量 W_0 时，聚丙烯腈纤维增强尾砂胶结材料试样内部即发生开裂事件。而根据格里菲斯(Griffith)理论[34,35]，尾砂胶结材料这类水泥基材料在荷载作用下裂隙发展会释放能量，造成材料破坏，当尾砂胶结材料达到其抗压强度后，内部积累的弹性能释放转化为耗散能，造成材料宏观破坏[36]。故本节通过分析聚丙烯腈纤维增强尾砂胶结材料试样在轴向作用下的能量特征规律，讨论聚丙烯腈纤维增强尾砂胶结材料的力学性能和聚丙烯腈纤维的优化机理。

聚丙烯腈纤维增强尾砂胶结材料试样在荷载作用下产生形变，形变量主要来源于水泥基体和聚丙烯腈纤维的变形，其中变形分为弹性变形和塑性变形。为了更好描述聚丙烯腈纤维增强尾砂胶结材料在变形过程中的能量变化特征，以聚丙烯腈纤维增强尾砂胶结材料单位体积变形能量的变化进行描述。假定在试验全过程中不与外界发生热交换，则根据 Sidoroff 能量等价原理，选取一聚丙烯腈纤维增强尾砂胶结材料单元 dxdydz，则该单元在轴向荷载作用下的总比能 U_p 与耗散比能 U_{pd} 和弹性比能 U_{pe} 的关系如图 2-14 所示。

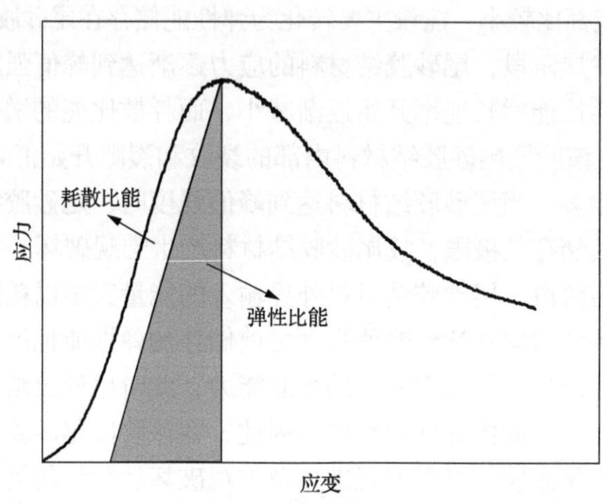

图 2-14　聚丙烯腈纤维增强尾砂胶结材料单元能量关系

即

$$U_{\mathrm{p}} = U_{\mathrm{pd}} + U_{\mathrm{pe}} \tag{2-21}$$

加载系统对聚丙烯腈纤维增强尾砂胶结材料试样施加的总机械能计算如下：

$$W = \int F \mathrm{d}u \tag{2-22}$$

$$F = \sigma S \tag{2-23}$$

$$u = L\varepsilon \tag{2-24}$$

式中：F 为加载系统轴向荷载；u 为试验机轴向位移；S 为试样加载接触面积；L 为试样边长；ε 为试样轴向应变。

由式(2-21)～式(2-24)可得

$$W = SL\int \sigma \mathrm{d}\varepsilon \tag{2-25}$$

则聚丙烯腈纤维增强尾砂胶结材料单元的总比能计算如下：

$$U_{\mathrm{p}} = \frac{W}{V} = \int \sigma \mathrm{d}\varepsilon \tag{2-26}$$

聚丙烯腈纤维增强尾砂胶结材料单元的弹性变形 dw 为

$$\mathrm{d}w = \int_0^{\varepsilon_i} \sigma_t \mathrm{d}\varepsilon_t (\mathrm{d}x\mathrm{d}y\mathrm{d}z) \tag{2-27}$$

聚丙烯腈纤维增强尾砂胶结材料单元的弹性比能为

$$U_{\mathrm{pe}} = \frac{\mathrm{d}w}{\mathrm{d}v} = \int_0^{\varepsilon_i} \sigma_t \mathrm{d}\varepsilon_t = \frac{\sigma^2}{2E} \tag{2-28}$$

式中：dv 为聚丙烯腈纤维增强尾砂胶结材料单元的体积；E 为弹性模量。

因此，聚丙烯腈纤维增强尾砂胶结材料单元的耗散比能可定义为

$$U_{\mathrm{pd}} = U_{\mathrm{p}} - U_{\mathrm{pe}} = \int \sigma \mathrm{d}\varepsilon - \frac{\sigma^2}{2E} \tag{2-29}$$

2.3.2　能量耗散特征

由式(2-21)、式(2-28)和式(2-29)得出不同灰砂比的聚丙烯腈纤维增强尾砂胶结材料试样各比能关系(图 2-15)。

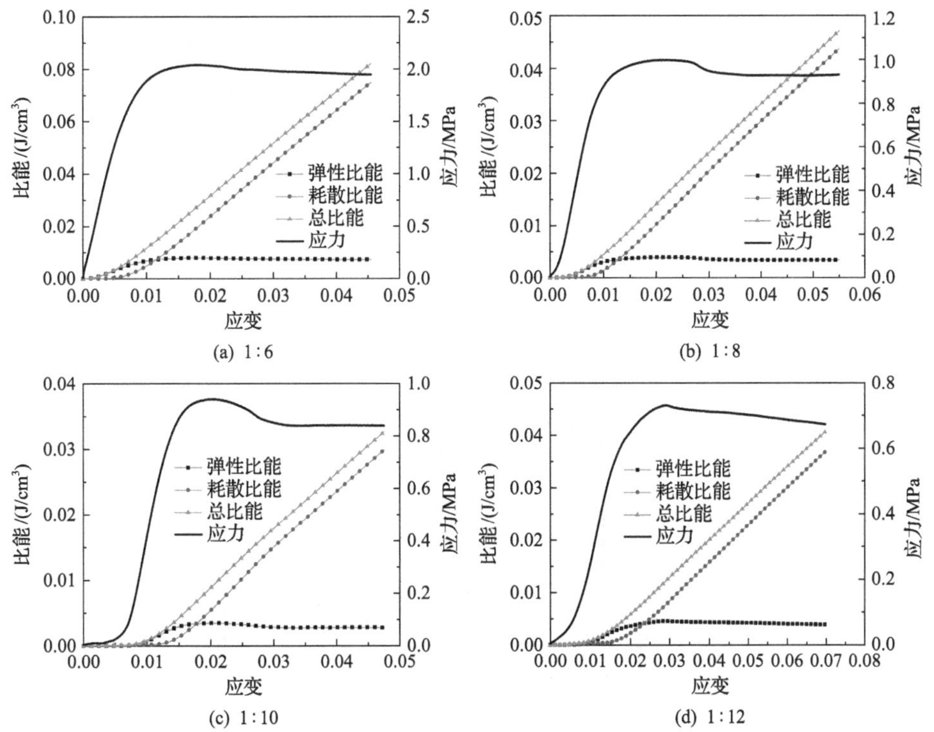

图 2-15　不同灰砂比的聚丙烯腈纤维增强尾砂胶结材料试样各比能关系

由图 2-15 可见，不同灰砂比的聚丙烯腈纤维增强尾砂胶结材料试样在单轴压缩过程中总比能、耗散比能、弹性比能变化趋势大致相同。聚丙烯腈纤维增强尾砂胶结材料试样的总比能与耗散比能随着轴向应变的增加而增加，弹性比能以应力峰值为节点先增大后减小。在聚丙烯腈纤维增强尾砂胶结材料初始压密阶段，材料内部原生裂隙、孔隙闭合，产生耗散能，此阶段耗散比能大于弹性比能；原生裂隙、孔隙闭合过程中，聚丙烯腈纤维增强尾砂胶结材料试样弹性模量逐渐增大，在耗散比能曲线与弹性比能曲线第一次交点处，聚丙烯腈纤维增强尾砂胶结材料试样进入弹性变形阶段，弹性比能增长速率增大，耗散比能增长仍较缓慢，此阶段主要是聚丙烯腈纤维增强尾砂胶结材料试样内部聚丙烯腈纤维和水泥基体储能的过程。当聚丙烯腈纤维增强尾砂胶结材料试样进入塑性变形阶段时，裂隙失稳扩展，耗散比能增长速率增大，弹性比能增长速率减小。在应力峰值前后，耗散比能曲线与弹性比能曲线第二次相交，此时的聚丙烯腈纤维增强尾砂胶结材料试样内部裂隙演化加剧，聚丙烯腈纤维和水泥基体储存的弹性能逐渐转化为耗散能，通过纤维拔出和材料开裂而释放。试验结束后，仍有部分弹性能储存在聚丙烯腈纤维内部，此时的聚丙烯腈纤维增强尾砂胶结材料试样仍具有一定的承载能力，因此存在残余的弹性能，且灰砂比越低，残余的弹性能越小。

以应力峰值前的比能平均值整体反映聚丙烯腈纤维增强尾砂胶结材料试样可承受的能量范围，不同灰砂比的聚丙烯腈纤维增强尾砂胶结材料试样在应力峰值前的比能平均值如图 2-16 所示。随着灰砂比的降低，聚丙烯腈纤维增强尾砂胶结材料试样各比能参数整体也下降，这是因为当灰砂比下降时，聚丙烯腈纤维增强尾砂胶结材料试样内部的水泥含量也下降，试样胶结性能弱化，可储存的弹性

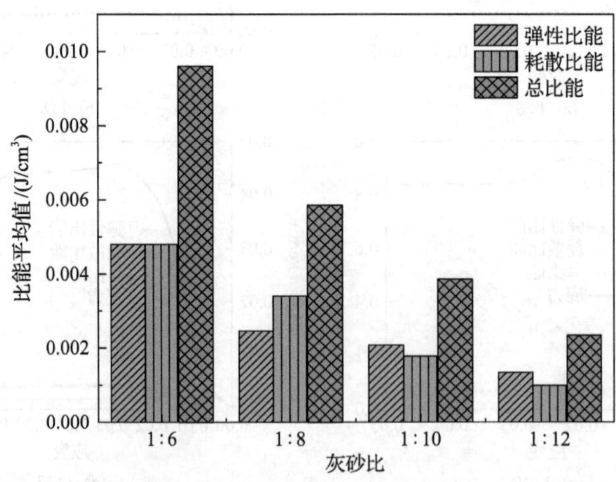

图 2-16　不同灰砂比的聚丙烯腈纤维增强尾砂胶结材料试样应力峰值前的比能平均值对比

能下降，由此带来各比能参数下降的现象。总的来说，聚丙烯腈纤维增强尾砂胶结材料试样灰砂比越高，胶结力越强，材料破坏时所需能量越高，可储存的弹性能越大，单位体积耗散的能量越大。

2.4 不同灰砂比玻璃纤维增强尾砂胶结材料能量演化特征

2.4.1 能量演化规律

能量演化规律是研究尾砂胶结材料变形破坏过程的重要且广泛使用的方法。尾砂胶结材料加载过程中始终与外界环境进行机械能和热能的转换，机械能将转换成弹性能、塑性能及其他形式的能量，热能将转化成内能、势能等。尾砂胶结材料破坏是损伤演化的过程，主要表现为微裂纹的扩展。随着微裂纹的扩展，尾砂胶结材料需要吸收外部能量才能产生新的裂纹[37]。尾砂胶结材料吸收的一部分能量将以裂纹扩展的形式消散，称为耗散能；另一部分能量将以弹性变形的形式保留下来，称为弹性能[38]。耗散能反映了尾砂胶结材料在荷载作用下微裂纹不断闭合、发展和演化的过程。鉴于弹性能是可逆的，利用尾砂胶结材料的应力-应变曲线可以计算吸收的总能量、弹性能和耗散能。如果忽略尾砂胶结材料与周围环境之间的热能交换，那么根据热力学第一定律，吸收的总能量可以看作是弹性能和耗散能的总和[39-42]：

$$U = \int_0^{\varepsilon} \sigma \, \mathrm{d}\varepsilon \tag{2-30}$$

$$U_{\mathrm{e}} = \frac{\sigma^2}{2E} \tag{2-31}$$

$$U_{\mathrm{d}} = U - U_{\mathrm{e}} \tag{2-32}$$

式中：U 为尾砂胶结材料试样加载中吸收的总能量；U_{e} 为试样内部吸收储存的弹性能，若移除外荷载该部分能量可完全释放；U_{d} 为耗散能，表示试样发生不可逆变形和损伤而消耗的能量；σ 和 ε 分别为轴向应力和轴向应变；E 为弹性模量。

根据式(2-30)～式(2-32)，得到不同灰砂比和料浆浓度条件下尾砂胶结材料试样的能量变形曲线。尾砂胶结材料试样的应力-应变曲线和能量演化曲线在不同灰砂比和料浆浓度条件下的变化趋势和规律基本相同。选择不同灰砂比和料浆浓度条件下的玻璃纤维增强尾砂胶结材料试样进行分析，以玻璃纤维增强尾砂胶结材料试样的能量变形为例，如图 2-17 所示。由图 2-17 可以看出，玻璃纤维增强尾砂胶结材料试样在单轴压缩破坏过程中能量变化趋势基本一致。随着轴向应变的增加，玻璃纤维增强尾砂胶结材料试样变形破坏过程中的总能量与耗散能不断增加，弹性能以峰值应力所对应的轴向应变(峰值应变)为节点先增大后减小。一般而言，在持续的外部荷载作用下，与应力-应变曲线特征相对应，玻璃纤维增强尾砂胶结材料试样的能量变化主要经历四个阶段。

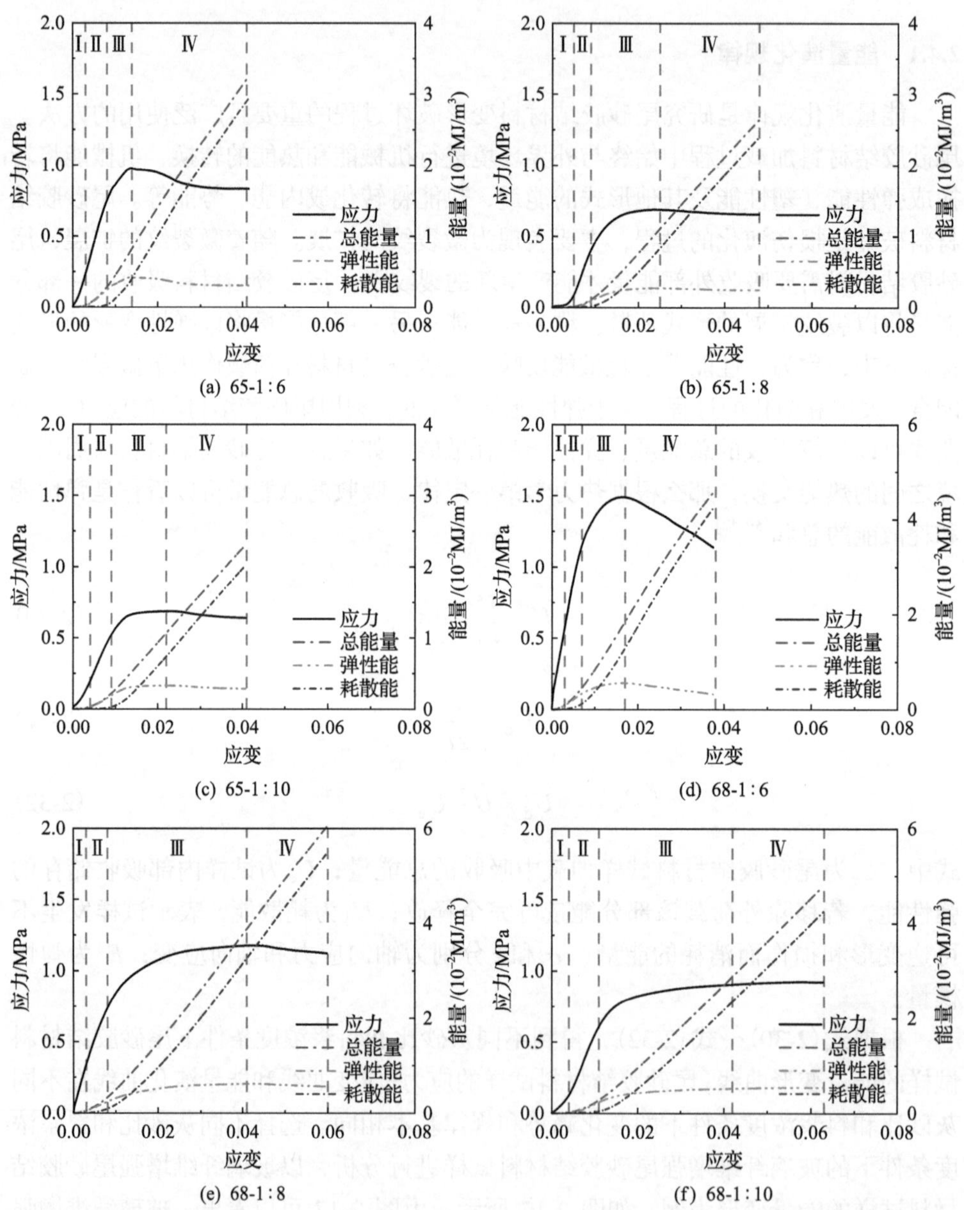

(a) 65-1∶6　(b) 65-1∶8　(c) 65-1∶10　(d) 68-1∶6　(e) 68-1∶8　(f) 68-1∶10

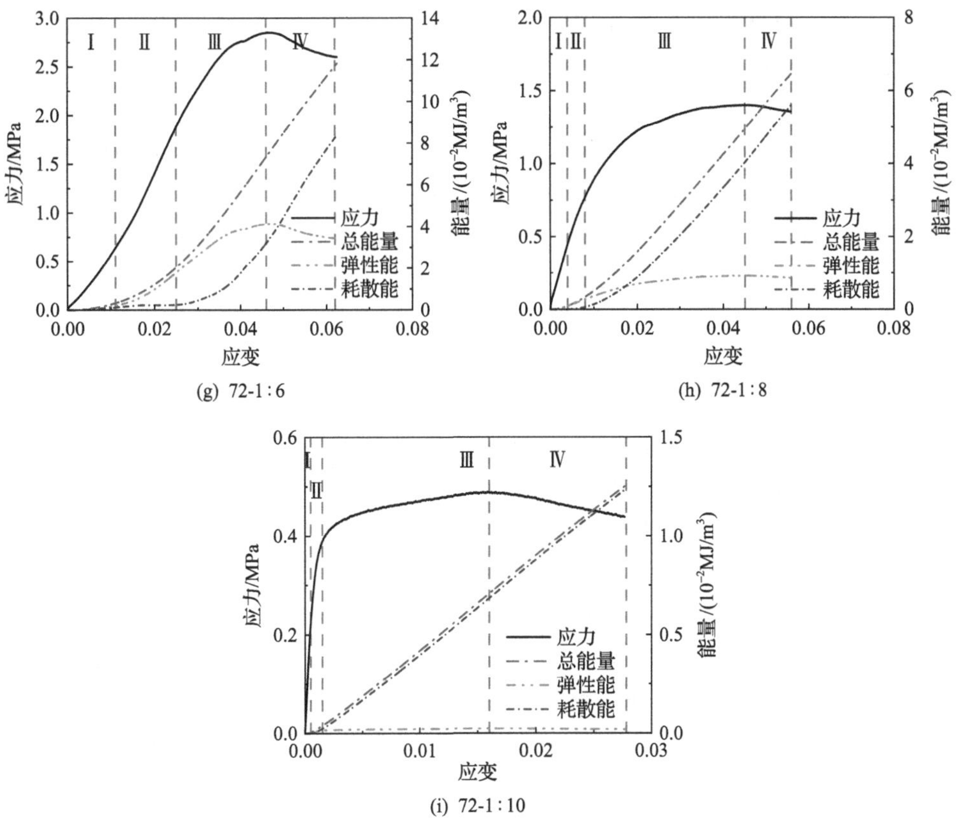

(g) 72-1∶6

(h) 72-1∶8

(i) 72-1∶10

图 2-17 不同灰砂比和料浆浓度条件下玻璃纤维增强尾砂胶结材料试样能量演化规律

小图名中的 65、68、72 为料浆浓度 65%、68%、72%

(1)初始能耗阶段，能量小，增长速度慢，初始裂纹被压缩，能量转换效率低。弹性能和总能量均表现出凹字形增长，耗散能高于弹性能。现阶段，玻璃纤维增强尾砂胶结材料试样的能量转换主要是能量耗散，这主要是由于玻璃纤维增强尾砂胶结材料试样中原有孔隙和裂缝的封闭引起能量消耗。随着灰砂比的减小，该阶段玻璃纤维增强尾砂胶结材料试样的总输入能量逐渐降低。

(2)线性储能阶段，弹性能和总能量持续上升，弹性能的增长速率逐渐增大，并大于耗散能的增长速率。耗散能不表现出大的波动，趋于稳定增长。随后，弹性能远大于耗散能。玻璃纤维增强尾砂胶结材料试样输入的总能量大多转化为弹性能，试样损伤迅速累积。

(3)峰前加速耗能阶段，随着轴向应变的增加，弹性能和总能量持续增长。弹性能增长速率逐渐变慢，在峰值强度处达到最大值，储能达到极限。耗散能开始增长，增长速率显著变快，耗散能先小于该阶段的弹性能，后大于该阶段的弹性能。随着灰砂比的减小，玻璃纤维增强尾砂胶结材料试样峰值应变处的弹性能逐渐减小，而耗散能先增大后减小。

(4)峰后破坏能耗阶段，弹性能随着总能量的持续增长而逐渐减小，而耗散能快速增长，最终耗散能远大于弹性能。由于现阶段玻璃纤维增强尾砂胶结材料试样裂缝扩大且结构不稳定，玻璃纤维增强尾砂胶结材料试样中积累的弹性能迅速以耗散能的形式释放出来。玻璃纤维增强尾砂胶结材料试样裂纹扩展明显，结构变化明显。峰值点是弹性能的极值点，之后弹性能迅速转化为用于试样损伤的耗散能。在这一阶段，玻璃纤维增强尾砂胶结材料试样耗散能急剧增加，而弹性能也在这一阶段缓慢下降并最终趋于稳定。

2.4.2 能量分布规律

在尾砂胶结材料试样的单轴压缩试验中，能量以弹性能的形式储存，并以耗散能的形式释放。耗散能与弹性能的比例对应于尾砂胶结材料试样的损伤、变形和断裂。因此，有必要研究尾砂胶结材料试样的能量分布比例。尾砂胶结材料试样破坏前弹性能占主导地位，而破坏后随着弹性能的释放导致耗散能迅速增加，试样在失稳破坏前后弹性能和耗散能变化幅度较大，可通过能量分布间接判断尾砂胶结材料试样的稳定状态。基于式(2-33)和式(2-34)，计算并绘制了不同灰砂比和料浆浓度条件下尾砂胶结材料试样的应力-应变-弹性能比和耗散能比曲线，并利用应力-应变曲线的发展分析了弹性能比 k^{e} 与耗散能比 k^{d} 的变化规律，如图 2-18 所示。

$$k^{\mathrm{e}}=\frac{U_{\mathrm{e}}}{U} \tag{2-33}$$

$$k^{\mathrm{d}}=\frac{U_{\mathrm{d}}}{U} \tag{2-34}$$

在单轴压缩过程中，尾砂胶结材料发生各种形式的弹性变形、塑性变形和延性变形。根据尾砂胶结材料变形类型的变化，将尾砂胶结材料的应力-应变曲线分为三类。在一定灰砂比条件下，尾砂胶结材料的应力-应变曲线首先呈上凹形，即出现明显的初始压密过程，最后尾砂胶结材料的变形表现为塑性-弹塑性-延性或脆性型。随着玻璃纤维的掺入，尾砂胶结材料的峰值应变增大，应力-应变曲线出现明显的延性过程，且随着灰砂比的增大，水泥和尾砂的胶结度增强，抑制了尾砂胶结材料的破坏，导致尾砂胶结材料的延性破坏过程增长。因此，在这种情况下，尾砂胶结材料的变形表现为弹塑性-延性型。在其他状态下，尾砂胶结材料的变形类型与低强度岩石相似，表现为弹塑性变形类型。由图 2-18 可知，对于第 I 类塑性-弹塑性-延性或脆性型应力-应变曲线，玻璃纤维增强尾砂胶结材料试样的弹性能比曲线总体上先增大后减小，耗散能比曲线总体上先减小后增大；对于第

Ⅱ类弹塑性-延性型和第Ⅲ类弹塑性型应力-应变曲线，玻璃纤维增强尾砂胶结材料试样的弹性能比曲线总体上减小，耗散能比曲线总体上增大。对于第Ⅰ类塑性-弹塑性-延性或脆性型应力-应变曲线的加载初期，耗散能比曲线逐步下降而弹性能比曲线逐渐上升，这是由于玻璃纤维增强尾砂胶结材料试样中原有孔隙和裂缝的封闭引起能量消耗，因此，玻璃纤维增强尾砂胶结材料试样中的大部分能量转化为耗散能，耗散能占很大比例。然后，进入弹性变形阶段，弹性能比曲线继续增加到峰值，耗散能比曲线持续下降到谷值，弹性能比大于耗散能比。进入塑性

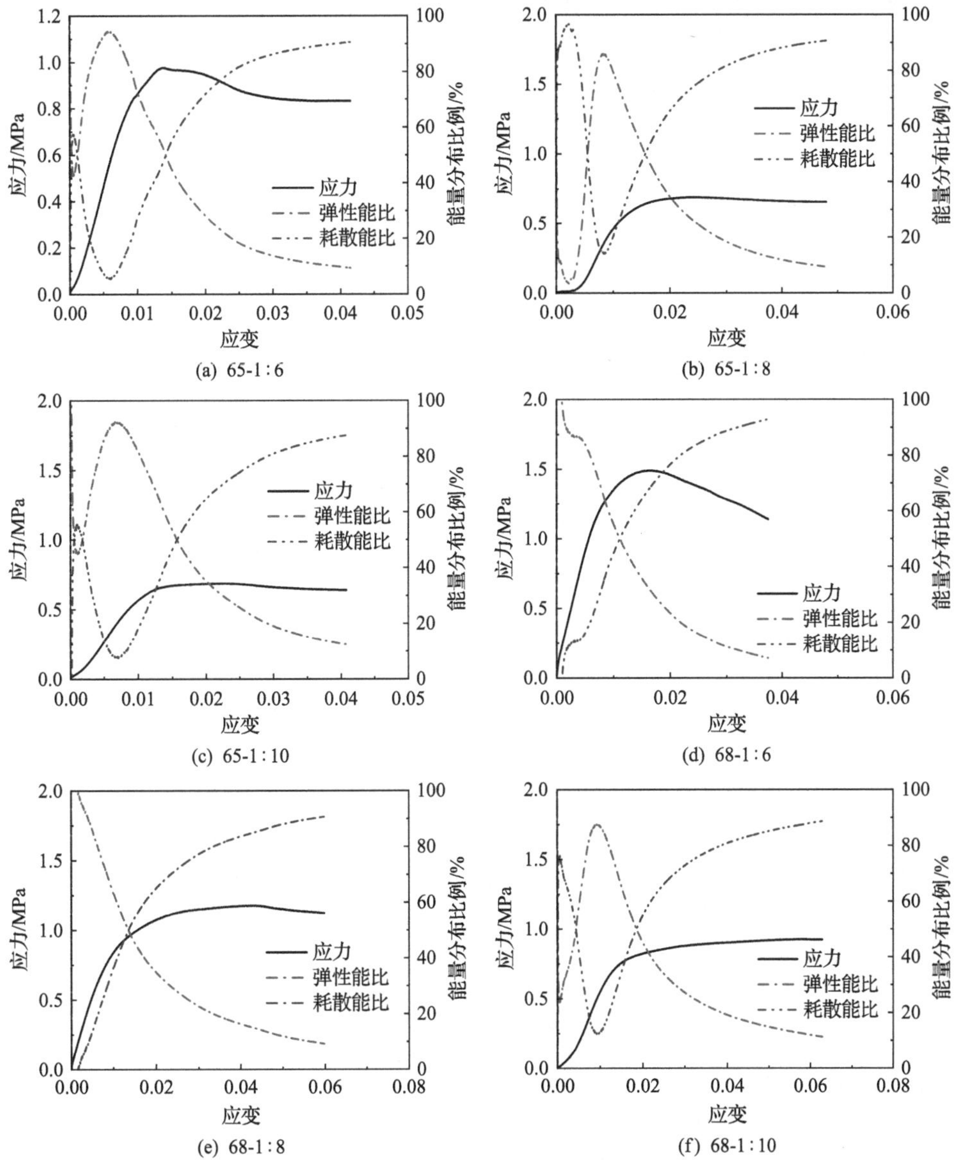

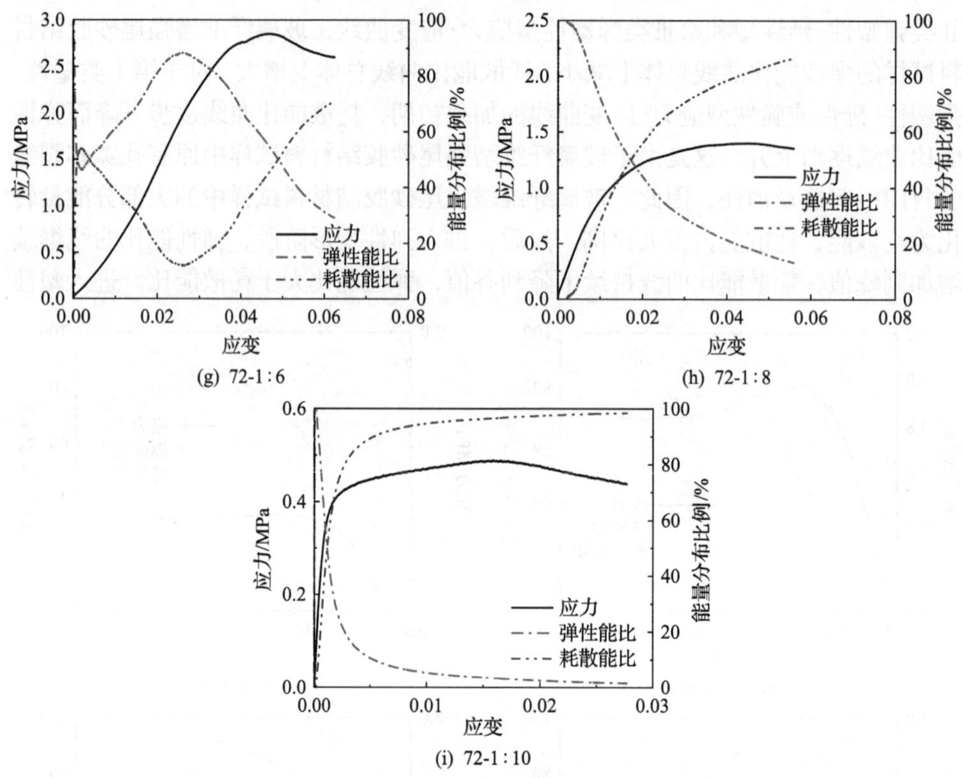

图 2-18　不同灰砂比和料浆浓度条件下玻璃纤维增强尾砂胶结材料试样能量分布比例随应变的变化曲线

变形阶段后，弹性能比曲线开始快速下降而耗散能比曲线则开始急剧上升，玻璃纤维增强尾砂胶结材料试样峰值前的能量转换主要是裂纹逐渐扩展而引起的能量耗散。玻璃纤维增强尾砂胶结材料试样失稳破坏后，弹性能比曲线继续下降，并逐步减缓，耗散能比曲线继续上升，并逐渐趋于稳定，耗散能比远大于弹性能比，并且耗散能在峰后破坏阶段占主导地位。对于第Ⅱ类弹塑性-延性型和第Ⅲ类弹塑性型应力-应变曲线，玻璃纤维增强尾砂胶结材料试样变形直接进入弹性变形阶段，弹性能比曲线开始快速下降，而耗散能比曲线则开始急剧上升。玻璃纤维增强尾砂胶结材料试样失稳破坏后，弹性能比曲线继续下降，并逐步减缓，耗散能比曲线继续上升，并逐渐趋于稳定，耗散能比远大于弹性能比，并且耗散能在峰后破坏阶段占主导地位。

参 考 文 献

[1] Zhou Y, Yu X, Guo Z, et al. On acoustic emission characteristics, initiation crack intensity, and damage evolution of cement-paste backfill under uniaxial compression[J]. Construction and Building Materials, 2021, 269: 121261.

[2] 赵康，朱胜唐，周科平，等. 钽铌矿尾砂胶结充填体力学特性及损伤规律研究[J]. 采矿与安全工程学报，2019,

36(2): 413-419.

[3] Zhao K, Yu X, Zhou Y, et al. Energy evolution of brittle granite under different loading rates[J]. International Journal of Rock Mechanics and Mining Sciences, 2020, 132: 104392.

[4] Dong L, Deng S, Wang F. Some developments and new insights for environmental sustainability and disaster control of tailings dam[J]. Journal of Cleaner Production, 2020, 269: 122270.

[5] Rosario G G, Raimundo J B. Mine tailings influencing soil contamination by potentially toxic elements[J]. Environmental Earth Sciences, 2017, 76(1): 51.

[6] Xu D M, Zhan C L, Liu H X, et al. A critical review on environmental implications, recycling strategies, and ecological remediation for mine tailings[J]. Environmental Science and Pollution Research, 2019, 26: 35657-35669.

[7] Sun W, Ji B, Khoso S A, et al. An extensive review on restoration technologies for mining tailings[J]. Environmental Science and Pollution Research, 2018, 25: 33911-33925.

[8] 侯永强, 尹升华, 赵国亮, 等. 聚丙烯纤维增强尾砂胶结充填体力学及流动性能研究[J]. 材料导报, 2021, 35(19): 19030-19035.

[9] 侯敏, 陶燕, 陶忠, 等. 短切碳纤维混凝土的基本力学性能与分析[J]. 混凝土, 2020, 363(1): 74-77.

[10] 周航. 玻璃纤维束的力学性能及玻璃纤维编织网增强混凝土的粘结性能研究[D]. 长沙: 湖南大学, 2018.

[11] Yi X W. Experimental studies on the stability of reinforced cemented paste backfill[D]. Perth: University of Western Australia, 2016.

[12] Xu W, Li Q, Zhang Y. Influence of temperature on compressive strength, microstructure properties and failure pattern of fiber-reinforced cemented tailings backfill[J]. Construction and Building Materials, 2019, 222: 776-785.

[13] 尹光志, 魏作安, 许江. 细粒尾矿及其堆坝稳定性分析[M]. 重庆: 重庆大学出版社, 2004.

[14] Wang J Y, Banthia N, Zhang M H. Effect of shrinkage reducing admixture on flexural behaviors of fiber reinforced cementitious composites[J]. Cement and Concrete Composites, 2012, 34(4): 443-450.

[15] Consoli N C, Bassani M A A, Festugato L. Effect of fiber-reinforcement on the strength of cemented soils[J]. Geotextiles and Geomembranes, 2010, 28(4): 344-351.

[16] Gokoz U N, Naaman A E. Effect of strain-rate on the pull-out behaviour of fibres in mortar[J]. International Journal of Cement Composites and Lightweight Concrete, 1981, 3(3): 187-202.

[17] 沈荣熹, 崔琪, 李清海. 新型纤维增强水泥基复合材料[M]. 北京: 中国建筑工业出版社, 2004.

[18] 俞家欢. 超强韧性纤维混凝土的性能及应用[M]. 北京: 中国建筑工业出版社, 2012.

[19] 赵康, 宋宇峰, 于祥, 等. 不同纤维作用下尾砂胶结充填体早期力学特性及损伤本构模型研究[J]. 岩石力学与工程学报, 2022, 41(2): 282-291.

[20] 马国伟, 李之建, 易夏玮, 等. 纤维增强膏体充填材料的宏细观试验[J]. 北京工业大学学报, 2016, 42(3): 406-412.

[21] 徐文彬, 李乾龙, 田明明. 聚丙烯纤维加筋固化尾砂强度及变形特性[J]. 工程科学学报, 2019, 308(12): 1618-1626.

[22] 李金发, 齐宁, 周福建, 等. 井下高压充填纤维复合防砂体的力学分析[J]. 中国石油大学学报(自然科学版), 2008, 169(5): 67-71, 76.

[23] Xue G, Yilmaz E, Song W, et al. Influence of fiber reinforcement on mechanical behavior and microstructural properties of cemented tailings backfill[J]. Construction and Building Materials, 2019, 213: 275-285.

[24] Xue G, Yilmaz E, Song W, et al. Fiber length effect on strength properties of polypropylene fiber reinforced cemented tailings backfill specimens with different sizes[J]. Construction and Building Materials, 2020, 241: 118113.

[25] 邓代强, 姚中亮, 唐绍辉, 等. 充填体单轴压缩韧性性能试验研究[J]. 矿业研究与开发, 2005(5): 30-32, 71.

[26] Sukontasukkul P, Pongsopha P, Chindaprasirt P, et al. Flexural performance and toughness of hybrid steel and polypropylene fibre reinforced geopolymer[J]. Construction and Building Materials, 2018, 161: 37-44.

[27] Cao S, Erol Y, Song W D. Fiber type effect on strength, toughness and microstructure of early age cemented tailings backfill[J]. Construction and Building Materials, 2019, 223: 44-54.

[28] 万进一. 纤维增强地聚合物混凝土材料性能研究[D]. 郑州: 郑州大学, 2019.

[29] 谢和平, 鞠杨, 黎立云. 基于能量耗散与释放原理的岩石强度与整体破坏准则[J]. 岩石力学与工程学报, 2005, 24(17): 3003-3010.

[30] 刘保县, 黄敬林, 王泽云, 等. 单轴压缩煤岩损伤演化及声发射特性研究[J]. 岩石力学与工程学报, 2009, 28(S1): 3234-3238.

[31] Shahbazpanahi S, Ali A, Kamgar A, et al. Fracture mechanic modeling of fiber reinforced polymer shear-strengthened reinforced concrete beam[J]. Composites Part B: Engineering, 2015, 68: 113-120.

[32] 杨俊, 周建庭, 程俊, 等. 基于断裂力学的UHPC复合拱圈加固效率研究[J]. 桥梁建设, 2018, 251(4): 74-78.

[33] Yang J, Song C, Wang Q. Comparative analysis of the effects of aggregates and fibres on the fracture performance of lightweight aggregate concrete based on types Ⅰ and Ⅱ fracture test methods[J]. Theoretical and Applied Fracture Mechanics, 2022, 117: 103202.

[34] Luis A. Béjar D. Virtual estimation of the Griffith's modulus and cohesive strength of ultra-high performance concrete[J]. Engineering Fracture Mechanics, 2019, 216: 106488.

[35] 张扬, 曹玉贵, 胡志礼. 基于Griffith破坏准则的FRP约束未损伤混凝土和损伤混凝土的抗压强度统一模型[J]. 复合材料学报, 2020, 37(9): 2358-2366.

[36] 傅强, 赵旭, 何嘉琦, 等. 基于能量转化原理的混杂纤维混凝土本构行为[J]. 硅酸盐学报, 2021, 389(8): 1670-1682.

[37] Wang J, Ning J, Jiang L, et al. Structural characteristics of strata overlying of a fully mechanized longwall face: a case study[J]. Journal of the Southern African Institute of Mining and Metallurgy, 2018, 118(11): 1195-1204.

[38] Tan Y, Gu Q, Ning J, et al. Uniaxial compression behavior of cement mortar and its damage-constitutive model based on energy theory[J]. Materials, 2019, 12(8): 1309.

[39] Liu Z, Ming L, Xiao S, et al. Damage failure of cemented backfill and its reasonable match with rock mass[J]. Transactions of Nonferrous Metals Society of China, 2015, 25(3): 954-959.

[40] Hou Y, Yin S, Chen X, et al. Study on characteristic stress and energy damage evolution mechanism of cemented tailings backfill under uniaxial compression[J]. Construction and Building Materials, 2021, 301: 124333.

[41] Yu X, Song W, Tan Y, et al. Energy dissipation and 3d fracturing of backfill-encased-rock under triaxial compression[J]. Construction and Building Materials, 2022, 341: 127877.

[42] Zhang C, Fu J, Song W, et al. Analysis on mechanical behavior and failure characteristics of layered cemented paste backfill(LCPB) under triaxial compression[J]. Construction and Building Materials, 2022, 324: 126631.

3 不同灰砂比纤维增强尾砂胶结材料初始微观结构

尾砂胶结材料的破坏是在外部荷载作用下微裂隙萌生、扩展和联结，直至形成宏观裂隙的结果，其实质是微细观裂隙演化的过程[1,2]。研究表明：水泥基材料的微观结构与其宏观力学性能和破坏机理存在紧密的联系，而影响水泥基材料初始微观结构形成的因素主要有组成成分、水化过程和固化条件等[3-5]。比如Demirbas[6]在 1996 年将各类工业副产品如磷石膏、污泥、反应器残渣和褐煤灰等作为混凝土中的骨料或者胶结成分，通过它们的微观结构差异评估它们的物理力学性能，最后与对照混合料进行对比分析，得出混凝土不同组成成分的最优添加量。Behera 等[7]将粉煤灰替代普通硅酸盐水泥作为尾砂胶结材料胶结剂，通过对试样微观结构演化分析表明：粉煤灰尾砂胶结材料在固化早期没有形成硅酸钙水合物，使得试样初始微观结构较为脆弱，对轴向荷载增加的力学响应更敏感。Zou等[8]通过研究高温蒸汽养护下的混凝土多尺度孔隙结构特征，发现相比于标准养护的混凝土，蒸汽养护下的混凝土界面过渡区微裂隙尺度更大，其原因是蒸汽热效应使得初始孔隙内的自由水产生膨胀效应，阻碍了水合物的沉淀和扩展，使得界面过渡区的形态疏松，初始孔隙密集。崔孝炜等[9]利用矿渣等工业副产品原料制备胶结材料，研究其水化反应机理对全固废混凝土强度的影响，研究发现：全固废混凝土初始水化产物以钙矾石和水化硅酸钙为主，水化反应后期大量的钙矾石与水化硅酸钙凝胶互相穿插，形成致密的硬化浆体结构，从而提升混凝土的力学性能。

上述研究充分论述了水泥基材料的初始微观结构与其力学性能的关联性，而尾砂胶结材料是由尾砂、废石等固废与水泥等胶结材料固化而成的复合材料，具有普通水泥基材料的特性[10,11]。所以充分了解纤维增强尾砂胶结材料初始微观结构，对后续材料的裂隙演化分析和破坏机理研究至关重要。由此引出了以下三个问题，亟待进一步探究。

(1)纤维的掺入对尾砂胶结材料初始微观结构影响是积极的还是负面的?

(2)纤维是怎样影响尾砂胶结材料初始微观结构的?

(3)掺入纤维后，尾砂胶结材料的初始微观结构存在怎样的变化?

为此，通过扫描电镜(scanning electron microscopy, SEM)设备观察无纤维尾砂胶结材料试样和掺入聚丙烯腈纤维和玻璃纤维的纤维增强尾砂胶结材料试样的初始微观结构，并且通过核磁共振(nuclear magnetic resonance, NMR)试验获取两类试样初始孔隙分布情况，定性定量分析无纤维尾砂胶结材料试样与纤维增强尾砂胶结材料试样的初始微观结构差异。研究结果可为后续开展的纤维增强尾砂胶结材料研究提供理论基础。

3.1 扫描电镜和核磁共振试验

3.1.1 扫描电镜和核磁共振设备

为观察和分析纤维增强尾砂胶结材料试样的微观结构，评估聚丙烯腈纤维对尾砂胶结材料微观结构的影响，本节对无纤维尾砂胶结材料试样和纤维增强尾砂胶结材料试样进行扫描电镜试验和核磁共振试验。

3.1.1.1 扫描电镜试验

扫描电镜作为一种精密的电子光学仪器，广泛应用于材料微观结构观察。本试验所用仪器为美国FEI公司生产的型号为MLA650F的场发射扫描电子显微镜，该仪器具有分辨率高、放大倍数高、图像三维立体感强等优点。本试验中，取养护完成的无纤维尾砂胶结材料试样和纤维增强尾砂胶结材料试样，将其制成拇指盖大小的样品，为避免试样样品粉末损坏仪器，利用环氧树脂包裹住样品周边，仅留上方进行扫描。因样品为非导电材料，所以在扫描之前对试样进行镀金处理，具体试验流程如图 3-1 所示。

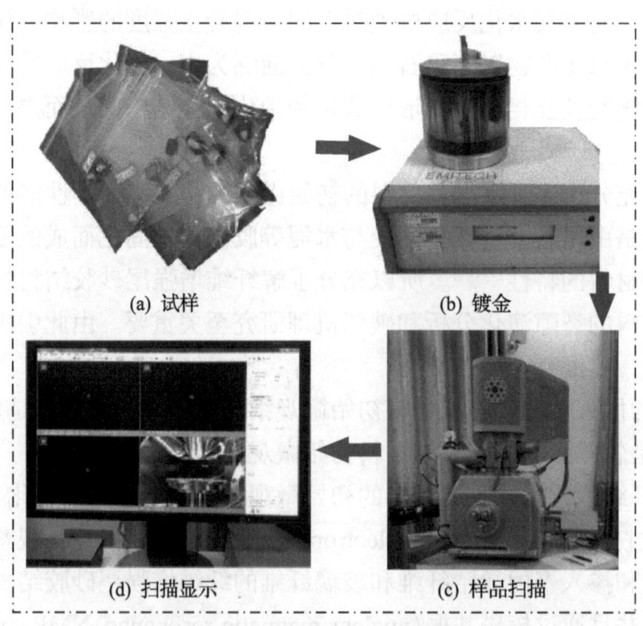

图 3-1 扫描电镜试验流程

3.1.1.2 核磁共振试验

核磁共振技术原理是：通过分析多孔介质内氢元素(主要来源于水)的流动，以弛豫时间和强度来表征材料内部孔隙尺度和孔隙数量，从而达到探测材料微观孔隙结构特征的目的。本节通过中国苏州纽迈分析仪器股份有限公司生产的型号为 MacroMR12 的核磁共振分析仪对不同灰砂比的无纤维尾砂胶结材料试样和纤维增强尾砂胶结材料试样进行孔隙分布测定，将试样置于水中进行真空饱水处理，使水尽可能占据试样内部存在的原生孔隙，然后将试样包裹在塑料薄膜中，防止水分离失。试验流程如图 3-2 所示。

(a) 试样

(b) 核磁共振分析仪

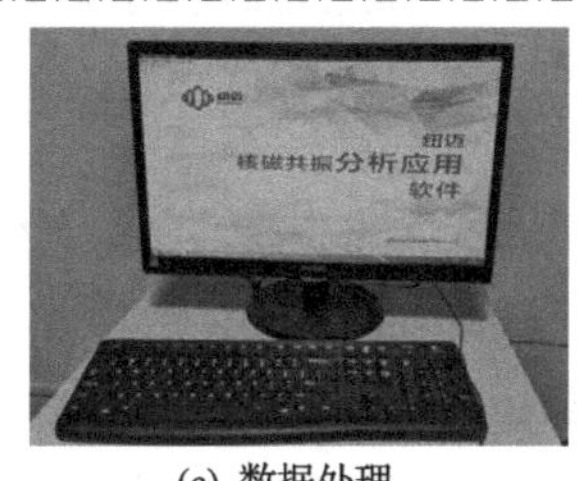

(c) 数据处理

图 3-2 核磁共振试验流程

3.1.2 横向弛豫时间

根据多孔介质弛豫理论，核磁共振横向弛豫时间 T_2 与孔隙流体的自由弛豫时间、表面弛豫时间和扩散弛豫时间有关[12-14]。在绝大部分材料的孔隙中，当只考虑一种饱和孔隙流体时，自由弛豫时间可以忽略不计，其值远比表面弛豫时间小得多；当磁场均匀且回波时间间隔足够短时能够有效降低磁场梯度的影响，因此磁场梯度扩散引起的流体弛豫时间也可以忽略不计[13]。因此，横向弛豫时间 T_2 和材料内部孔隙结构之间的关系可以近似表示为[13]

$$\frac{1}{T_2} \approx \frac{1}{T_{2S}} = \rho_2 \frac{S}{V} = \rho_2 \frac{F_s}{r} \tag{3-1}$$

式中：T_2 为孔隙流体的核磁共振横向弛豫时间；T_{2S} 为孔隙流体的横向表面弛豫时间；ρ_2 为材料表面水平弛豫速率，根据研究经验[15]，尾砂胶结材料 ρ_2 取值为 5；S 为孔隙表面积；V 为流体体积；r 为孔隙半径；F_s 为孔隙几何形状因子(对于球形孔隙，$F_s = 3$；对于柱状孔隙，$F_s = 2$；对于片状孔隙，$F_s = 1$)。

要将核磁共振横向弛豫时间 T_2 谱转换为孔径分布，需要对孔隙形状进行假设。前人研究证实[16]，孔隙随着固结作用改造程度的增加而变得更加接近球形。假设尾砂胶结材料孔隙为球形，且所有孔隙中的磁场梯度恒定相等，则 T_2 分布为孔隙大小的函数表征。式(3-1)可进一步转化为横向弛豫时间 T_2 与孔隙半径 r 之间的关系式，即

$$\frac{1}{T_2}=\rho_2\frac{3}{r} \tag{3-2}$$

由式(3-2)可知，核磁共振横向弛豫时间 T_2 分布可以反映尾砂胶结材料的内部孔隙结构分布特征，横向弛豫时间 T_2 与孔径大小成正比。因此，核磁共振技术可以用于确定尾砂胶结材料试样中不同孔径大小的孔隙分布情况，并且具有无损性和可重复性的优点。

3.2 不同灰砂比聚丙烯腈纤维增强尾砂胶结材料微观结构

尾砂胶结材料的初始微观结构与灰砂比具有紧密的联系，不同尾砂含量和水泥含量的试样，其硬化过程中的水化反应程度会表现出显著的区别[17-19]。为了从微观角度探讨不同灰砂比的无纤维尾砂胶结材料(FFM)试样和聚丙烯腈纤维增强尾砂胶结材料(PFRM)试样的初始微观结构差异，通过扫描电镜和核磁共振技术对试样进行测定分析。

3.2.1 微观结构特征

由图 3-3 可见，FFM 试样和 PFRM 试样内部存在大量絮状的水化硅酸钙(C-S-H)凝胶，主要由复合硅酸盐水泥中的硅酸二钙($2CaO{\cdot}SiO_2$)、硅酸三钙($3CaO{\cdot}SiO_2$)和尾砂中的二氧化硅(SiO_2)水化生成。这些絮状水化硅酸钙凝胶在一定程度上能够填充水化产物间的空隙，促进尾砂胶结材料的强度增长。

另外，由图 3-3(a)观察到部分未参与水化的球状粉煤灰(PFA)颗粒，这些颗粒来源于充当胶结材料的复合硅酸盐水泥，粉煤灰颗粒主要以玻璃微珠形态赋存在基体中，具有球形完整、表明光滑和质地紧密等特点，这样的形态特点对水泥基材料内部结构能够起到致密和匀质的作用。此外，粉煤灰颗粒还能改善尾砂胶结材料浆体的流变性，在泵送填充过程中能够起到良好的润滑作用。进一步放大扫描电镜倍数发现尾砂胶结材料内部存在较多针状水化硫铝酸钙，又称钙矾石(AFt)，钙矾石是水泥基材料早期水化产物，能够促进尾砂胶结材料早期强度发展，然而钙矾石形成往往伴随着体积膨胀，一定范围内的体积膨胀能够弥补水泥基材料硬化过程中产生的体积收缩，超出这个范围的体积膨胀会导致水泥基材料产生初始缺陷，甚至导致结构破坏。

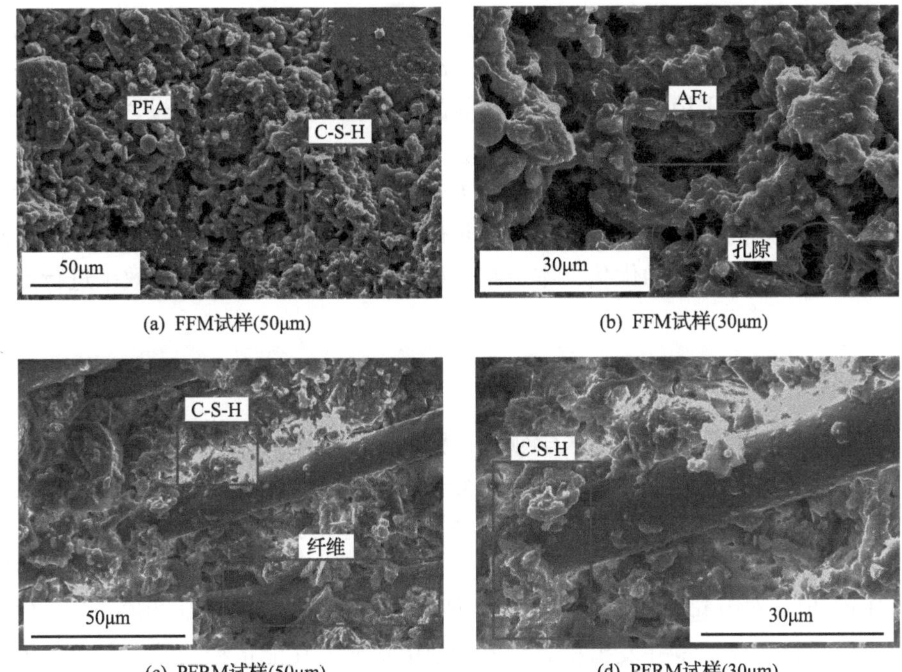

(a) FFM试样(50μm)　(b) FFM试样(30μm)

(c) PFRM试样(50μm)　(d) PFRM试样(30μm)

图 3-3 FFM 试样和 PFRM 试样扫描电镜图像

由图 3-3(a)和 3-3(b)可见，除了上述的水化产物外，FFM 试样内部还存在大量的孔隙，初始缺陷较为明显，结构致密性差。这是因为尾砂胶结材料属于水泥基材料，在硬化过程中存在塑性收缩与失水收缩。由于水化反应的进行，以及水泥和尾砂之间因不均匀沉降导致的泌水现象，基体中大量的水分蒸发，其中包括基体孔隙水、毛细水等。这些水分的蒸发导致基体收缩开裂，产生大量的初始缺陷，如微裂隙、气孔等。此外，钙矾石形成带来的体积膨胀也是基体产生初始微裂隙的原因之一，而这些初始微裂隙是尾砂胶结材料受载后裂隙扩展的关键因素。

对比两类试样的扫描电镜图像：PFRM 试样初始微裂隙较少，内部密实度得到了明显提升。这说明聚丙烯腈纤维的掺入对抑制尾砂胶结材料初始缺陷形成、改善尾砂胶结材料初始微观结构具有显著的效果，这种改善效果主要来源于以下两个方面。

(1)从细观角度而言，当聚丙烯腈纤维三维无定向地分散在尾砂胶结材料浆体中，不仅能够有效地限制水泥基材料硬化过程中因失水、离析等导致的基体收缩破坏，并且能够通过纤维的桥接效应对初始微裂隙的扩展形成阻裂效应，从而限制尾砂胶结材料原生裂隙的形成，减小裂隙数量和裂隙尺度。

(2)从微观角度出发，掺入聚丙烯腈纤维后，水泥浆体在表面吸附力的作用下，包裹在聚丙烯腈纤维表面，而浆体硬化过程中形成的水化产物如钙矾石、水化硅酸钙等，将纤维与试样基体紧密联结在一起，如图 3-3(c)和图 3-3(b)所示，并且这些水化产物进一步填充了纤维与基体间的孔隙，一定程度上降低了"纤维-基体"弱界面效应[20]的影响。

通过扫描电镜技术能够直观地发现 FFM 与 PFRM 的微观结构差异，并对这种差异进行客观的定性分析。为了进一步研究聚丙烯腈纤维对不同灰砂比的尾砂胶结材料试样微观结构的优化，本节结合核磁共振试验对这种优化效果进行定量分析。

3.2.2　初始孔隙分布规律

核磁共振技术最早应用于医学领域，而后随着核磁共振技术的迭代更新，逐渐广泛应用于木材、岩石和混凝土等各类非均质各向异性材料[21]。核磁共振技术的工作原理是基于原子核的自旋运动，将被测材料置于仪器内部特定磁场内，通过无线电射频脉冲激发被测材料内部的氢原子核(试验前已将试样浸泡于水中进行负压饱和)，在引起原子核共振的同时吸收脉冲能量。当射频脉冲停止后，材料内部氢原子核释放能量并发出特定频率的射电信号，在能量释放的过程中，氢原子核由高能转化为低能的过程产生了弛豫现象；释放的射电信号通过核磁共振仪器收录并进行反演计算，最终以光谱信息进行转化。具体计算如下。

首先计算横向扩散弛豫时间 T_{2D}：

$$\frac{1}{T_{2D}}=\frac{R(\gamma BT)}{12} \tag{3-3}$$

式中：R 为体弛豫时间；γ 为磁旋比；B 为磁场强度；T 为回波时间。

其次计算流体表面弛豫时间 T_{1S}、T_{2S}：

$$\frac{1}{T_{1S}}=\rho_1\left(\frac{S}{V}\right) \tag{3-4}$$

$$\frac{1}{T_{2S}}=\rho_2\left(\frac{S}{V}\right) \tag{3-5}$$

式中：T_{1S} 为孔隙流体的纵向表面弛豫时间；ρ_1 为材料表面垂直弛豫速率；ρ_2 为材料表面水平弛豫速率。

纵向弛豫时间 T_1 计算式可表达为

$$\frac{1}{T_1}=\frac{1}{T_{1S}}+\frac{1}{T_{1D}}+\frac{1}{T_{1B}} \tag{3-6}$$

式中：T_{1D} 为孔隙流体的纵向扩散弛豫时间；T_{1B} 为孔隙流体的纵向自由弛豫时间。

横向弛豫时间 T_2 计算式可表达为

$$\frac{1}{T_2}=\frac{1}{T_{2S}}+\frac{1}{T_{2D}}+\frac{1}{T_{2B}} \tag{3-7}$$

式中：T_{2S} 为孔隙流体的横向表面弛豫时间；T_{2D} 为孔隙流体的横向扩散弛豫时间；T_{2B} 为孔隙流体的横向自由弛豫时间。

在恒定磁场条件下，扩散弛豫的影响可忽略不计，因此可将横向弛豫时间简化为

$$\frac{1}{T_2}=\frac{1}{T_{2S}}+\frac{1}{T_{2B}} \tag{3-8}$$

基于水泥基材料内部孔隙率的相关概念，可将横向弛豫时间表达为

$$\frac{1}{T_2}=\rho\frac{S}{V} \tag{3-9}$$

基于试验材料和内部流体类型，本节仅以横向弛豫时间(自旋-自旋)(以下称为弛豫时间)进行分析表征。

不同灰砂比的尾砂胶结材料因其内部水泥含量不同，水化程度不同，导致其初始微观结构存在一定的差异。此外，在尾砂胶结材料浆体中掺入纤维，纤维的存在对尾砂胶结材料初始孔隙分布的影响仍需进一步的评估。因此本节通过对不同灰砂比的 FFM 试样和 PFRM 试样进行核磁共振试验，测定其内部初始孔隙分布，讨论在不同灰砂比条件下，聚丙烯腈纤维对尾砂胶结材料初始孔隙分布的影响。

由式(3-9)可知，核磁共振图像的弛豫时间 T_2 与材料内部孔隙体积呈正相关性，通过分析弛豫时间与信号强度的关系曲线，可以了解材料内部孔隙分布及其尺寸大小。其中弛豫时间指的是系统由暂态趋于定态所需的时间，弛豫时间越大，意味着材料内部孔隙体积越大；信号强度越大，代表该体积的孔隙数量越多。

如图 3-4 所示，FFM 试样和 PFRM 试样的弛豫时间分布曲线主要有两个波峰，其中第一波峰曲线表征小尺度孔隙，第二波峰曲线表征较大尺度的孔隙。相比而言，PFRM 试样的第一波峰积分面积明显小于 FFM 试样的第一波峰积分面积，且 PFRM 试样的两个波峰峰值点弛豫时间均略早于 FFM 试样，这说明聚丙烯腈纤维的掺入不仅能够降低尾砂胶结材料初始孔隙数量，还能在一定程度上减小初始孔隙的尺寸，优化尾砂胶结材料的初始微观结构。

为了定量表征聚丙烯腈纤维对尾砂胶结材料的优化效果，将 FFM 试样和 PFRM 试样的核磁共振详细数据列出，见表 3-1。

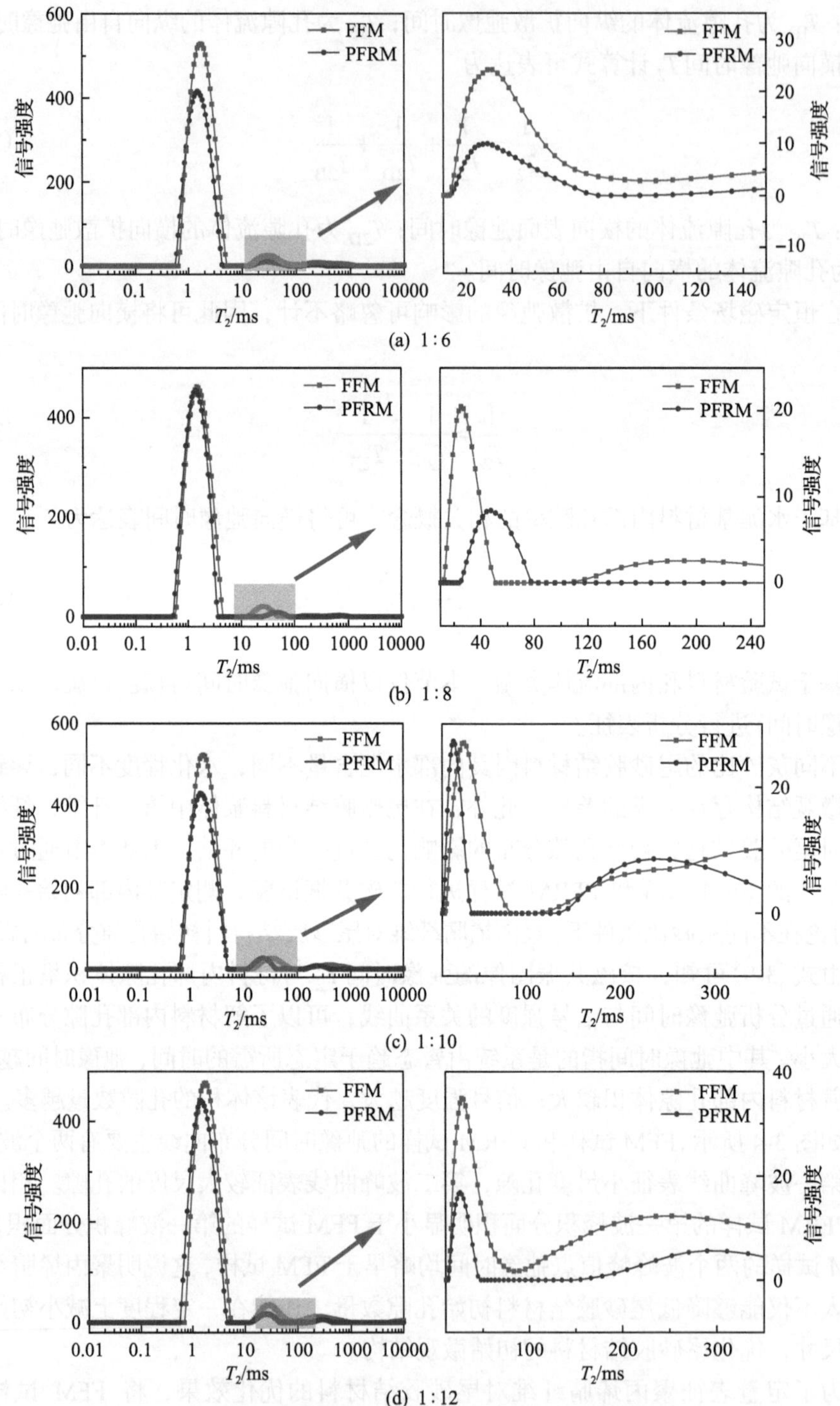

图 3-4　不同灰砂比的 FFM 试样和 PFRM 试样弛豫时间分布

表 3-1 FFM 试样和 PFRM 试样核磁共振波峰参数

试样配比	两峰积分面积	第一波峰		第二波峰	
		T_2 /ms	积分面积占比/%	T_2 /ms	积分面积占比/%
FFM 1∶6	10270.48	0.64	94.23	11.89	3.73
PFRM 1∶6	7669.44	0.56	97.78	11.89	1.88
FFM 1∶8	8763.52	0.49	96.51	23.82	2.71
PFRM 1∶8	8043.69	0.56	98.81	11.89	1.06
FFM 1∶10	10000.57	0.64	94.03	12.75	3.85
PFRM 1∶10	8456.69	0.56	95.48	9.66	3.52
FFM 1∶12	9315.30	0.69	92.01	11.89	5.16
PFRM 1∶12	8340.21	0.56	97.23	11.89	2.23

由表 3-1 数据可知：不同灰砂比的尾砂胶结材料试样在掺入聚丙烯腈纤维后，出现了如下现象。

(1) PFRM 试样第一波峰和第二波峰的积分面积之和呈现显著下降的趋势。灰砂比为 1∶6、1∶8、1∶10 和 1∶12 的试样，积分面积之和分别下降了 25.3%、8.2%、15.4%和 10.5%，其中 1∶6 的试样下降幅度最大，达到了 25.3%。这表明聚丙烯腈纤维的存在能够有效减小尾砂胶结材料初始孔隙数量。

(2) PFRM 试样的第一波峰积分面积占比明显增加。灰砂比为 1∶6、1∶8、1∶10 和 1∶12 的 PFRM 试样，第一波峰积分面积占比分别增加了 3.55 个百分点、2.30 个百分点、1.45 个百分点和 5.22 个百分点，其中 1∶12 的试样增加幅度最大，达到了 5.22 个百分点。

(3) PFRM 试样的第二波峰积分面积占比出现下降，灰砂比为 1∶6、1∶8、1∶10 和 1∶12 的试样，第二波峰积分面积占比分别下降了 1.85 个百分点、1.65 个百分点、0.33 个百分点和 2.93 个百分点，其中 1∶12 的试样下降幅度最大，达到了 2.93 个百分点。

上述中 (2) 和 (3) 的现象表明了掺入聚丙烯腈纤维能够细化尾砂胶结材料初始孔隙的尺度，降低大尺度孔隙的数量。然而不同灰砂比的试样，波峰积分面积变化存在区别，这与试样的灰砂比有关。试样灰砂比为 1∶6 时，内部水泥含量较多，水化产物对纤维表面的附着程度较高，钙矾石、水化硅酸钙等水化产物将纤维与基体紧密联结在一起，较大程度地减少了孔隙的数量，使得两波峰积分面积之和显著下降；当灰砂比为 1∶12 时，试样内部水泥含量少，材料胶结能力弱，塑性收缩和失水收缩导致材料开裂行为较多，其中大尺度的孔隙、裂隙的形成尤为显著。掺入聚丙烯腈纤维后，纤维对硬化过程中的材料开裂具有一定的阻裂效应，且灰砂比越低，阻裂效应相对越明显。因此灰砂比为 1∶12 的试样第二波峰积分面积占比下降幅度最大，即大尺度孔隙数量的减少幅度最大。

3.3　不同灰砂比玻璃纤维增强尾砂胶结材料微观孔隙特征

针对孔隙结构对尾砂胶结材料性能的影响，对不同料浆浓度(65%和 68%)和不同灰砂比(1∶6、1∶8 和 1∶10)条件下的无纤维尾砂胶结材料(FFM)试样和玻璃纤维增强尾砂胶结材料(GFRM)试样的微观孔隙结构进行试验研究。利用核磁共振技术获得孔隙度、孔径分布等信息，绘制横向弛豫时间的谱分布曲线，统计横向弛豫时间的谱峰面积。基于核磁共振分形理论，建立核磁共振孔隙分形模型，根据核磁共振参数获得尾砂胶结材料微观结构中小孔、中孔和大孔的分形维数。尾砂胶结材料小孔、中孔和大孔的分形维数可以客观地反映其微观孔隙结构的复杂性，可以为讨论尾砂胶结材料微观孔隙结构与宏观物理参数之间的关系提供一定的参考依据。

3.3.1　孔隙分布特征

横向弛豫时间 T_2 谱分布曲线与孔隙之间存在着两种相关关系，一是 T_2 值与孔隙孔径大小成正比，即 T_2 值越大，相应孔隙孔径越大；二是 T_2 谱分布曲线中信号幅度的大小与孔隙数量成正比，即信号幅度越大，具有该孔径尺寸的孔隙数量越多[22]。因此，T_2 谱分布曲线能够将孔隙分布特征清晰直观地量化表达。不同灰砂比尾砂胶结材料在料浆浓度为 65%条件下的 T_2 谱分布曲线，如图 3-5 所示。由图 3-5 可以看出，FFM 和 GFRM 试样的 T_2 谱分布曲线呈典型的三峰分布，三个信号波峰从左至右依次表征小孔径孔隙、中孔径孔隙和大孔径孔隙，其中主信号峰(峰 1)的信号幅度峰值和谱峰面积远大于另外两个次信号峰(峰 2 和峰 3)。这一

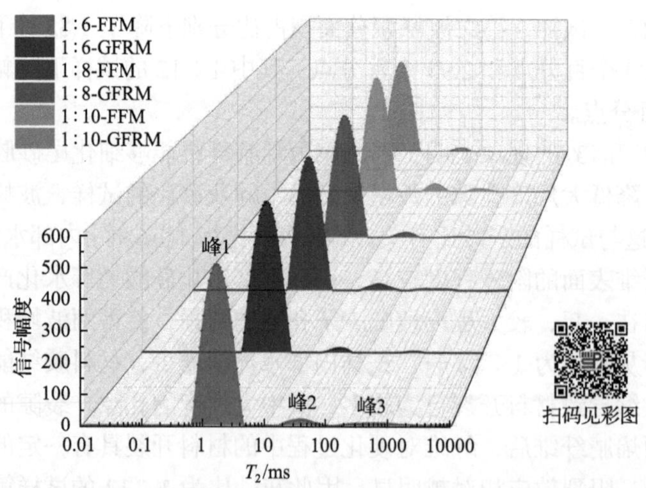

图 3-5　料浆浓度为 65%条件下尾砂胶结材料试样横向弛豫时间 T_2 谱分布曲线

现象表明不同灰砂比 FFM 和 GFRM 试样在料浆浓度为 65%条件下的内部孔隙分布都主要是小孔径孔隙。当灰砂比从 1∶6 分别降至 1∶8 和 1∶10 时，FFM 试样峰 1 的信号幅度峰值从 506.487 分别降至 494.302 和 481.833，分别降低了 2.4%和 4.9%；GFRM 试样峰 1 的信号幅度峰值从 514.929 分别降至 486.354 和 404.201，分别降低了 5.5%和 21.5%。因此，随着灰砂比的降低，FFM 和 GFRM 试样峰 1 的信号幅度峰值都呈现出减小的趋势，并且 GFRM 试样的减小程度更大。主要原因是随着灰砂比的降低，尾砂胶结材料中尾砂含量增大，水泥含量减小，水泥与尾砂的胶结度减弱，尾砂胶结材料内部的小孔径孔隙转化成中孔径孔隙，导致小孔径孔隙数量减少，即峰 1 的信号幅度减小；玻璃纤维的掺入填充了尾砂胶结材料的内部孔隙，导致 GFRM 试样内部的孔隙数量变化更明显。

表 3-2 是不同灰砂比尾砂胶结材料在料浆浓度为 65%条件下 T_2 谱分布曲线的谱峰面积统计结果。由表 3-2 可以发现，随着灰砂比的降低，FFM 和 GFRM 试样的总谱峰面积都呈现减小的趋势，当灰砂比从 1∶6 分别降至 1∶8 和 1∶10 时，FFM 试样的总谱峰面积分别降低了 1.5%和 3.6%，GFRM 试样的总谱峰面积分别降低了 4.2%和 23.1%。这一现象说明，在料浆浓度为 65%的条件下，灰砂比对 FFM 和 GFRM 试样 T_2 谱分布曲线的总谱峰面积都有显著影响，但是对 GFRM 试样总谱峰面积的影响程度更大。通过对比 FFM 和 GFRM 试样 T_2 谱分布曲线的总谱峰面积可以看出，在料浆浓度为 65%的条件下，灰砂比为 1∶6 的 GFRM 试样总谱峰面积最大，其次是灰砂比为 1∶6 的 FFM 试样，再者是灰砂比为 1∶8 的 FFM 试样。当灰砂比为 1∶6 时，FFM 试样的总谱峰面积与 GFRM 试样的总谱峰面积相比更小，相差值为 FFM 试样的总谱峰面积的 2.3%，这一结果说明在灰砂比为 1∶6 的条件下，玻璃纤维的加入影响了水泥与尾砂的胶结度，导致孔隙度略有增大。当灰砂比为 1∶8 时，FFM 试样的总谱峰面积与 GFRM 试样的总谱峰面积相比相差不大，说明在灰砂比为 1∶8 的条件下，玻璃纤维对孔隙度的影响较小。当灰砂比为 1∶10 时，FFM 试样的总谱峰面积比 GFRM 试样的总谱峰面积更大，相差值为 FFM 试样的总谱峰面积的 18.4%，这意味着在灰砂比为 1∶10 的条件下掺加玻

表 3-2 料浆浓度为 65%条件下尾砂胶结材料试样横向弛豫时间 T_2 谱峰面积

试样	灰砂比	第一谱峰		第二谱峰		第三谱峰		总谱峰面积
		面积	占比/%	面积	占比/%	面积	占比/%	
FFM	1∶6	8939.481	93.869	304.229	3.195	60.937	0.640	9523.354
	1∶8	8875.662	94.596	354.456	3.778	90.518	0.965	9382.736
	1∶10	8659.879	94.282	364.137	3.964	147.695	1.608	9185.037
GFRM	1∶6	9530.932	97.841	171.203	1.758	39.114	0.402	9741.263
	1∶8	9050.953	96.945	247.193	2.648	38.049	0.408	9336.204
	1∶10	7309.841	97.544	171.640	2.290	0.754	0.010	7493.903

璃纤维可显著减小尾砂胶结材料的孔隙度。以上结果表明，在尾砂胶结材料的单轴压缩破坏过程中，灰砂比对玻璃纤维的增强效果具有显著影响。

不同灰砂比尾砂胶结材料在料浆浓度为 68%条件下的 T_2 谱分布曲线，如图 3-6 所示。由图 3-6 可以看出，FFM 和 GFRM 试样的 T_2 谱分布曲线也呈典型的三峰分布，并且 T_2 谱分布曲线主信号峰的高度最为明显，占主导地位。这一现象表明，两种料浆浓度条件下不同灰砂比尾砂胶结材料 T_2 谱分布曲线信号峰的分布情况相似，FFM 和 GFRM 试样的内部孔隙分布也主要是小孔径孔隙。当灰砂比从 1∶6 分别降至 1∶8 和 1∶10 时，FFM 试样峰 1 的信号幅度峰值从 528.280 分别降至 462.554 和 523.744，分别降低了 12.4%和 0.9%；GFRM 试样峰 1 的信号幅度峰值从 452.594 分别增至 458.782 和降至 421.999，分别增加了 1.4%和降低了 6.8%。因此，随着灰砂比的降低，FFM 试样峰 1 的信号幅度峰值呈现出先减少后增加的趋势，GFRM 试样峰 1 的信号幅度峰值呈现出先增加后减少的趋势。

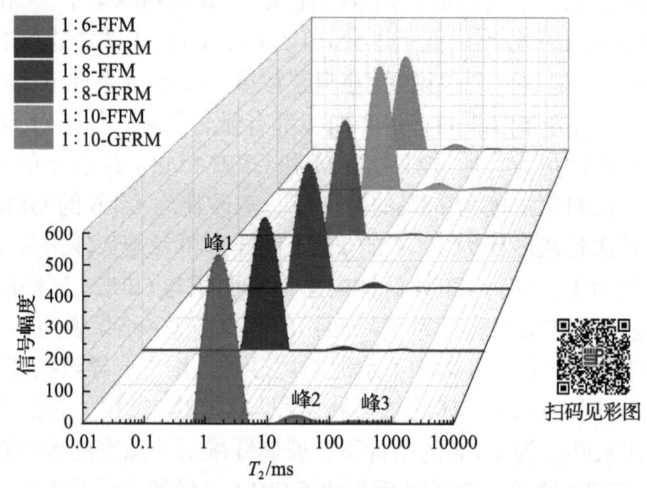

图 3-6 料浆浓度为 68%条件下尾砂胶结材料试样横向弛豫时间 T_2 谱分布曲线

表 3-3 是不同灰砂比尾砂胶结材料在料浆浓度为 68%条件下 T_2 谱分布曲线的谱峰面积统计结果。由表 3-3 可知，随着灰砂比的降低，FFM 试样的总谱峰面积呈现先减小后增大的趋势，GFRM 试样的总谱峰面积呈现先增大后减小的趋势，但 GFRM 试样总谱峰面积的变化程度较小。当灰砂比从 1∶6 分别降至 1∶8 和 1∶10 时，FFM 试样的总谱峰面积分别降低了 14.7%和 2.6%，GFRM 试样的总谱峰面积分别增加了 1.4%和 0.1%。这一现象说明，在料浆浓度为 68%的条件下，灰砂比对 FFM 和 GFRM 试样 T_2 谱分布曲线的总谱峰面积都有影响，但是对 GFRM 试样总谱峰面积的影响程度较小。通过对比 FFM 和 GFRM 试样 T_2 谱分布曲线的总谱峰面积可以看出，在料浆浓度为 68%的条件下，灰砂比为 1∶6 的 FFM 试样总谱峰面积最大，其次是灰砂比为 1∶10 的 FFM 试样，再者是灰砂比为 1∶8 的 FFM

试样。因此，在同一灰砂比条件下，FFM 试样的总谱峰面积均比 GFRM 试样的总谱峰面积更大，这意味着在料浆浓度为 68%条件下掺加玻璃纤维可以显著减小尾砂胶结材料的孔隙度。另外，FFM 和 GFRM 试样总谱峰面积的相差程度在灰砂比为 1∶8 情况下与在灰砂比为 1∶6 和 1∶10 情况下相比更小，这一现象说明在灰砂比为 1∶8 情况下，玻璃纤维对尾砂胶结材料孔隙度的影响较小，同时也说明灰砂比对玻璃纤维的增强效果具有显著影响。另外，在料浆浓度为 68%条件下 GFRM 试样中玻璃纤维的增强效果与在料浆浓度为 65%条件下玻璃纤维的增强效果相比有明显差别，说明料浆浓度对玻璃纤维的增强效果也具有显著影响。

表 3-3 料浆浓度为 68%条件下尾砂胶结材料试样横向弛豫时间 T_2 谱峰面积

试样	灰砂比	第一谱峰		第二谱峰		第三谱峰		总谱峰面积
		面积	占比/%	面积	占比/%	面积	占比/%	
FFM	1∶6	9677.516	94.227	382.943	3.729	134.587	1.310	10270.479
	1∶8	8457.879	96.512	237.459	2.710	30.762	0.351	8763.518
	1∶10	9403.242	94.027	385.371	3.853	199.705	1.997	10000.565
GFRM	1∶6	8048.416	98.077	129.998	1.584	27.813	0.339	8206.227
	1∶8	8239.977	99.054	63.722	0.766	14.98	0.180	8318.679
	1∶10	7763.467	94.467	325.363	3.959	87.069	1.059	8218.199

由上述分析表明，当料浆浓度为 68%时，在同一灰砂比条件下，FFM 试样的总谱峰面积更大，说明尾砂胶结材料中掺入适量的玻璃纤维可以显著降低尾砂胶结材料的孔隙度。随着灰砂比的降低，GFRM 试样的总谱峰面积呈现先增加后减小的趋势，但是总谱峰面积的变化率却不是很大，这一现象说明在料浆浓度为 68%的条件下，灰砂比对 GFRM 试样孔隙度的影响不是很大。这种现象也可以解释为玻璃纤维对 GFRM 试样的孔隙度有双重影响。一方面，玻璃纤维的加入降低了 GFRM 试样的孔隙度；另一方面，玻璃纤维的聚集导致了 GFRM 试样弱界面的形成，随着灰砂比的降低，当孔隙度降低的贡献没有超过纤维增强对 GFRM 试样内部缺陷的正面影响时，那么 GFRM 试样的孔隙度将无明显变化。通过比较不同料浆浓度和灰砂比条件下 FFM 和 GFRM 试样的核磁共振信号主峰高度和主峰面积，观察到大致相似的结果，即主信号峰的高度和面积与次信号峰相比明显更大，并且 FFM 试样的总谱峰面积普遍更大。在灰砂比为 1∶10 条件下，玻璃纤维的加入对尾砂胶结材料孔隙度的影响最显著。

3.3.2 孔隙分形特征

根据相关文献中的分形几何原理[14,16]，尾砂胶结材料中大于孔径 r 的孔隙数 $N(>r)$ 满足以下幂函数：

$$N(>r)=\int_{r}^{r_{\max}}P(r)\,\mathrm{d}r=ar^{-D_{\mathrm{pf}}} \tag{3-10}$$

式中：$r_{\max}$ 为尾砂胶结材料中的最大孔隙半径；$P(r)$ 为孔径分布密度函数；a 为孔隙形状的比例常数；D_{pf} 为孔隙分形维数，分形维数表征材料的结构复杂程度，分形维数越大，复杂性越高。

在式(3-10)的基础上，根据毛细管力模型和杨-拉普拉斯(Young-Laplace)定律，可以推导出尾砂胶结材料的孔径分布密度函数为

$$P(r)=\frac{\mathrm{d}N(>r)}{\mathrm{d}r}=a'r^{-D_{\mathrm{pf}}-1} \tag{3-11}$$

式中：$a'=-D_{\mathrm{pf}}a$ 为比例常数。

核磁共振测量得到的孔径分布可以用分形模型来描述，核磁共振横向弛豫时间 T_2 分布可以直接与孔径分布相关。尾砂胶结材料中孔径小于 r 的孔隙累积体积可以表示为

$$V(<r)=\int_{r_{\min}}^{r}P(r)ar^{3}\,\mathrm{d}r \tag{3-12}$$

式中：$r_{\min}$ 为尾砂胶结材料中的最小孔隙半径。

将式(3-11)代入式(3-12)中，可以得到：

$$V(<r)=a''\left(r^{3-D_{\mathrm{pf}}}-r_{\min}^{3-D_{\mathrm{pf}}}\right) \tag{3-13}$$

式中：$a''=-\dfrac{D_{\mathrm{pf}}a^{2}}{3-D_{\mathrm{pf}}}$ 为比例常数。

因此，尾砂胶结材料的总孔隙体积 V_{s} 可以表示为

$$V_{\mathrm{s}}=V(<r_{\max})=a''\left(r_{\max}^{3-D_{\mathrm{pf}}}-r_{\min}^{3-D_{\mathrm{pf}}}\right) \tag{3-14}$$

当孔隙半径小于 r 时，累积孔隙体积分数(相对于总孔隙体积) S_{v} 的表达式为

$$S_{\mathrm{v}}=\frac{V(<r)}{V_{\mathrm{s}}}=\frac{r^{3-D_{\mathrm{pf}}}-r_{\min}^{3-D_{\mathrm{pf}}}}{r_{\max}^{3-D_{\mathrm{pf}}}-r_{\min}^{3-D_{\mathrm{pf}}}} \tag{3-15}$$

由于 $r_{\min}\ll r_{\max}$，式(3-15)可以简化为

$$S_{\mathrm{v}}=\frac{r^{3-D_{\mathrm{pf}}}}{r_{\max}^{3-D_{\mathrm{pf}}}} \tag{3-16}$$

式(3-16)为孔径分布的分形几何表达式。

根据式(3-2)和式(3-16)，累积孔隙体积分数 S_v 可以表示为

$$S_v = \left(\frac{T_{2,\max}}{T_2}\right)^{D_{pf}-3} \tag{3-17}$$

此时，可以得到核磁共振 T_2 分布的近似分形几何公式。

将式(3-17)两边取对数，得到：

$$\lg S_v = \left(3 - D_{pf}\right)\lg T_2 + \left(D_{pf} - 3\right)\lg T_{2,\max} \tag{3-18}$$

由式(3-18)可知，若尾砂胶结材料中 $\lg S_v$ 和 $\lg T_2$ 具有线性相关关系，那么尾砂胶结材料的孔隙结构应具有较好的分形特征。由于尾砂胶结材料内部孔径分布不是连续的，T_2 谱分布曲线上存在部分为零或接近零的核磁共振信号幅度。因此，在计算尾砂胶结材料孔隙分形维数时，需要对信号幅度数据进行处理，即忽略为零或接近零的数据，以 $\lg T_2$ 为横坐标，$\lg S_v$ 为纵坐标，绘制散点图。通过线性拟合法得到一条拟合直线，其斜率为 K_{pf}，可以计算得出尾砂胶结材料的孔隙分形维数 D_{pf}（$D_{pf} = 3 - K_{pf}$），然后通过孔隙分形维数来研究尾砂胶结材料三种类型孔隙的分形特征。

根据式(3-18)，对图 3-5 和图 3-6 中的 T_2 谱分布曲线进行回归分析。由图 3-5 和图 3-6 可以发现，峰 1 的 T_2 值在 0.488～5.171ms，峰 2 的 T_2 值在 9.659～109.698ms，峰 3 的 T_2 值在 77.526～1162.322ms。由式(3-2)可知，T_2 值与孔隙半径 r 成正比，孔隙的类型可以根据 T_2 值的范围进行划分。将 T_2 值分别在峰 1、峰 2 和峰 3 时所对应的孔隙划分为小孔、中孔和大孔，如图 3-7 所示。尾砂胶结材料试样 T_2 谱分布曲线的第一谱峰面积占比均大于 93.8%。因此，峰 1 所表征的小孔是影响尾砂胶结材料孔隙复杂程度的关键因素。

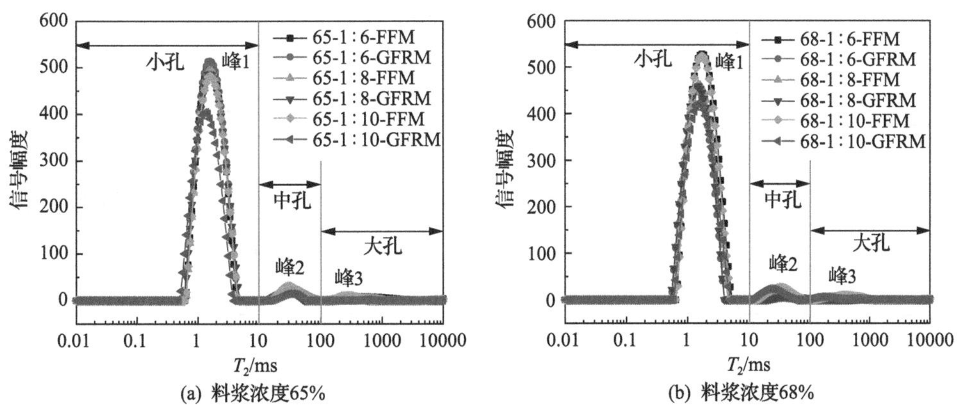

(a) 料浆浓度65%　(b) 料浆浓度68%

图 3-7　不同料浆浓度和灰砂比条件下尾砂胶结材料试样三种孔隙类型的划分

图 3-8 是不同灰砂比尾砂胶结材料在料浆浓度为 65%条件下的核磁共振横向弛豫时间与分形维数的关系曲线。料浆浓度为 65%的尾砂胶结材料小孔、中孔和大孔分形维数，见表 3-4。由图 3-8 和表 3-4 可知，在料浆浓度为 65%的条件下，

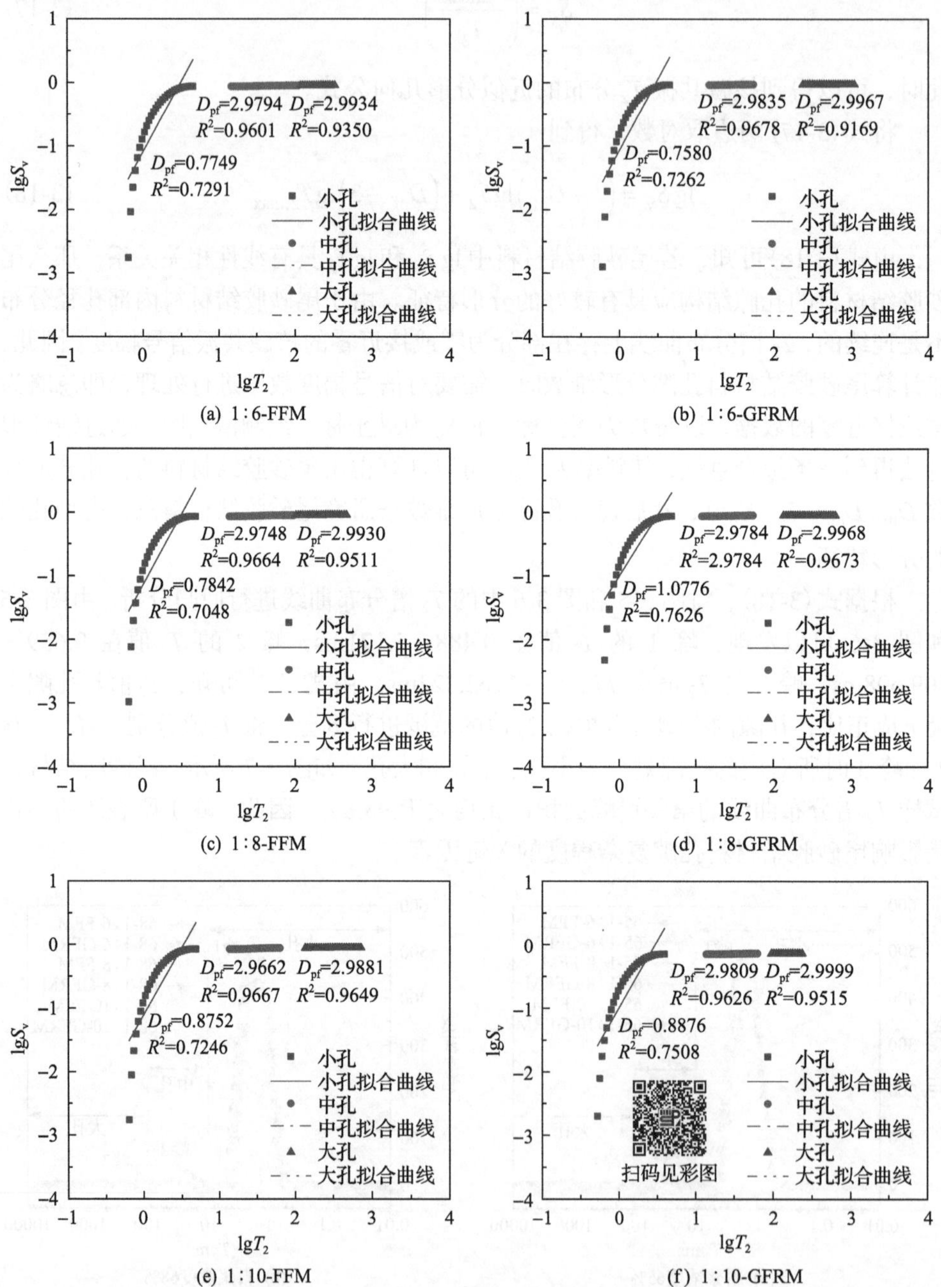

图 3-8 料浆浓度为 65%的尾砂胶结材料试样核磁共振横向弛豫时间与分形维数的关系曲线

表 3-4　料浆浓度为 65%的尾砂胶结材料试样小孔、中孔和大孔的分形维数

试样	灰砂比	小孔			中孔			大孔		
		K_{pf}	D_{pf}	R^2	K_{pf}	D_{pf}	R^2	K_{pf}	D_{pf}	R^2
FFM	1∶6	2.2251	0.7749	0.7291	0.0206	2.9794	0.9601	0.0066	2.9934	0.9350
	1∶8	2.2158	0.7842	0.7048	0.0252	2.9748	0.9664	0.0070	2.9930	0.9511
	1∶10	2.1248	0.8752	0.7246	0.0338	2.9662	0.9667	0.0119	2.9881	0.9649
GFRM	1∶6	2.2420	0.7580	0.7262	0.0165	2.9835	0.9678	0.0033	2.9967	0.9169
	1∶8	1.9224	1.0776	0.7626	0.0216	2.9784	0.9724	0.0032	2.9968	0.9673
	1∶10	2.1124	0.8876	0.7508	0.0191	2.9809	0.9626	0.0001	2.9999	0.9515

随着灰砂比的降低，FFM 试样小孔分形维数总体上呈上升的变化趋势。当灰砂比从 1∶6 分别降至 1∶8 和 1∶10 时，FFM 试样小孔分形维数从 0.7749 分别增大至 0.7842 和 0.8752，分别增加了 1.2%和 12.9%，这一结果说明灰砂比对 FFM 试样内部小孔的孔隙复杂性有一定的影响，且小孔的结构复杂性较低。随着灰砂比的降低，FFM 试样中孔和大孔的分形维数在 2.96～3.00 范围内变化，变化程度较低，这一结果说明灰砂比对 FFM 试样内部中孔和大孔的孔隙复杂性影响不明显，且中孔和大孔的结构复杂性较高。FFM 试样小孔分形维数的相关系数 R^2 大于 0.70，中孔和大孔分形维数的相关系数 R^2 均大于 0.93，这一结果表明 FFM 试样内部小孔的孔径分布分形特征较差，大孔和中孔的孔径分布都存在较好的分形特征。

另外，GFRM 试样小孔分形维数的变化规律与 FFM 试样有所不同，即 GFRM 试样小孔分形维数随着灰砂比的降低总体上呈先增大后减小的趋势。当灰砂比从 1∶6 分别降至 1∶8 和 1∶10 时，GFRM 试样小孔分形维数分别增加了 42.2%和 17.1%，这一结果说明 GFRM 试样小孔分形维数与灰砂比的相关性较大。GFRM 试样小孔分形维数的相关系数 R^2 大于 0.72，大孔和中孔分形维数的相关系数 R^2 均大于 0.91，这一结果表明 GFRM 试样大孔和中孔的孔径分布均存在较好的分形特征。GFRM 试样中孔和大孔的结构复杂性较高，中孔和大孔的分形维数与灰砂比的相关性较小。在同一灰砂比条件下，GFRM 试样三种孔隙的分形维数值总体上普遍大于 FFM 试样，这是因为 GFRM 试样内部孔隙结构更为复杂，大颗粒纤维与细颗粒尾砂之间的填充率较低，导致 GFRM 试样孔隙复杂性更高。

图 3-9 为不同灰砂比尾砂胶结材料在料浆浓度为 68%条件下的核磁共振横向弛豫时间与分形维数的关系曲线。料浆浓度为 68%的尾砂胶结材料小孔、中孔和大孔分形维数，见表 3-5。由图 3-9 和表 3-5 可知，在料浆浓度为 68%的条件下，FFM 试样小孔分形维数分布在 0.77～0.90，并且随着灰砂比的降低总体上呈先减小后增大的趋势。当灰砂比从 1∶6 分别降至 1∶8 和 1∶10 时，FFM 试样小孔分

形维数从 0.8925 分别降至 0.7707 和 0.8741，分别降低了 13.6%和 2.1%，这一现象说明灰砂比对 FFM 试样小孔的孔隙复杂性有一定的影响，且小孔结构复杂性较低。FFM 试样中孔分形维数和大孔分形维数在料浆浓度为 68%条件下的变化趋势

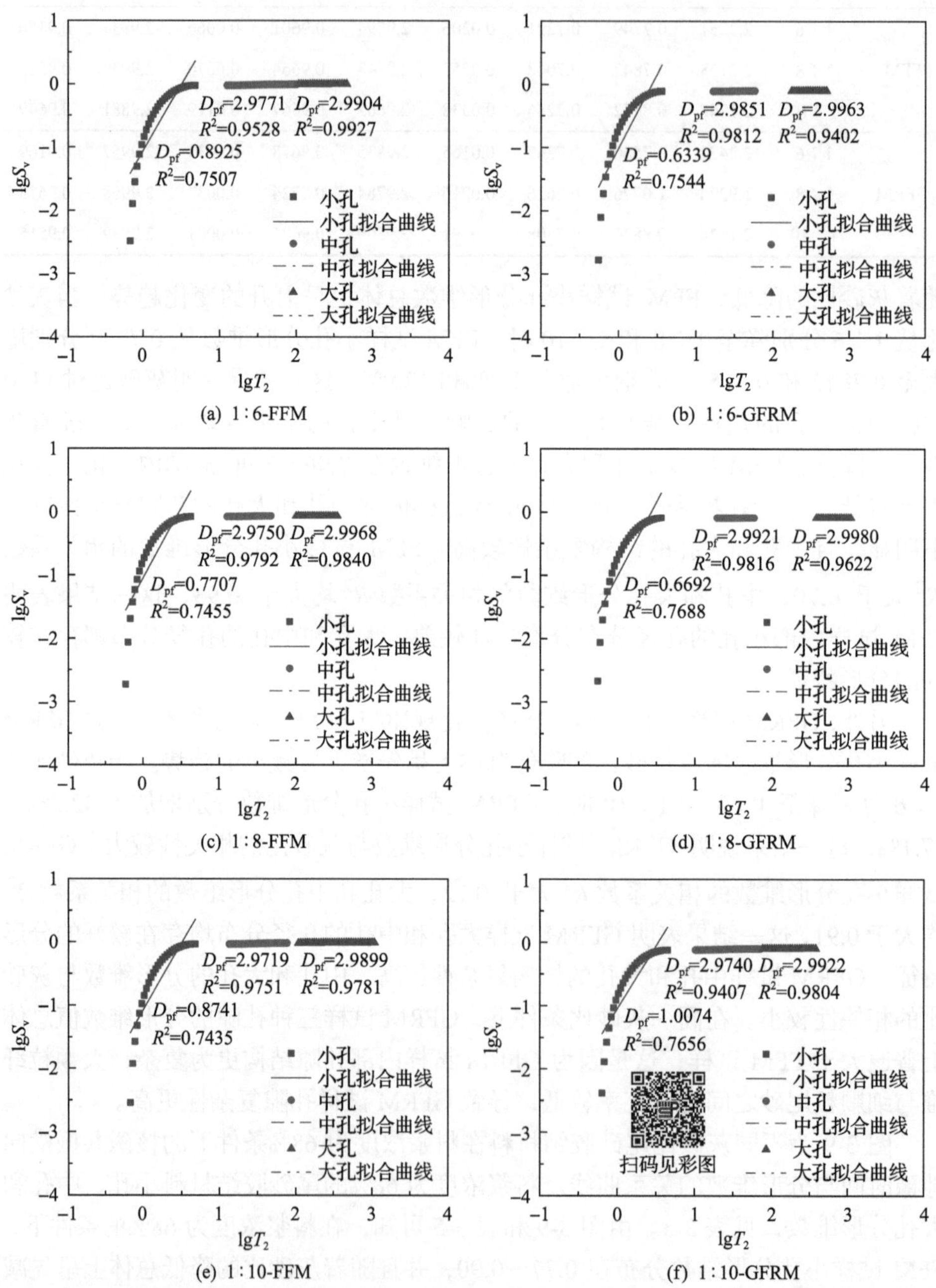

图 3-9　料浆浓度为 68%的尾砂胶结材料试样核磁共振横向弛豫时间与分形维数的关系曲线

表 3-5 料浆浓度为 68%的尾砂胶结材料试样小孔、中孔和大孔的分形维数

试样	灰砂比	小孔			中孔			大孔		
		K_{pf}	D_{pf}	R^2	K_{pf}	D_{pf}	R^2	K_{pf}	D_{pf}	R^2
FFM	1∶6	2.1075	0.8925	0.7507	0.0229	2.9771	0.9528	0.0096	2.9904	0.9927
	1∶8	2.2293	0.7707	0.7455	0.0250	2.9750	0.9792	0.0032	2.9968	0.9840
	1∶10	2.1259	0.8741	0.7435	0.0281	2.9719	0.9751	0.0101	2.9899	0.9781
GFRM	1∶6	2.3661	0.6339	0.7544	0.0149	2.9851	0.9812	0.0037	2.9963	0.9402
	1∶8	2.3308	0.6692	0.7688	0.0079	2.9921	0.9816	0.0020	2.9980	0.9622
	1∶10	1.9926	1.0074	0.7656	0.0260	2.9740	0.9407	0.0078	2.9922	0.9804

与在料浆浓度为 65%条件下的变化趋势相似，即中孔分形维数和大孔分形维数均分布在 2.97～3.00，且中孔分形维数和大孔分形维数随着灰砂比的降低没有明显变化，变化程度较低。此外，FFM 试样小孔分形维数的相关系数 R^2 大于 0.74，中孔和大孔分形维数的相关系数 R^2 均大于 0.95，这一结果表明 FFM 试样小孔的孔径分布分形特征较差，大孔和中孔的孔径分布都存在较好的分形特征。

另外，GFRM 试样的小孔分形维数变化规律与 FFM 试样有所不同，即 GFRM 试样小孔分形维数随着灰砂比的降低总体上呈增大的趋势。当灰砂比从 1∶6 分别降至 1∶8 和 1∶10 时，GFRM 试样小孔分形维数值从 0.6339 分别增大至 0.6692 和 1.0074，分别增加了 5.6%和 58.9%，这一现象说明 GFRM 试样小孔分形维数与灰砂比呈负相关，且小孔的结构复杂性较低。GFRM 试样小孔分形维数的相关系数 R^2 大于 0.75，大孔和中孔分形维数的相关系数 R^2 均大于 0.94，这一现象表明 GFRM 试样小孔的孔径分布分形特征较差，大孔和中孔的孔径分布均存在较好的分形特征。GFRM 试样中孔和大孔的分形维数均分布在 2.97～3.00，并且中孔和大孔的结构复杂性较高。当灰砂比从 1∶6 分别降至 1∶8 和 1∶10 时，GFRM 试样中孔和大孔分形维数的变化程度可以忽略不计。GFRM 试样的小孔分形维数总体上小于 FFM 试样，但中孔和大孔隙分形维数总体上略高于 FFM 试样。

由上述分析可知，FFM 和 GFRM 试样内部微观孔隙结构中孔隙孔径分布总体上都具有较好的分形特征，FFM 和 GFRM 试样小孔分形维数与灰砂比和料浆浓度具有明显的相关性，但中孔和大孔分形维数与灰砂比和料浆浓度的相关性不明显。在料浆浓度为 65%的条件下，FFM 试样小孔分形维数与灰砂比呈负相关，中孔和大孔分形维数与灰砂比均呈正相关但变化程度不明显；GFRM 试样小孔、中孔和大孔分形维数与灰砂比主要呈非线性相关，但中孔和大孔分形维数的变化程度较低。在料浆浓度为 68%的条件下，FFM 试样小孔和大孔分形维数与灰砂比均呈非线性相关，中孔分形维数与灰砂比呈正相关，但中孔和大孔分形维数的变化程度低；GFRM 试样小孔分形维数与灰砂比呈负相关，中孔和大孔分形维数与灰砂比均呈非线性相关但变化程度低。FFM 和 GFRM 试样小孔结构复杂性较低，中孔和大孔的结构复杂性较高。因此，尾砂胶结材料孔隙分形维数可作为描述尾砂胶结材料微观孔隙结构复杂程度的定量表达，还可以间接地反映出孔隙结构特征与配比条件之间的相关性。

参考文献

[1] Danish A, Mosaberpanah M, Salim M, et al. Reusing marble and granite dust as cement replacement in cementitious composites: a review on sustainability benefits and critical challenges[J]. Journal of Building Engineering, 2021, 44: 102600.

[2] 安明喆, 刘亚州, 张戈, 等. 再水化作用对超高性能混凝土基体显微结构和水稳定性的影响[J]. 硅酸盐学报, 2020, 48(11): 1722-1731.

[3] 刘军, 徐长伟. 低温混凝土的水化性能[M]. 北京: 中国建筑出版社, 2018.

[4] 赵国藩, 仲伟秋. 高性能材料在结构工程中发展与应用[J]. 大连理工大学学报, 2003(3): 257-261.

[5] Klausen A, Kanstad T, Bjøntegaard Ø, et al. The effect of curing temperature on autogenous deformation of fly ash concretes[J]. Cement and Concrete Composites, 2020, 109: 103574.

[6] Demirbas A. Optimizing the physical and technological properties of cement additives in concrete mixtures[J]. Cement and Concrete Research, 1996, 26(11): 1737-1744.

[7] Behera S, Ghosh C, Mishra D, et al. Strength development and microstructural investigation of lead-zinc mill tailings based paste backfill with fly ash as alternative binder[J]. Cement and Concrete Composites, 2020, 109: 103553.

[8] Zou C, Long G, Xie Y, et al. Evolution of multi-scale pore structure of concrete during steam-curing process[J]. Microporous and Mesoporous Materials, 2019, 288: 109566.

[9] 崔孝炜, 倪文, 任超. 钢渣矿渣基全固废胶凝材料的水化反应机理[J]. 材料研究学报, 2017, 31(9): 687-694.

[10] 张爱卿, 吴爱祥, 王贻明, 等. 分段胶结充填法非胶结充填体顶水高度的力学模型[J]. 中国有色金属学报, 2021, 31(6): 1686-1693.

[11] 邓代强, 高永涛, 吴顺川, 等. 水泥尾砂充填体劈裂拉伸破坏的能量耗散特征[J]. 北京科技大学学报, 2009, 31(2): 144-148.

[12] Li B L, Lan J Q, Si G Y, et al. NMR-based damage characterisation of backfill material in host rock under dynamic loading[J]. International Journal of Mining Science and Technology, 2020, 30(3): 329-335.

[13] 王琨, 周航宇, 赖杰, 等. 核磁共振技术在岩石物理与孔隙结构表征中的应用[J]. 仪器仪表学报, 2020, 41(2): 101-114.

[14] Hu J, Ren Q, Yang D, et al. Cross-scale characteristics of backfill material using NMR and fractal theory[J]. Transactions of Nonferrous Metals Society of China, 2020, 30(5): 1347-1363.

[15] Xu F, Wang S, Li T, et al. Mechanical properties and pore structure of recycled aggregate concrete made with iron ore tailings and polypropylene fibers[J]. Journal of Building Engineering, 2021, 33: 101572.

[16] Lai J, Wang G, Fan Z, et al. Fractal analysis of tight shaly sandstones using nuclear magnetic resonance measurements[J]. AAPG Bulletin, 2018, 102(2): 175-193.

[17] 曹帅, 薛改利, 宋卫东. 组合胶结充填体力学特性试验与应用研究[J]. 采矿与安全工程学报, 2019, 36(3): 601-608.

[18] 朱胜唐. 钽铌矿尾砂胶结充填体声发射特性及其损伤演化研究[D]. 赣州: 江西理工大学, 2019.

[19] 付建新, 杜翠凤, 宋卫东. 全尾砂胶结充填体的强度敏感性及破坏机制[J]. 北京科技大学学报, 2014, 36(9):

1149-1157.

[20] 肖强强，刘荣忠，冯成良，等. 聚能射流侵彻土壤/混凝土复合目标理论研究[J]. 振动与冲击，2016，277(17)：102-106.

[21] 田瀚，王贵文，王克文，等. 碳酸盐岩储层孔隙结构对电阻率的影响研究[J]. 地球物理学报，2020，63(11)：4232-4243.

[22] 李克钢，杨宝威，秦庆词. 基于核磁共振技术的白云岩卸荷损伤与渗透特性试验研究[J]. 岩石力学与工程学报, 2019, 38(S2): 3493-3502.

4 尾砂胶结材料细观破坏机理及声发射特性

声发射(acoustic emission，AE)是尾砂胶结材料、岩石等材料在受力变形或材料破裂过程中以弹性波形式向外部释放应变能的伴随现象[1,2]，是材料内部裂隙动态演化的声信号表达形式，能够准确、实时地反映材料内部裂隙扩展。国内外研究表明：尾砂胶结材料的破坏是由遍布材料内部与所施加压力平行的拉伸裂隙扩展所造成的。在不同变量条件下(如加载方式、水化条件和组成成分等)，尾砂胶结材料内部裂隙演化规律和破坏形式存在不同程度的差别，如 Xu 等[3]通过三轴压缩试验发现尾砂胶结材料在低围压下以剪切滑移为主，随着围压增大逐渐转化为鼓胀破坏，而在赵康等的一系列单轴压缩试验研究[4-6]中，则指出尾砂胶结材料单轴压缩破坏以张拉破坏为主。冯波等[7]研究了不同粉煤灰掺量条件下尾砂胶结材料破坏机理，认为粉煤灰的掺入影响了钙矾石等水化产物的产量，破坏了尾砂胶结材料整体性和均匀性，这在一定程度上干扰了尾砂胶结材料裂隙扩展倾向。Jiang 等[8]进行了不同固化温度和龄期条件下的尾砂胶结材料力学性能研究，研究表明温度和龄期影响了水化产物和尾砂胶结材料内部胶结性能，随着温度提升，尾砂胶结材料破坏形式由 X 共轭剪切破坏转变为拉伸破坏，随着龄期延长，尾砂胶结材料的抗剪性能得到了优化。

不同变量下的尾砂胶结材料破坏机理存在区别，通过声发射技术能够客观反映尾砂胶结材料细观裂隙扩展的动态规律，进而在诸多的破坏机理个性中总结出声发射共性，将此声发射共性作为尾砂胶结材料广义的细观裂隙扩展规律。学界上对包括尾砂胶结材料在内的水泥基材料总结出了一套声发射系统理论，但是对 FRCC 方面的声发射研究却较为少见，甚至对纤维增强尾砂胶结材料方面的声发射研究处于空白。由本书第 2 章研究发现：掺入聚丙烯腈纤维能够改变、优化尾砂胶结材料的初始微观结构，而在荷载作用下尾砂胶结材料裂隙扩展规律与尾砂胶结材料初始微观结构密切相关，这足以说明普通无纤维的尾砂胶结材料的声发射理论并不完全适用于纤维增强尾砂胶结材料；此外，纤维增强尾砂胶结材料的裂隙演化与无纤维尾砂胶结材料存在显著的区别，为此有必要深入研究纤维对尾砂胶结材料细观裂隙扩展规律的影响。

基于上述研究背景，本章通过声发射技术研究无纤维尾砂胶结材料和纤维增强尾砂胶结材料的细观破坏机理，分析讨论聚丙烯腈纤维和玻璃纤维对尾砂胶结材料在轴向荷载作用下裂隙扩展演化的影响机制。

4.1 纤维增强尾砂胶结材料声发射试验

4.1.1 声发射设备

单轴压缩声发射监测试验主要由单轴压缩系统和声发射监测系统组成。其中单轴压缩系统所用的设备见图 4-1；声发射监测系统采用的仪器是美国 PAC 公司生产的型号为 Micro-Ⅱ Express 8 的声发射数字系统，传感器采用谐振式高灵敏度传感器(图 4-2)，该系统能够准确、实时地记录多种声发射特征参数。其中声发射监测系统的相关参数见表 4-1(单轴压缩系统相关参数见第 2 章)。

图 4-1 微机控制电子万能试验机

图 4-2 谐振式高灵敏度传感器

表 4-1 声发射监测系统参数设置

门槛设置	滤波器上限	滤波器下限	采样率	采样长度
40dB	20kHz	100kHz	1MSPS	1KB

4.1.2 声发射程序

试验开始前对单轴压缩设备进行预热工作，保证每个试样加载稳定，应力-应变数据采集准确；设置好相关参数，连接加载系统和声发射系统(图 4-3)；传感器的布置方位如图 4-3 所示，将传感器在试样对立面反对称布置，并通过胶带将传感器固定在尾砂胶结材料试样表面；为了降低声阻抗差、减少因表面摩擦带来的声发射信号误差，在传感器与试样结合处均匀涂抹专用耦合剂，使传感器与试样表面良好耦合。打开加载设备开关，并同步进行声发射信号采集，保证采集的声发射数据能实时、同步反映试样不同破坏阶段的内部裂隙演化特征。

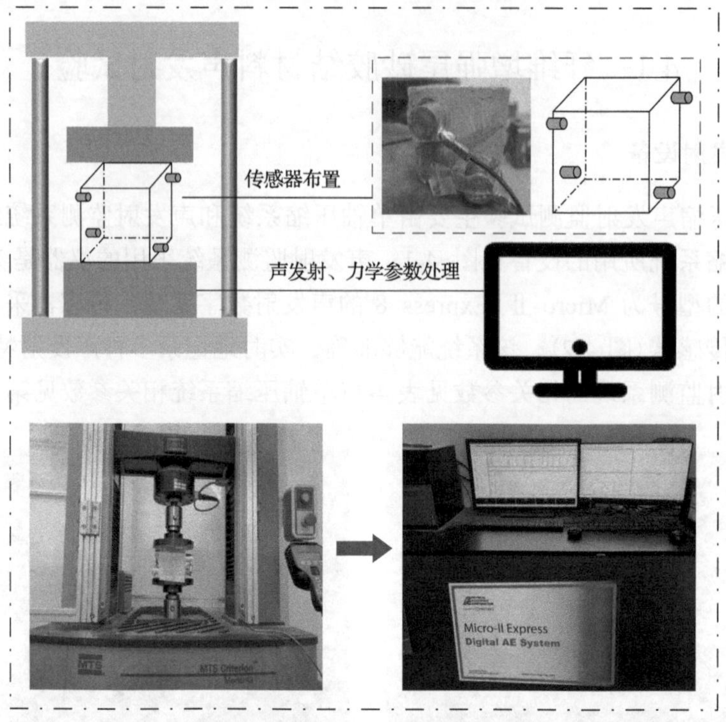

图 4-3　试验设备连接

4.2　声发射参数选取

声发射是材料内部局域源快速释放能量产生瞬态弹性波的现象，其信号特点是单个事件的持续时间较短，在 0.01～100μs。一个声发射脉冲激发传感器，使之产生阻尼振荡波形(图 4-4)，而通过声发射波形中提取的一系列与波形相关的典型

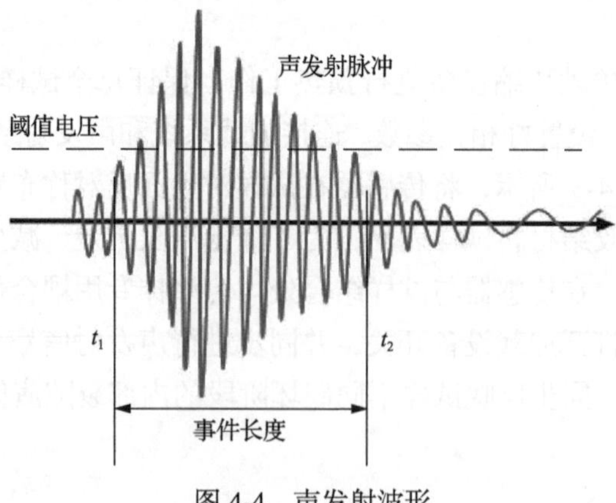

图 4-4　声发射波形

特征值为声发射特征参数。在声发射应用领域中，常用的特征参数主要有：振铃计数、声发射能量、声发射幅度和上升时间等，这些声发射特征参数可由图 4-5 表示。

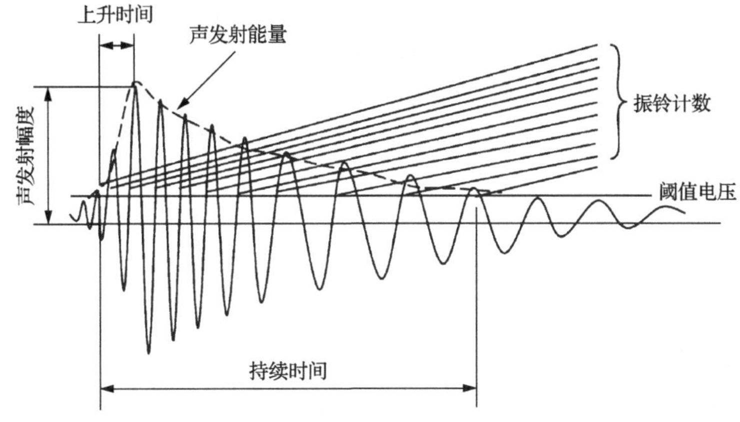

图 4-5　声发射特征参数示意

常用的声发射参数具体定义及其表征见表 4-2。

表 4-2　常用声发射参数具体定义及其表征

声发射参数	具体定义	表征
声发射事件（event）	由声发射脉冲激发传感器，使之振荡并产生阻尼波形，一个波形为一个声发射事件	从数量上表征材料内部裂隙、孔洞演化，材料局部每一次形变都将产生一次声发射事件
振铃计数（ringing count）	在单次试验中，声发射信号超过试验前所设定的声发射信号阈值的振铃脉冲次数	表征被测材料在试验中的声发射活跃程度，与设定的声发射信号阈值相关
声发射幅度（amplitude）	阻尼波形中质点的最大位移，其位移的绝对值与质点能量成正比，能够度量声发射事件所释放的能量	表征对应质点的声发射事件强度，能够评估波源的类型、衰减情况
声发射能量（energy）	在阻尼波形中声发射事件包络线下的面积为声发射能量	用于评估声发射事件的强度，然而相对于幅度而言，声发射能量更能表征突发型声发射信号，常用于水泥基材料监测
有效值电压（root-mean-square voltage，RMS）	可定义为 $\sqrt{\frac{1}{T}\int_0^T x^2(t)\mathrm{d}t}$；其中 T 为采样时间，$x(t)$ 为交变信号函数	用于表征连续性声发射信号或接近于稳态的信号

在上述声发射特征参数中，声发射振铃计数和声发射能量最常应用于水泥基材料破坏机理分析中，其中振铃计数是指在单次试验中声发射信号超过阈值的振铃脉冲次数，振铃计数的计算方法在一定程度上反映了声发射信号的幅度，它是声发射事件幅度的函数，同时也涉及了声发射信号的能量，因此对尾砂胶

结材料等水泥基材料的断裂和形变比较敏感；能量指的是声发射事件所包含的面积[9]，分为总能量和能量率两种，总能量指的是试验过程中声发射能量值，能量率则为单位时间内声发射能量。研究表明[10,11]：声发射振铃计数和声发射能量参数对材料内部裂隙扩展的敏感度高于其他特征参数，能够较好地反映水泥基材料的断裂特征和纤维材料对水泥基材料的增韧作用。为此，本节选用声发射振铃计数和声发射能量参数分析无纤维尾砂胶结材料试样和纤维增强尾砂胶结材料试样内部裂隙动态演化规律，以期建立纤维增强尾砂胶结材料的细观声发射破坏理论。

4.3 不同纤维作用下尾砂胶结材料的声发射特性

4.3.1 不同纤维增强尾砂胶结材料声发射特征

声发射振铃计数是单位时间内的振铃计数总和，与尾砂胶结材料内部裂纹演化具有较好的对应关系。因此，选用声发射振铃计数对尾砂胶结材料试样在单轴压缩条件下的声发射特性进行描述。单轴压缩条件下不同纤维增强尾砂胶结材料的应力和声发射振铃计数随时间的变化如图 4-6 所示。

根据图 4-6 不同纤维增强尾砂胶结材料的应力-振铃计数-时间关系，尾砂胶结材料在单轴压缩过程中几乎全过程都伴随着声发射事件的产生，即尾砂胶结材料的损伤伴随着尾砂胶结材料从开始到破坏的全过程。因此，声发射特征参数的变化可以表征尾砂胶结材料在单轴压缩过程中不同阶段的损伤程度。尾砂胶结材料在不同阶段的振铃计数见表 4-3。

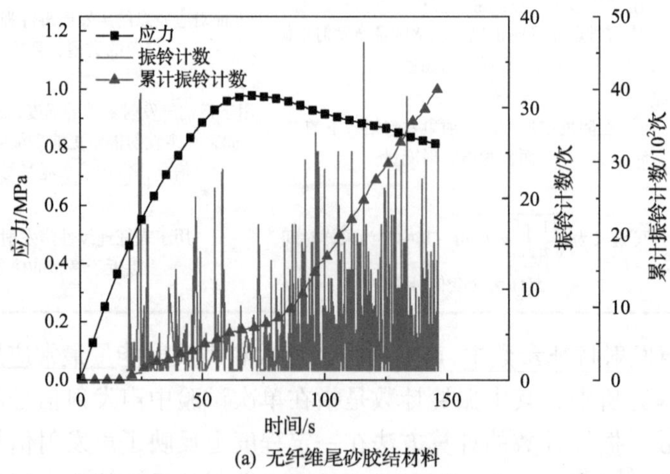

(a) 无纤维尾砂胶结材料

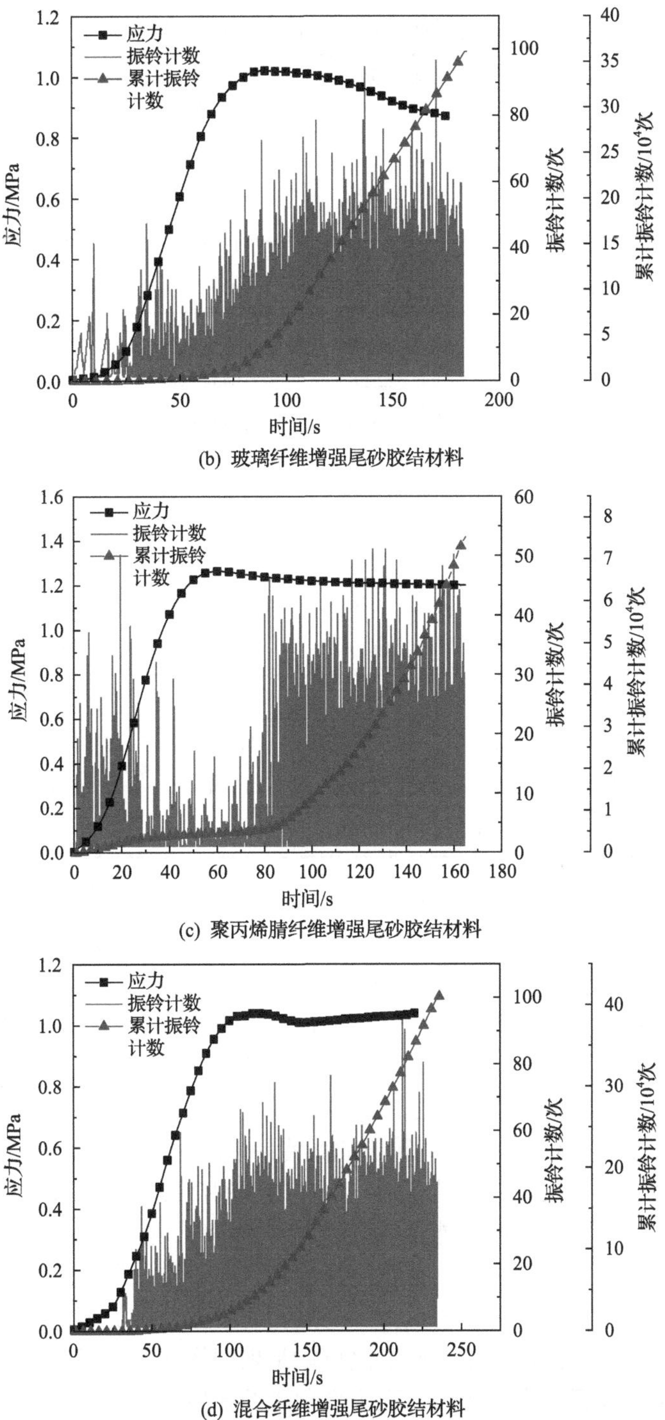

(b) 玻璃纤维增强尾砂胶结材料

(c) 聚丙烯腈纤维增强尾砂胶结材料

(d) 混合纤维增强尾砂胶结材料

图 4-6 尾砂胶结材料试样应力-振铃计数-时间关系图

表 4-3　尾砂胶结材料在不同阶段的振铃计数

试样类型	阶段	累计振铃计数/次	累计振铃计数百分比/%	累计总振铃计数/次	累计总振铃计数百分比/%	应力水平/%
FFM	初始压密阶段	0	0	0	0	16.36
	弹性变形阶段	311	7.62	311	7.62	74.04
	塑性变形阶段	1024	25.09	1335	32.71	100.00
	峰后破坏阶段	2746	67.29	4081	100	—
GFRM	初始压密阶段	599	0.16	599	0.16	14.54
	弹性变形阶段	7835	2.17	8434	2.32	87.88
	塑性变形阶段	148048	40.99	156482	43.32	100.00
	峰后破坏阶段	204705	56.68	361187	100	—
PFRM	初始压密阶段	1140	1.51	1140	1.51	11.45
	弹性变形阶段	2971	3.95	4111	5.46	90.45
	塑性变形阶段	5060	6.73	9171	12.19	100.00
	峰后破坏阶段	66054	87.81	75225	100	—
HFRM	初始压密阶段	0	0	0	0	7.72
	弹性变形阶段	12919	3.15	12919	3.15	87.26
	塑性变形阶段	91670	22.35	104589	25.50	100.00
	峰后破坏阶段	305490	74.50	410079	100	—

表 4-3 中的应力水平是指不同阶段结束时的应力值与峰值应力的比值，根据对比分析可知，尾砂胶结材料在初始压密阶段没有或只有零星的声发射事件产生，其累计振铃计数百分比均小于 2%，即其产生的声发射事件能量较低，这可能是纤维增强尾砂胶结材料试样和加载板之间的横向摩擦以及初始孔隙压密所引起的少量声发射活动，损伤程度较小；在弹性变形阶段，产生了较小能量的声发射事件，该阶段尾砂胶结材料试样内部产生微裂纹，其应力水平均大于 70%，但累计振铃计数百分比均小于 8%，这说明此阶段的振铃计数波动性较小；在塑性变形阶段，尾砂胶结材料表现出明显的塑性变形，试样内部的微裂隙和微裂纹汇聚、扩展。该阶段尾砂胶结材料试样产生能量较大的声发射事件，振铃计数波动性较大，尾砂胶结材料达到极限抗压强度。值得注意的是，在该阶段聚丙烯腈纤维增强尾砂胶结材料的累计振铃计数百分比仅为 6.73%，而其他纤维类型尾砂胶结材料试样的累计振铃计数百分比均大于 20%。这可能是聚丙烯腈纤维增强尾砂胶结材料在该阶段内部微裂纹开始有序扩展，而内部积累的弹性应变能还未来得及释放，所以其振铃计数相对其他类型尾砂胶结材料而言不太活跃；在峰后破坏阶段，尾砂

胶结材料振铃计数开始激增，其累计振铃计数百分比均大于 55%。这是因为试样中累积的大量弹性能迅速释放，尾砂胶结材料内部的裂缝演化加剧，大量的裂纹汇聚、贯通和扩展，直至试样最终破坏形成宏观主裂纹。值得注意的是，尾砂胶结材料在该阶段振铃计数激增的同时也出现了小高峰，这是因为尾砂胶结材料的强度不高，具有一定的可塑性，尾砂胶结材料破坏后宏观裂纹持续发展，承载力缓慢下降。

4.3.2　不同纤维增强尾砂胶结材料损伤变量与比能演化

不同纤维增强尾砂胶结材料在单轴压缩条件下的损伤程度与其能量特征关系密切，通过对不同纤维增强尾砂胶结材料在单轴压缩过程中的比能和损伤变量分析，得到尾砂胶结材料试样单轴压缩条件下比能和损伤变量关系曲线图，如图 4-7 所示。图 4-7 中 OA'、OA_1'、OA_2' 和 OA_3' 表示初始损伤阶段，$A'B'$、$A_1'B_1'$、$A_2'B_2'$ 和 $A_3'B_3'$ 表示损伤稳定发展阶段，$B'C'$、$B_1'C_1'$、$B_2'C_2'$ 和 $B_3'C_3'$ 表示损伤快速发展阶段，C'、C_1'、C_2' 和 C_3' 之后表示损伤破坏后阶段。

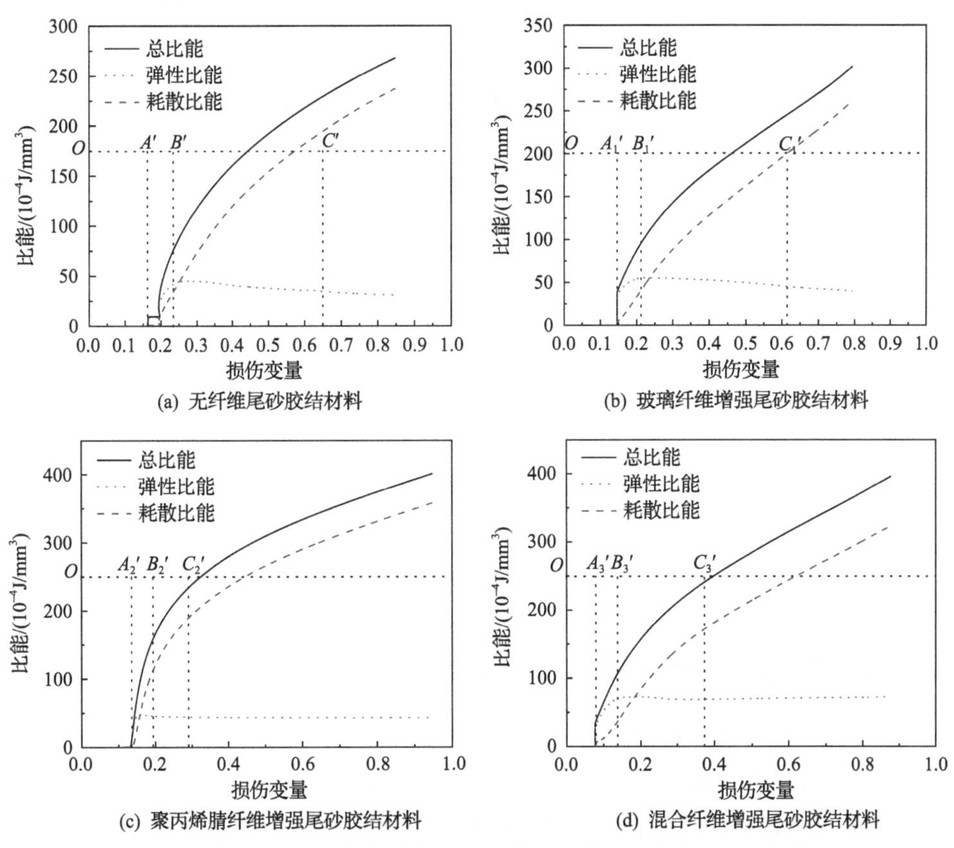

(a) 无纤维尾砂胶结材料　(b) 玻璃纤维增强尾砂胶结材料

(c) 聚丙烯腈纤维增强尾砂胶结材料　(d) 混合纤维增强尾砂胶结材料

图 4-7　尾砂胶结材料试样单轴压缩条件下比能和损伤变量关系曲线图

由图 4-7 可知，随着损伤变量的增大，尾砂胶结材料的总比能和耗散比能逐渐增大，而弹性比能先增大后减小并逐渐趋于稳定。由于尾砂胶结材料内部存在一定的初始损伤，所以从图 4-7 中可以明显看出在初始损伤阶段的某个点各比能直线上升；在损伤稳定发展阶段各比能均缓慢增长，值得注意的是在该阶段的一段时间内无纤维尾砂胶结材料的耗散比能几乎为零，能量主要以弹性能的形式储存于尾砂胶结材料内部；在损伤快速发展阶段，尾砂胶结材料达到屈服极限，不同纤维增强尾砂胶结材料的总比能和弹性比能均以一个逐渐增大的速率增加，而耗散比能以一个较小的速率逐渐减小；在损伤破坏后阶段，尾砂胶结材料发生宏观破坏，大部分的弹性能转化为耗散能，总比能和耗散比能以一个较大的速率猛增，而弹性比能逐渐下降并趋于稳定。

尾砂胶结材料在单轴压缩条件下的损伤特征与耗散比能密切相关，耗散的能量主要用于尾砂胶结材料裂纹的萌生、发展、汇集和贯通，所以尾砂胶结材料耗散比能越高，其内部损伤程度越大。通过曲线拟合，耗散比能 U_{rd} 和损伤变量 D_r 呈 S 型函数增长，尾砂胶结材料的耗散比能与损伤变量的拟合表达式见表 4-4。

表 4-4　尾砂胶结材料的耗散比能与损伤变量的拟合表达式

试样类型	拟合表达式	相关系数 R^2
FFM	$U_{rd}=0.02697+\dfrac{-0.04608-0.02697}{1+\exp[(D_r-0.02183)/0.28433]}$	0.9971
GFRM	$U_{rd}=0.04179+\dfrac{-1.5285-0.04179}{1+\exp[(D_r-2.34492)/0.69087]}$	0.9990
PFRM	$U_{rd}=0.033+\dfrac{-30.44232-0.033}{1+\exp[(D_r-1.17508)/0.19102]}$	0.9881
HFRM	$U_{rd}=0.04093+\dfrac{-2.06831-0.04093}{1+\exp[(D_r-2.08447)/0.55047]}$	0.9984

4.4　不同灰砂比聚丙烯腈纤维增强尾砂胶结材料声发射特性

4.4.1　聚丙烯腈纤维增强尾砂胶结材料声发射特征

通过 Origin 绘图软件将试样的应力-应变曲线与压缩过程中的声发射参数结合，能够实时分析不同破坏阶段尾砂胶结材料试样的声发射特征，图 4-8 为不同灰砂比的 FFM 试样应力-时间-声发射能量和声发射振铃计数关系图。

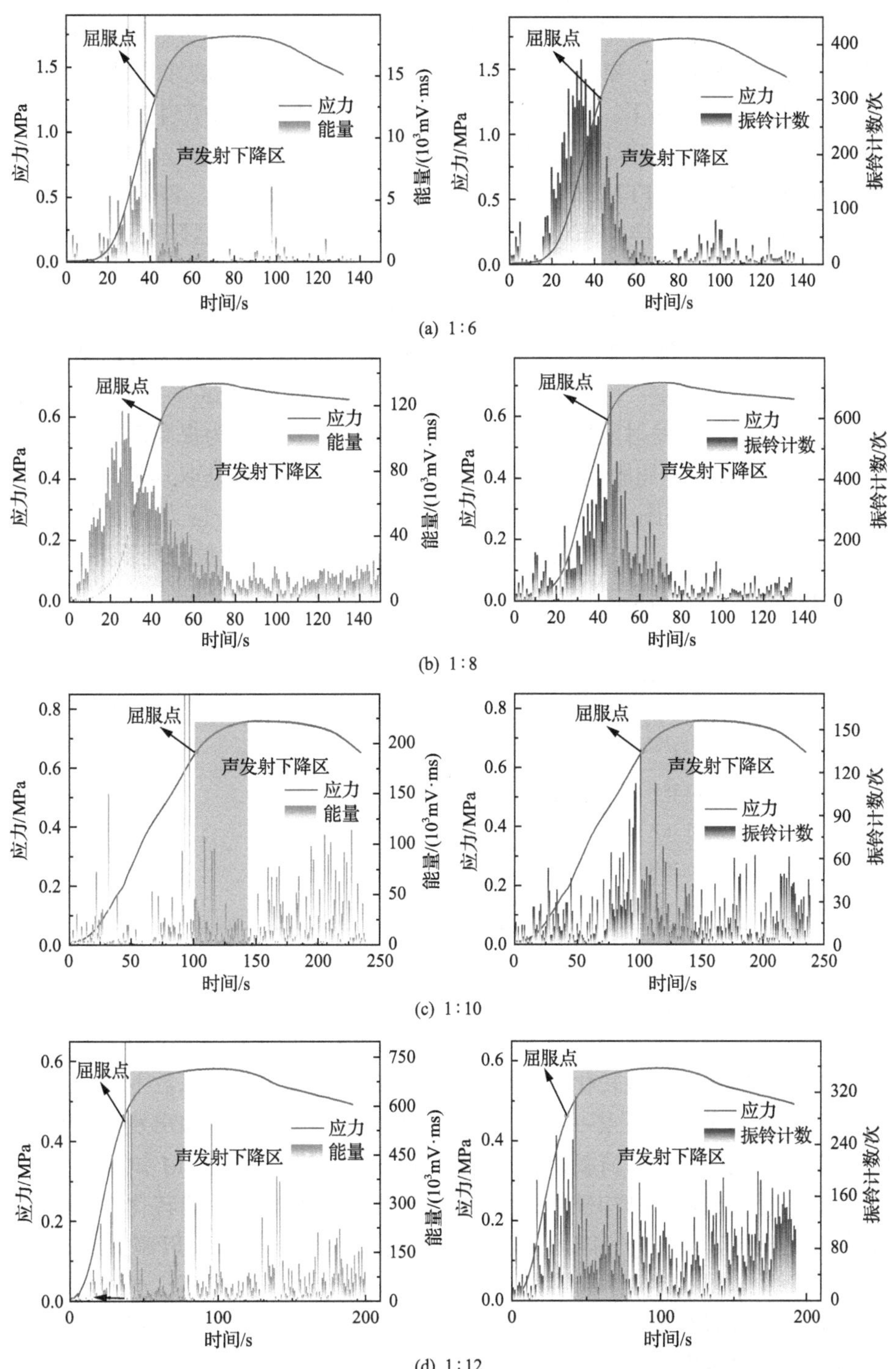

(a) 1∶6

(b) 1∶8

(c) 1∶10

(d) 1∶12

图 4-8 不同灰砂比的 FFM 试样应力-时间-声发射能量和声发射振铃计数关系图

本书第 2 章指出：尾砂胶结材料在单轴压缩条件下的破坏过程可以划分为四个阶段：初期压密阶段，弹性变形阶段，塑性变形阶段，峰后破坏阶段。如图 4-8 所示，在早期荷载作用下，尾砂胶结材料在水化和硬化过程中产生的内部原生孔隙和裂隙逐渐闭合，发生了一定程度的声发射事件，在此阶段声发射振铃计数和声发射能量小幅上升，FFM 试样处于压缩阶段。随着荷载提升，FFM 内部孔隙闭合与演化逐渐减少，试样内部局部位置的弱界面出现开裂，并且随着荷载的增加，开裂事件也逐渐增加，声发射活动趋于大规模化；其中，声发射振铃计数和声发射能量均呈现显著上升的趋势。当尾砂胶结材料试样所承受的应力达到其屈服点后，材料内部裂隙扩展处于不稳定状态，FFM 试样局部范围的微裂隙联结形成宏观裂隙的事件时有发生。由图 4-8 可见，不同灰砂比的 FFM 试样在屈服点之后，声发射振铃计数和声发射能量均出现了骤降现象，见表 4-5(为提高声发射参数演化规律的准确性，选择屈服点及峰值点前后 10 个声发射参数并取其平均值作为观察基点数据)。其中在图 4-8 选取的灰色范围内(应力屈服点—应力峰值点区间)，灰砂比为 1∶6、1∶8、1∶10 和 1∶12 的 FFM 试样声发射能量分别下降了 88%、70%、71%和 75%；声发射振铃计数分别下降了 95%、79%、54%和 63%。

表 4-5　FFM 试样部分声发射参数数据

灰砂比	声发射能量/(mV · ms)		声发射振铃计数/次	
	应力屈服点	应力峰值点	应力屈服点	应力峰值点
1∶6	10.75×10^3	1.25×10^3	304	15
1∶8	60.38×10^3	18.20×10^3	550	116
1∶10	80.26×10^3	23.33×10^3	59	27
1∶12	126.36×10^3	32.19×10^3	163	61

备注：FFM 和 PFRM 试样的应力屈服点及应力峰值点的选取由微机控制电子万能试验机(MTS)系统确定。

从声发射定义而言，每个裂隙开裂、闭合和扩展等演化行为都可视为一次声发射事件。当 FFM 试样内部大量的微裂隙联结成一个或若干个主要的宏观裂隙时，意味着多数裂隙扩展转化为少数裂隙扩展，即声发射事件基数下降的过程，数据上表现为在应力屈服点—应力峰值点区间内，声发射能量和声发射振铃计数显著下降。当施加的轴向荷载达到 FFM 试样的应力峰值后，FFM 试样的主破裂带便形成，材料出现了结构破坏；此后试验机施加的机械能主要转化为主破裂带演化做功，试样其余部分裂隙演化较少。因此，在应力峰值后，FFM 试样的声发射能量和声发射振铃计数保持在相对低的水平；在破坏阶段后期，声发射能量和声发射振铃计数偶有波动，原因可能是主破裂带两侧断裂面错位滑移、尾砂颗粒摩擦导致声发射事件。

在实际地下矿山中，普通尾砂胶结材料不管是作为采空区的支护结构，还是用于矿石回采的人工矿柱，它的主要受力条件就是轴向压缩，而上述尾砂胶结材料声发射规律则作为矿山尾砂胶结材料的破坏前兆，为矿山安全开采及评估采空区稳定性提供理论支持。

FFM 试样在荷载作用下产生的声发射事件主要是材料内部裂隙演化和水泥尾砂开裂因素叠加所导致的，而添加了聚丙烯腈纤维的 PFRM 试样则更为复杂。一方面，聚丙烯腈纤维作为增强相，优化了 PFRM 试样的力学性能；另一方面，聚丙烯腈纤维的掺入使得 PFRM 试样的声发射机理复杂化，在材料内部裂隙演化和水泥尾砂开裂因素的基础上，添加了纤维从材料基体中拔出的因素，以及纤维和尾砂颗粒相互作用的因素，在这些因素的单一作用或叠加作用下，导致了 PFRM 试样的声发射特征与 FFM 试样存在显著的区别(图 4-9)。

如图 4-9 所示，不同灰砂比的 PFRM 试样在应力峰值点前，无论是声发射能量还是声发射振铃计数均处于较低水平。一方面如第 3 章所述，聚丙烯腈纤维优化了尾砂胶结材料初始微观结构，降低了初始裂隙和孔隙的数量，提升了尾砂胶结材料的强度和弹性模量，因此 PFRM 试样在早期荷载作用下裂隙、孔隙演化事件较少，声发射活跃程度较低；另一方面，聚丙烯腈纤维通过将 PFRM 试样的断裂能转化为聚丙烯腈纤维的应变能，限制了尾砂胶结材料裂隙的扩展，而在断裂能转化为应变能的过程中不存在弹性应力波的释放，即不发生声发射事件。由上

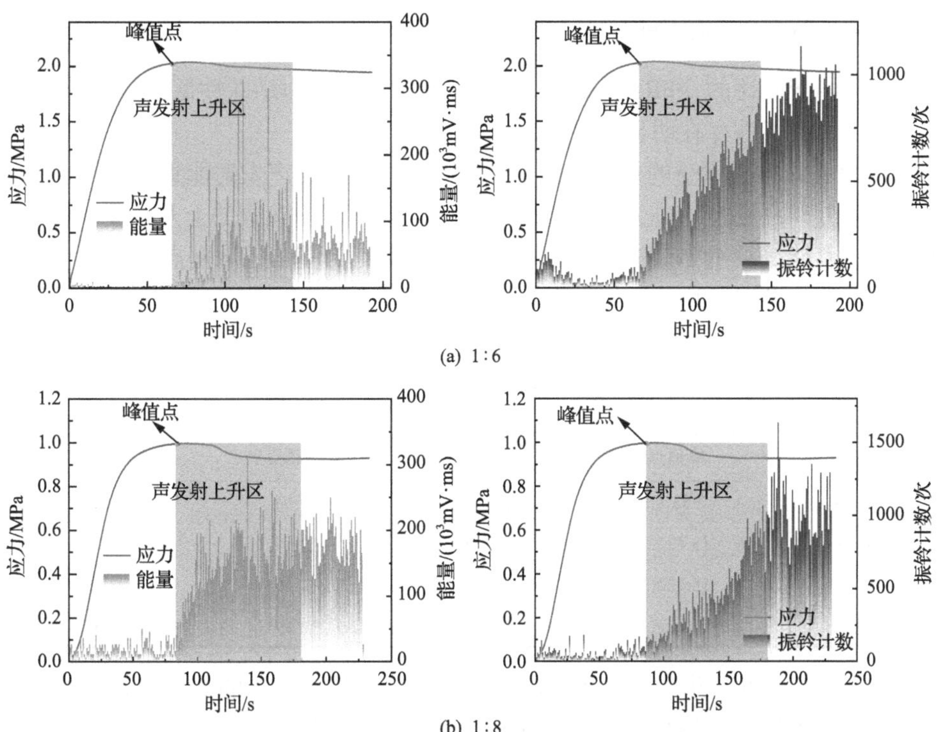

(a) 1∶6

(b) 1∶8

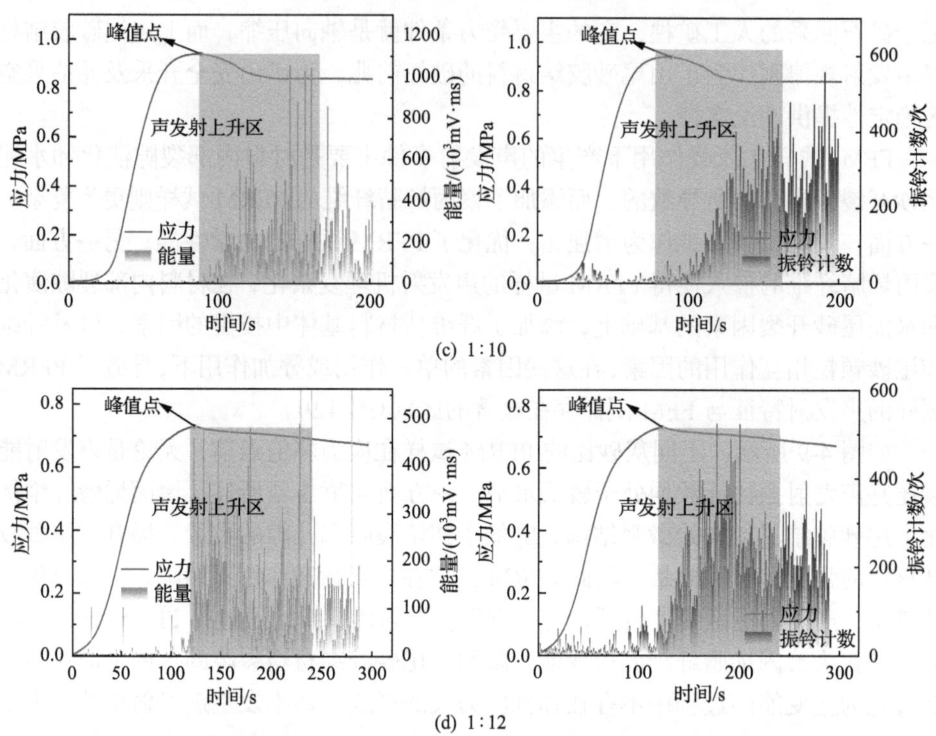

图 4-9 不同灰砂比的 PFRM 试样应力-时间-声发射能量和声发射振铃计数关系图

所述，不同灰砂比的 PFRM 试样在应力峰值前，声发射活跃性低下。这与 FFM 试样的声发射特性存在明显的差异。

当 PFRM 试样承受的外部荷载达到其应力峰值后，声发射能量和声发射振铃计数显著上升，见表 4-6[为合理表征 PFRM 试样声发射参数的上升幅度，以微机控制电子万能试验机(MTS)系统选取的应力峰值点为基点，取基点前后各 100 个声发射参数，各取平均值进行计算]。

表 4-6 PFRM 试样部分声发射参数数据

灰砂比	声发射能量/(mV·ms)		声发射振铃计数/次	
	峰值点前	峰值点后	峰值点前	峰值点后
1∶6	2.83×10^3	25.22×10^3	84	239
1∶8	13.77×10^3	70.19×10^3	79	227
1∶10	15.12×10^3	92.37×10^3	19	63
1∶12	15.76×10^3	183.06×10^3	54	93

由表 4-6 可见，灰砂比为 1∶6、1∶8、1∶10 和 1∶12 的 PFRM 试样在应力峰值前后，声发射能量分别上升了 89%、80%、84%和 91%；声发射振铃计数分

别上升了 65%、65%、70%和 42%。当 PFRM 试样承受的外部荷载达到其应力峰值后，前期积累在尾砂胶结材料内部纤维的应变能趋于饱和，聚丙烯腈纤维的阻裂机制逐渐减弱，PFRM 内部裂隙演化程度加深，致使 PFRM 试样在应力峰值后声发射活跃性剧烈；此外，由第 2 章分析可知，此时聚丙烯腈纤维的拔出效应处于滑移阶段，纤维拔出过程中的摩擦效应以及部分纤维断裂事件，一定程度上加大了试样声发射水平。因此在上述因素作用下，PFRM 试样在应力峰值后，声发射能量和声发射振铃计数呈现激增现象，该规律可用于评估 PFRM 材料的裂隙演化进程，还可用于 PFRM 的声发射破坏前兆预测。

4.4.2　灰砂比对尾砂胶结材料声发射特性的影响

尾砂胶结材料主要由水、胶结材料和尾砂组成，其中水的含量影响了尾砂胶结材料浆体的浓度(质量分数)，而胶结材料和尾砂的含量占比则是尾砂胶结材料的灰砂比。许多文献分析了灰砂比对尾砂胶结材料力学性能的影响[4,12,13]，这些研究指出灰砂比是影响尾砂胶结材料力学性能的关键因素，灰砂比越小的尾砂胶结材料，内部胶结能力越弱，抗压强度和抗拉强度越低。同时，笔者在 2021 年的研究[14]也发现：不同灰砂比的尾砂胶结材料试样，其声发射特性存在一定的差异。如图 4-10 所示，随着灰砂比下降，FFM 试样应力屈服点和应力峰值点的声发射能量呈递增趋势；在灰砂比由 1∶6 下降为 1∶12 的过程中，应力屈服点的声发射能量由 10.75×10^3mV·ms 上升至 126.36×10^3mV·ms，应力峰值点的声发射能量则由 1.25×10^3mV·ms 上升至 32.19×10^3mV·ms。

PFRM 试样的声发射能量也呈现出相似的规律，试样应力峰值点前和应力峰值点后的声发射能量随着灰砂比下降而上升，如图 4-11 所示，在灰砂比由 1∶6 下降为 1∶12 的过程中，PFRM 试样应力峰值点前声发射能量由 2.83×10^3mV·ms 上升至 15.76×10^3mV·ms；应力峰值点后的声发射能量由 25.22×10^3mV·ms 上升至 183.06×10^3mV·ms。

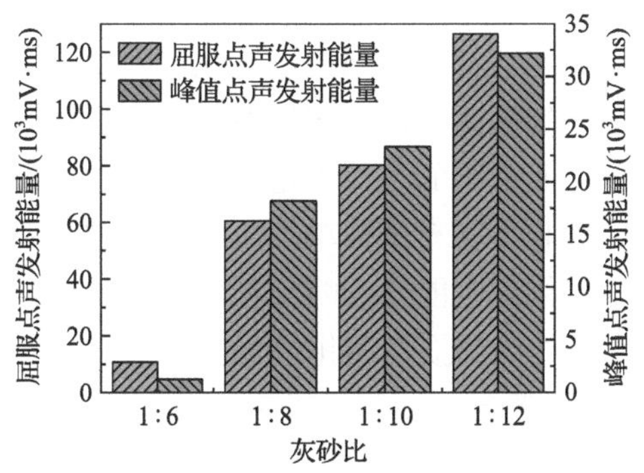

图 4-10　FFM 试样声发射能量对比

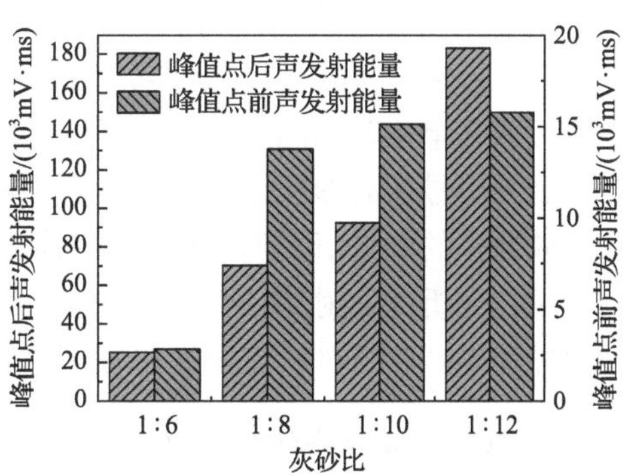

图 4-11　PFRM 试样声发射能量对比

之所以呈现出上述规律主要与尾砂胶结材料试样内部尾砂占比有关，当 FFM 试样和 PFRM 试样的灰砂比为 1∶6 时，试样内部尾砂含量相对较低，在外部荷载作用下水泥-尾砂开裂事件少，声发射程度不高，表现为声发射能量相对较小；另外，灰砂比 1∶6 的试样，水泥含量较高，材料胶结能力强，裂隙扩展相对稳定有序，因此声发射事件数量也相对较少。当 FFM 试样和 PFRM 试样的灰砂比为 1∶12 时，尾砂占比大幅提升，在外部荷载作用下，发生了大规模的水泥-尾砂开裂事件和尾砂颗粒错位摩擦，使得声发射活跃程度保持在相对较高的水平，因此灰砂比为 1∶12 的试样，其声发射能量相对较高。

需要注意的是：不同于声发射能量，声发射振铃计数和试样灰砂比之间并没有表现出明显的关系。这与两种参数的定义有关，声发射振铃计数定义为超过声发射信号阈值的振铃脉冲次数，这意味着需要一定尺度的裂隙扩展释放能量才能超过设定的阈值，而声发射信号阈值的设定需要根据实验室情况而定，另外尾砂胶结材料是水泥基材料，荷载作用下的大尺度裂隙演化离散性较强，从而导致在同等条件的荷载作用下，声发射振铃计数大小程度与灰砂比并无明显的关系。而声发射能量的定义是阻尼波形中声发射事件包络线下的面积，不同于声发射振铃计数，声发射能量并不需要超过阈值，它包含了荷载作用下的所有裂隙扩展释放的声信号，而所有裂隙的演化规模在宏观程度上与灰砂比成反比，因此声发射能量才会呈现出随着灰砂比下降而上升的规律。

在实际工程中，不同应用条件下的工程结构所需尾砂胶结材料的灰砂比也不尽相同。通过声发射能量参数能够更准确地表征不同灰砂比尾砂胶结材料的裂隙演化程度，为评估尾砂胶结材料的稳定性提供依据。

4.5 不同灰砂比玻璃纤维增强尾砂胶结材料的声发射特性

4.5.1 玻璃纤维增强尾砂胶结材料声发射时序演化特征

声发射信号参数可以从不同角度反映尾砂胶结材料内部损伤演化过程，其中振铃计数是单位时间内振铃脉冲设定门槛信号的振荡次数。声发射能量是根据声发射监测信号的波形包络线下的计算面积大小而确定的，而不是声发射试验中实际释放出来的能量值。通过声发射系统对尾砂胶结材料试样单轴压缩过程进行实时监测，分析声发射特征参数，如振铃计数、幅度、能量、峰值频率等，可以很好地描述尾砂胶结材料试样在单轴压缩状态下的内部损伤演化过程。

1. 振铃计数时序演化特征

图 4-12 为不同灰砂比尾砂胶结材料在料浆浓度为 68%条件下声发射振铃计数

和应力随时间变化的关系曲线。在同一灰砂比条件下，GFRM 试样内部声发射信号活跃，声发射振铃计数最高可以达到 360 次，远高于 FFM 试样。在不同灰砂比条件下，FFM 和 GFRM 试样内部声发射活动随着灰砂比的降低而有所减弱。基于声发射振铃计数与应力发展特征，对比分析 FFM 和 GFRM 试样单轴压缩过程中的声发射振铃计数时序演化规律，以料浆浓度为 68%、灰砂比为 1∶6 的 FFM 和 GFRM 试样为例，如图 4-12(a)和图 4-12(b)所示。

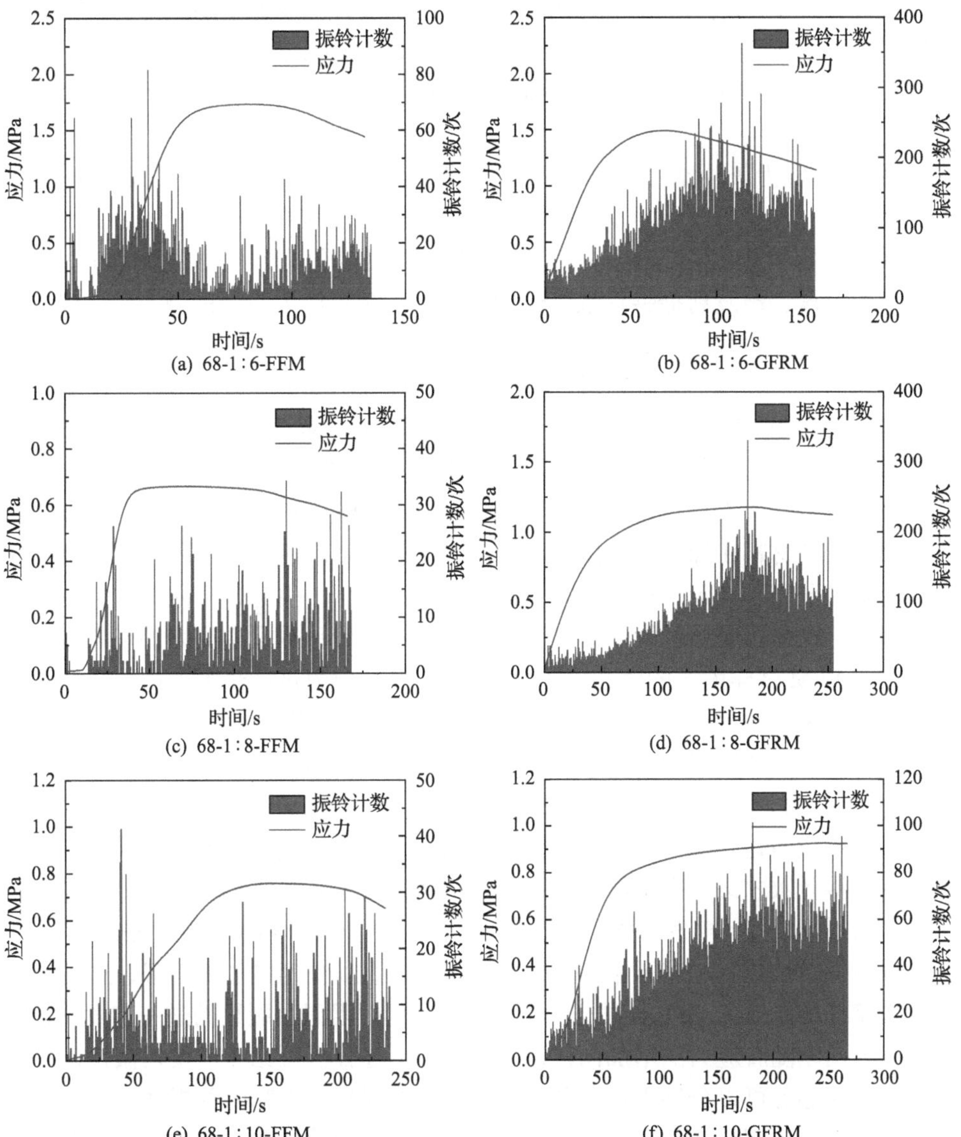

图 4-12　料浆浓度为 68%的尾砂胶结材料试样声发射振铃计数和应力随时间变化的关系曲线

图 4-12(a)为灰砂比为 1∶6 的 FFM 试样声发射振铃计数和应力随时间变化的关系曲线。从图 4-12(a)可以看出，在初始压密阶段，FFM 试样出现了少量声发射振铃计数，特点是声发射振铃计数很少，但是出现一次时间很短的急剧增加现象。在 5～10s 范围内，声发射振铃计数出现了一次达到 60 次以上的小高峰。在弹性变形阶段，声发射振铃计数出现大幅度激增，声发射振铃计数普遍在 20 次以上。在塑性变形阶段，声发射振铃计数产生较少，并且声发射振铃计数的变化范围主要在 10～20 次，FFM 试样内部裂纹开始扩展，声发射活动相对而言不是很活跃。在峰后破坏阶段，声发射振铃计数出现大量增加，这是由于此阶段 FFM 试样内部裂缝演化加剧，导致试样整体失稳，声发射振铃计数快速增多，内部损伤加剧。

图 4-12(b)为灰砂比为 1∶6 的 GFRM 试样声发射振铃计数和应力随时间变化的关系曲线。从图 4-12(b)可以看出，在初始压密阶段和弹性变形阶段，GFRM 试样出现了少量声发射振铃计数，声发射振铃计数的变化范围主要在 0～50 次。在塑性变形阶段，声发射振铃计数快速增加，同时孕育出大量新的微裂纹，GFRM 试样内部裂纹开始有序扩展，声发射振铃计数的变化范围主要在 50～100 次，最高可达 150 次。在峰后破坏阶段，声发射振铃计数出现了大量激增，声发射振铃计数最高可达 360 次，这是由于 GFRM 试样内部大量裂纹贯通逐渐形成破裂面，导致试样整体失稳，声发射振铃计数快速增多，内部损伤加剧。在峰后破坏阶段，GFRM 试样内部声发射信号活跃，声发射振铃计数普遍较高，显著高于 FFM 试样。

尾砂胶结材料在加载初期出现了少量声发射信号，这主要是因为尾砂胶结材料内部颗粒分布不均匀等产生的原生裂隙被压密闭合，引起试样内部产生少量声发射事件。在弹性变形阶段，FFM 试样的声发射振铃计数发生突增的现象，这主要是因为 FFM 试样内部的微裂隙闭合不完全，随着应力进一步集中遗留至弹性变形阶段的微裂隙发生闭合，同时伴随着大量新生微裂纹扩展，导致 FFM 试样的声发射振铃计数出现快速增加。FFM 试样进入塑性变形阶段，裂隙扩展处于不稳定状态，原生裂纹和新生裂纹相互交织，从而导致 FFM 试样的声发射振铃计数缓慢下降，直到应力达到峰值，由于试样内部结构部分塌陷或表面脱落等损伤加剧，声发射振铃计数才又一次剧增。随着 FFM 试样进入峰后破坏阶段，宏观裂纹贯通，轴向应力逐渐下降，声发射振铃计数相对趋于稳定。相较 FFM 试样，GFRM 试样的声发射振铃计数从加载开始到塑性变形结束一直呈快速增加的趋势，这主要是因为玻璃纤维降低了 GFRM 试样内部孔隙率，同时阻碍了裂纹的进一步发展，导致声发射活动随着应力的增加而快速增强。由上述分析可见：声发射振铃计数的峰值和变化趋势可以分别表征尾砂胶结材料内部损伤大小和内部损伤演化过程。尾砂胶结材料内部损伤发育迅速突变表现为声发射振铃计数突增。声发射振铃计数发生大幅度激增可作为尾砂胶结材料损伤破坏失稳的前兆信息。

2. 幅度时序演化特征

在料浆浓度为 68%的条件下，尾砂胶结材料声发射幅度和应力随时间变化的关系曲线，如图 4-13 所示。由图 4-13 可以看出，在不同灰砂比条件下，FFM 和 GFRM 试样的声发射幅度在不同应力发展阶段体现出相应的大小，幅度的变化范围均为 35～90dB。在同一灰砂比条件下，GFRM 试样内部声发射信号活跃，高于

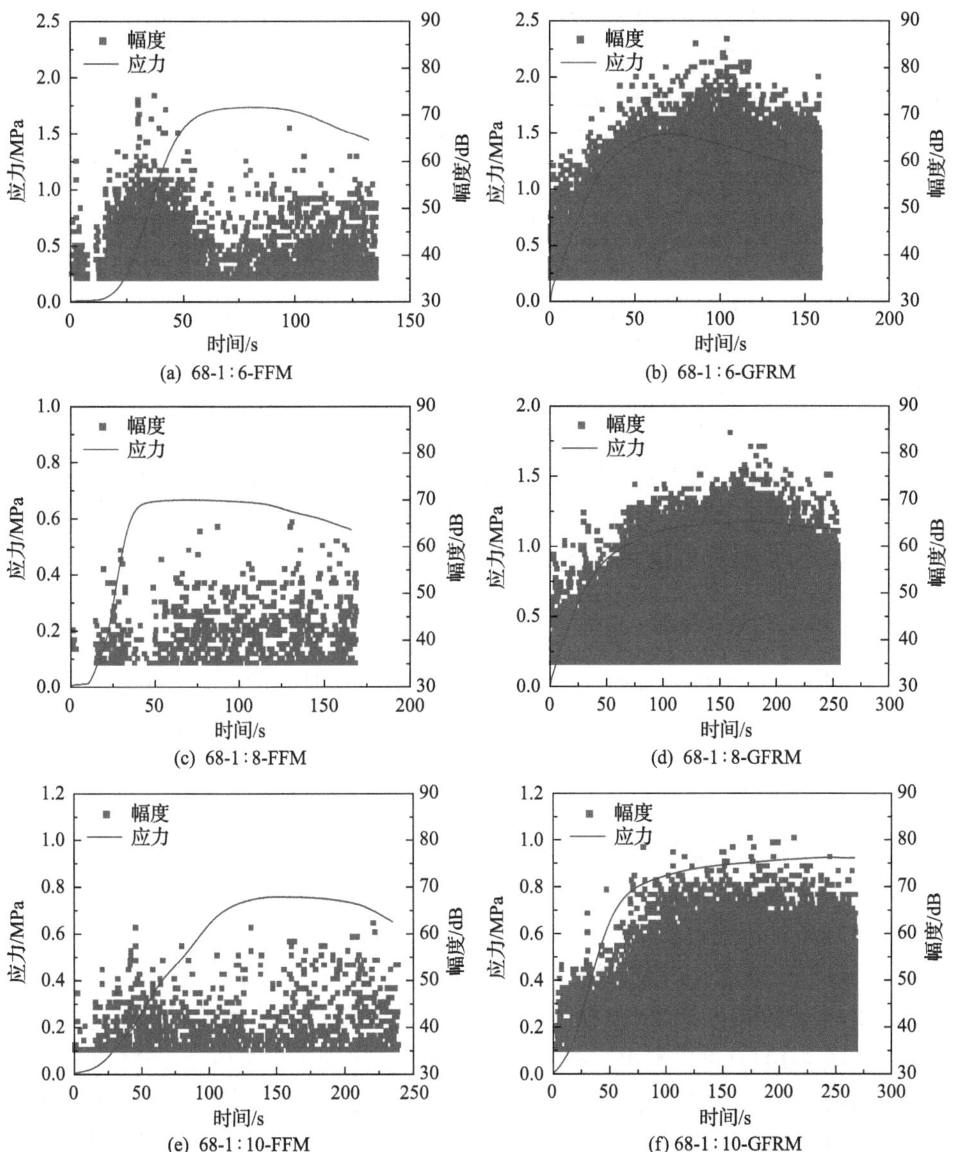

图 4-13 料浆浓度为 68%的尾砂胶结材料试样声发射幅度和应力随时间变化的关系曲线

60dB 的声发射信号数远多于 FFM 试样，两类尾砂胶结材料声发射信号幅度变化与振铃计数规律相关联。基于声发射振铃计数与应力发展特征，对比分析 FFM 和 GFRM 试样单轴压缩过程中声发射幅度时序演化规律，以料浆浓度为 68%、灰砂比为 1∶6 的 FFM 和 GFRM 试样为例，如图 4-13(a)和图 4-13(b)所示。

图 4-13(a)是灰砂比为 1∶6 的 FFM 试样声发射幅度和应力随时间变化的关系曲线。从图 4-13(a)可以看出，在试验加载初期，出现了少量 35～50dB 幅度的声发射信号。在弹性变形阶段，声发射信号的幅度主要分布在 35～60dB，出现部分高于 60dB 的声发射信号。在塑性变形阶段，声发射活动明显增多同时孕育出大量新生微裂纹，声发射信号的幅度主要分布在 35～60dB，FFM 试样损伤快速累积，这可能与 FFM 试样的基体出现大量损伤有关。在此阶段，新生裂纹和原生裂纹相互交织，声发射信号在损伤累积过程中快速增加。随后，FFM 试样进入峰后破坏阶段，幅度主要分布在 35～55dB，出现少量 55～70dB 的声发射信号。

图 4-13(b)为灰砂比为 1∶6 的 GFRM 试样声发射幅度和应力随时间变化的关系曲线。从图 4-13(b)可以看出，在初始压密阶段和弹性变形阶段，出现了少量 35～60dB 幅度的声发射信号，与 FFM 试样相似。在塑性变形阶段，声发射活动开始加剧，声发射信号的幅度主要分布在 35～70dB，说明 GFRM 试样内部基体损伤迅速增加。在峰后破坏阶段，声发射信号的幅度主要分布在 35～80dB，甚至出现少量 80～90dB 的声发射信号，GFRM 试样胶结基体破裂、玻璃纤维断裂等多种损伤同时发生，导致 GFRM 试样整体失稳。在峰后破坏阶段，GFRM 试样声发射幅度分布在 60～90dB 的比例显著高于 FFM 试样。

3. 能量时序演化特征

在料浆浓度为 68%的条件下，尾砂胶结材料声发射能量和应力随时间变化的关系曲线，如图 4-14 所示。由图 4-14 可以看出，在不同灰砂比条件下，FFM 和 GFRM 试样的声发射能量在不同应力阶段体现出相应的变化。在同一灰砂比条件下，GFRM 试样达到峰值强度后破坏剧烈，应变能急剧释放，声发射能量最高可达到 260mV·ms，GFRM 试样内部损伤所释放的能量，远高于 FFM 试样，两类尾砂胶结材料声发射能量演化规律与振铃计数变化规律相似。对比分析 FFM 和 GFRM 试样单轴压缩过程中声发射能量时序演化规律，以料浆浓度为 68%、灰砂比为 1∶6 的 FFM 和 GFRM 试样为例，如图 4-14(a)和图 4-14(b)所示。

图 4-14(a)是灰砂比为 1∶6 的 FFM 试样声发射能量和应力随时间变化的关系曲线。从图 4-14(a)可以看出，在初始压密阶段，出现了少量由于 FFM 试样内部孔隙压密所产生的声发射能量，特点是在 5～10s 范围内，声发射能量出现一次时间很短的急剧增加现象，并且声发射能量可达 20mV·ms 以上。在弹性变形阶段，声发射能量出现较大幅度增加，声发射能量主要在 0～30mV·ms 范围内波动，甚

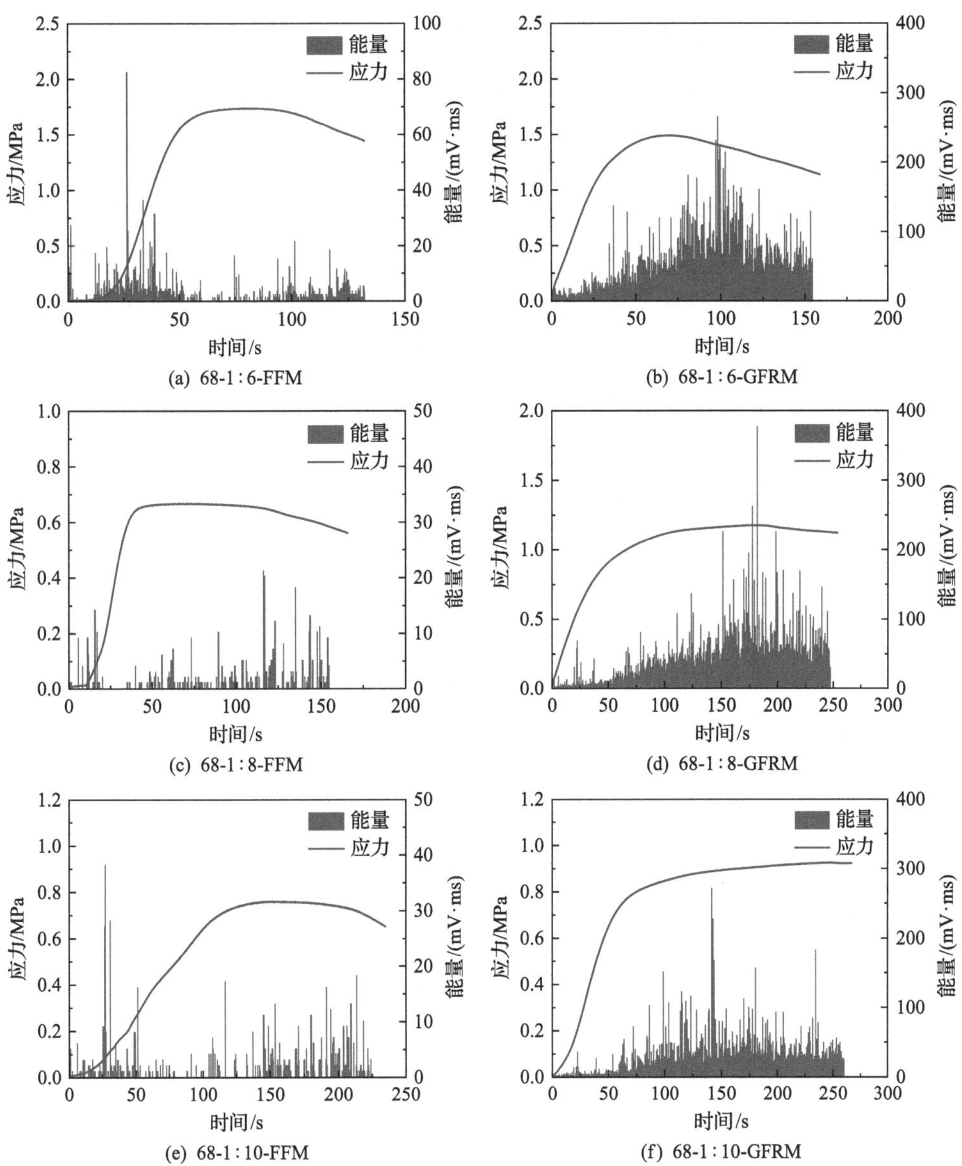

(a) 68-1∶6-FFM　(b) 68-1∶6-GFRM

(c) 68-1∶8-FFM　(d) 68-1∶8-GFRM

(e) 68-1∶10-FFM　(f) 68-1∶10-GFRM

图 4-14　料浆浓度为 68%的尾砂胶结材料试样声发射能量和应力随时间变化的关系曲线

至可达 80mV·ms。在塑性变形阶段，声发射能量相对产生较少，声发射活动相对而言不是很活跃，声发射能量有所减弱。在峰后破坏阶段，声发射能量相对于塑性变形阶段有所增加，声发射能量主要在 0～20mV·ms 范围内波动，这是由于此阶段 FFM 试样内部损伤累积，导致试样整体失稳，应变能释放增加。

图 4-14(b)为灰砂比为 1∶6 的 GFRM 试样声发射能量和应力随时间变化的关系曲线。从图 4-14(b)可以看出，在初始压密阶段和弹性变形阶段，GFRM 试

样内部出现了少量声发射能量，声发射能量主要在 0～20mV·ms。在塑性变形阶段，GFRM 试样内部裂纹开始有序扩展，声发射能量快速增加，声发射能量主要在 0～50mV·ms，偶尔可达 100mV·ms，内部损伤迅速大量累积。当声发射能量达到 140mV·ms 时，GFRM 试样进入峰后破坏阶段，声发射能量出现了大量激增，声发射能量主要在 0～200mV·ms 范围内波动，最高可达 260mV·ms，这是由于 GFRM 试样内部大量裂纹贯通逐渐形成破裂面，导致试样整体失稳，声发射能量快速增大，内部损伤加剧，GFRM 试样内部产生的声发射能量显著高于 FFM 试样。

4. 峰值频率时序演化特征

在料浆浓度为 68%的条件下，尾砂胶结材料声发射峰值频率和应力随时间变化的时序演化曲线，如图 4-15 所示。在同一灰砂比条件下，GFRM 试样的声发射峰值频率最高可达到 240kHz，远高于 FFM 试样，并且 GFRM 试样的声发射峰值频率呈密集分布。在不同灰砂比条件下，FFM 试样的声发射峰值频率分布及大小都大致相同，GFRM 试样的声发射峰值频率分布大致相同，但 GFRM 试样的声发射峰值频率大小随着灰砂比的降低而有所减小。对比分析尾砂胶结材料单轴压缩

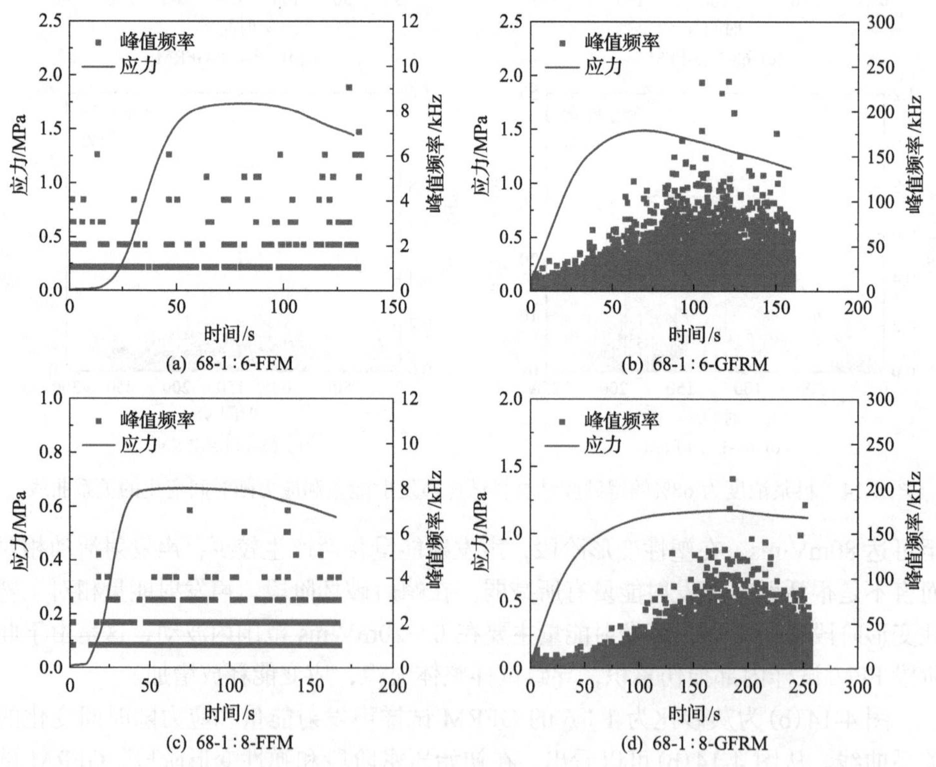

(a) 68-1∶6-FFM　　(b) 68-1∶6-GFRM

(c) 68-1∶8-FFM　　(d) 68-1∶8-GFRM

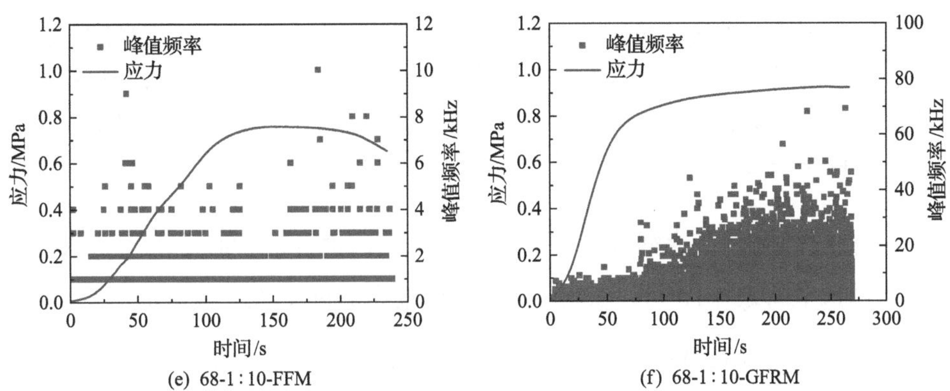

(e) 68-1∶10-FFM (f) 68-1∶10-GFRM

图4-15 料浆浓度为68%的尾砂胶结材料试样声发射峰值频率和应力随时间变化的关系曲线

过程中声发射峰值频率时序演化规律，以料浆浓度为68%、灰砂比为1∶6的FFM和GFRM试样为例，如图4-15(a)和图4-15(b)所示。

图4-15(a)为灰砂比为1∶6的FFM试样声发射峰值频率和应力随时间变化的关系曲线。从图4-15(a)可以看出，在整个单轴压缩过程中，FFM试样的声发射峰值频率较低，主要分布在0～10kHz范围内。这一结果表明，FFM试样内部损伤过程较平稳，峰值频率主要在0～10kHz区域收集到的声发射信号较多。

图4-15(b)为灰砂比为1∶6的GFRM试样声发射峰值频率和应力随时间变化的关系曲线。从图4-15(b)可以看出，在初始压密阶段和弹性变形阶段，GFRM试样出现峰值频率为0～50kHz的声发射信号。在塑性变形阶段，声发射活动开始加剧，试样内部损伤迅速累积，峰值频率在50～80kHz区域收集到的声发射信号显著增加。在峰后破坏阶段，主要收集到峰值频率在0～100kHz的声发射信号，但是也出现少量峰值频率为100～240kHz的声发射信号，这是由于此阶段GFRM试样内部损伤演化加剧，导致试样整体失稳，声发射活动剧烈，GFRM试样的声发射峰值频率显著高于FFM试样。

针对尾砂胶结材料试样单轴压缩过程中收集到的声发射信号进行分析，对声发射信号的特征参数进行对比，如振铃计数、幅度、能量和峰值频率等，结果表明，声发射信号可以间接反映尾砂胶结材料在单轴压缩过程中的损伤演化特征，可以准确描述加载过程中的内部损伤演化和破坏过程，为尾砂胶结材料在工程中的安全应用和稳定性监测提供参考依据。

4.5.2 玻璃纤维增强尾砂胶结材料声发射分形特征

1. 分形维数基本原理

尾砂胶结材料声发射分形维数的变化可以表征尾砂胶结材料内部的破裂损伤演化过程。声发射分形维数的大小可以很好地表征尾砂胶结材料内部损伤无序性的程度，其中关联维数是最常用的分形维数之一，能够更好地反映尾砂胶结材料内部损伤发展过程。因此，基于分形理论，采用关联维数描述尾砂胶结材料损伤发展过程中的声发射参数分形特征，根据 Grassberger 和 Procaccia[15]提出的 G-P 算法，可以直接地从声发射参数时间序列中计算出相应的关联维数，计算方法如下[16-18]。

对声发射参数时间序列数据$\{x_i\}$ $(i=1,2,\cdots,N)$进行相空间重构，并嵌入到一个 m 维欧氏空间 $\boldsymbol{R}^m$ 内，可以获得相对应的向量集 $\boldsymbol{J}(m)$，其向量点记作：

$$X_n(m,\tau)=(x_n,x_{n+\tau},\ \cdots,x_{n+(m-1)\times\tau})\quad (n=1,2,\ \cdots,N_m) \tag{4-1}$$

式中：m 为相空间维数；$\tau=k\Delta t$ 为固定的时间间隔，其中 Δt 表示声发射参数时间序列数据两次相邻采样之间的时间间隔，k 表示比例常数；N 为声发射参数时间序列数据点的个数；N_m 为相空间中向量点的个数，记作：

$$N_m=N-(m-1)\times\tau \tag{4-2}$$

在 N_m 个向量点中任意选取一个参考点 X_i，计算剩下的 N_m-1 个向量点到 X_i 的距离，见式(4-3)：

$$r_{ij}=d(X_i,X_j)=\left[\sum_{l=0}^{m-1}(x_{i+l\tau}-x_{j+l\tau})^2\right]^{\frac{1}{2}}\quad (j=1,2,\ \cdots,N_m) \tag{4-3}$$

对所有的 $X_i(i=1,2,\cdots,N_m)$ 重复式(4-3)，可得到关联积分函数：

$$C_m(r)=\frac{2}{N_m(N_m-1)}\sum_{i,j=1}^{N_m}H(r-r_{ij}) \tag{4-4}$$

式中：r 为相空间的描述尺度；$C_m(r)$ 为累积分布函数，表示相空间中两点距离 r_{ij} 小于 r 的概率；$H(x)$ 为赫维赛德(Heaviside)函数：

$$H(x)=\begin{cases}1 & (x>0)\\ 0 & (x\leqslant 0)\end{cases} \tag{4-5}$$

当 r 足够小时，关联积分函数逼近式(4-6)[17,18]：

$$\ln C_m(r)=\ln C-D(m)\ln r \tag{4-6}$$

式中：C 为材料常数。因此，$\boldsymbol{R}^m$ 所包含的向量集 $\boldsymbol{J}(m)$ 的关联维数 $D(m)$ 可表示为

$$D(m) = -\lim_{r \to 0} \frac{\partial \ln C_m(r)}{\partial \ln r} \tag{4-7}$$

在本研究工作中，以 1000 个声发射参数时间序列数据为一采样单位来计算声发射关联维数。当有 N 个声发射参数时间序列数据时，可计算得到 $\tilde{N}$ 个相对应的声发射关联维数。其中，$\tilde{N}$ 记作：

$$\tilde{N} = fix\left(\frac{N}{1000}\right) \tag{4-8}$$

式(4-8)是对 $N/1000$ 截去尾数取整数。取声发射参数时间序列数据两次相邻采样的时间间隔 $\Delta t=4$，比例常数 $k=15$。研究表明，相空间维数 m 取值大小对关联维数影响较大。当 $D(m)$ 不随相空间维数 m 的增大而改变时的值：

$$D_c = \lim_{m \to \infty} D(m) \tag{4-9}$$

就是声发射参数时间序列的关联维数。

由式(4-9)可知，当关联维数 D_c 趋近一个相对稳定的值时，与之对应的 m_{min} 为所要选取的 m 值。

在得到 m 值以后，可依据式(4-1)再对声发射时间序列参数进行相空间的重构，然后由式(4-3)求出相空间的各点的距离 r_{ij}，并得出其最大值 $r_{ij}(\max)$ 以及最小值 $r_{ij}(\min)$，从而再由式(4-10)得到距离 r_{ij} 的步长 Δr：

$$\Delta r = \frac{r_{ij}(\max) - r_{ij}(\min)}{k} \tag{4-10}$$

式中：Δr 为距离步长；

$$r = r_{ij}(\min) + a\Delta r \quad (a = 1, 2, \cdots, k-1) \tag{4-11}$$

将式(4-11)代入式(4-4)，可计算得到对应声发射参数的关联积分函数。分别对 r_{ij} 和 $C_m(r)$ 取对数，并以 $\ln r_{ij}$ 为横坐标，$\ln C_m(r)$ 为纵坐标，绘制散点图。通过线性拟合得到一条拟合直线，而拟合直线的斜率则为尾砂胶结材料试样声发射参数的关联维数 D_c。

2. 相空间维数的确定

基于 G-P 算法，在计算尾砂胶结材料试样的声发射参数时间序列的关联维数之前，需要选取合适的相空间维数。相空间维数的取值通常在关联维数曲线趋于线性的稳定状态的时刻选取[19]。基于声发射振铃计数与应力发展特征，对比分析尾砂胶结材料试样单轴压缩过程中的声发射振铃计数分形演化规律，以料浆浓度为 68%的 FFM 和 GFRM 试样为例。利用关联维数计算算法编写 MATLAB 程序，计算得到相空间维数与关联维数的关系曲线，如图 4-16 所示。由图 4-16 可知，相空间维数在 2～6 时，FFM 和 GFRM 试样的振铃计数关联维数曲线大多趋于稳定的线性变动，故在此取相空间维数为 4。

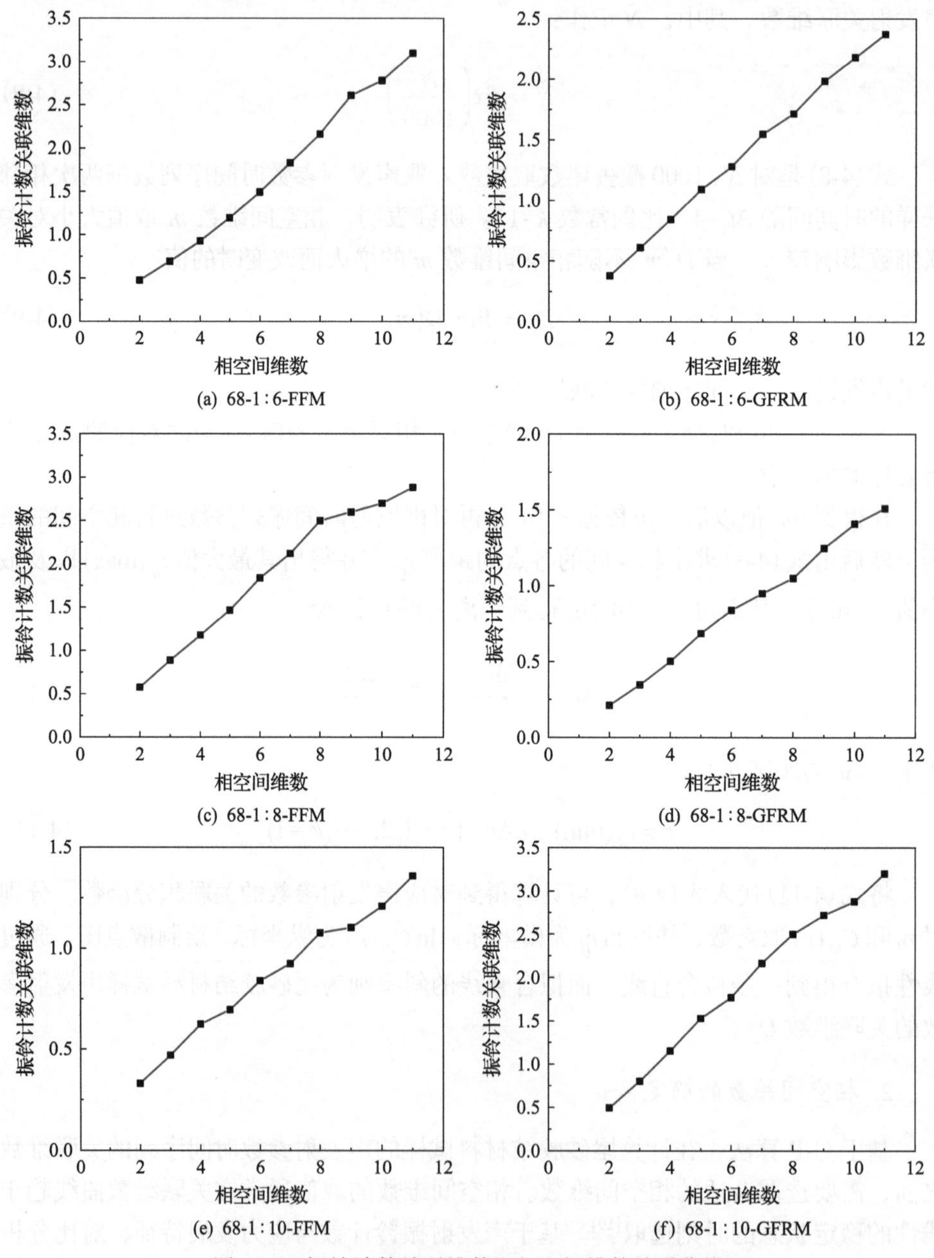

图 4-16 振铃计数关联维数和相空间维数关系曲线

3. 振铃计数分形特征的确定

在计算各尾砂胶结材料试样单轴压缩条件下的声发射关联维数之前，需要确定各尾砂胶结材料试样的声发射参数时间序列是否具有分形特征。选取料浆浓度为 68%条件下不同灰砂比尾砂胶结材料试样在单轴压缩条件下的声发射振铃计数时间序列数据，根据式(4-7)计算其声发射振铃计数关联维数，并对其是否具有分形特征进行确定。各尾砂胶结材料试样的声发射振铃计数时间序列双对数关系曲线，如图 4-17 所示。由图 4-17 可知，通过对声发射振铃计数时间序列双对数关系曲线进行线性拟合，发现其拟合直线与原始数据曲线具有较好的相关性，且相关系数平均值大于 0.90，因此，尾砂胶结材料试样在单轴压缩过程中的声发射振铃计数时间序列存在较好的分形特征。尾砂胶结材料试样在单轴压缩过程中的声发射参数随着加载时间和应力水平的变化而变化，而由前面所建立的声发射参数关联积分函数求得的声发射振铃计数关联维数在时间序列上的变化情况，反映了尾砂胶结材料内部损伤破坏的系统性演化特征，它与尾砂胶结材料内部损伤的力

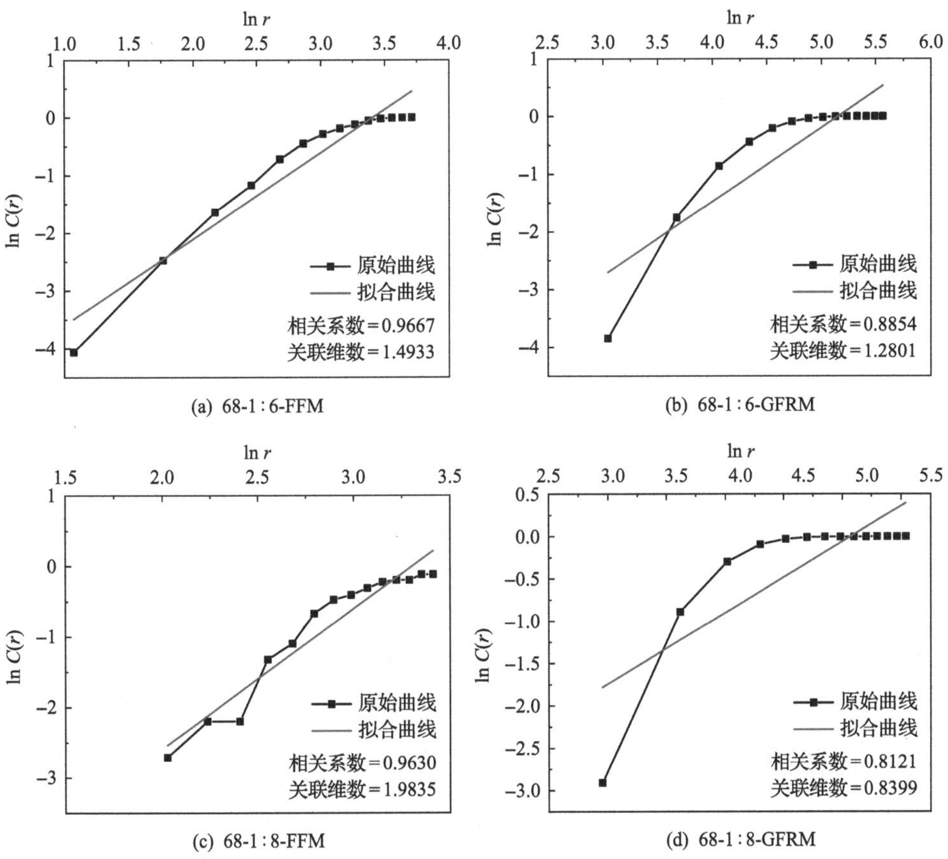

(a) 68-1∶6-FFM (b) 68-1∶6-GFRM

(c) 68-1∶8-FFM (d) 68-1∶8-GFRM

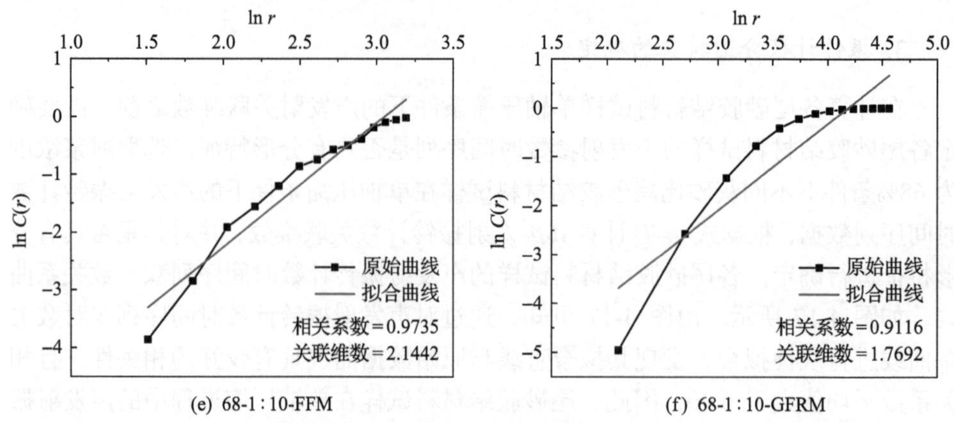

(e) 68-1∶10-FFM　　(f) 68-1∶10-GFRM

图 4-17　尾砂胶结材料试样的声发射振铃计数时间序列双对数关系曲线

学过程密切相关，可以作为描述尾砂胶结材料力学行为和内部结构损伤变化的一种相关指标。

4. 振铃计数的分形演化特征

在料浆浓度为 68%条件下，尾砂胶结材料试样声发射振铃计数关联维数随着时间变化的关系曲线，如图 4-18 所示。结合 4.5.1 节中尾砂胶结材料在单轴压缩过程中的应力、振铃计数、能量、幅度、峰值频率随时间变化的关系曲线，对声发射振铃计数关联维数的变化曲线进行分析讨论。随着灰砂比的降低，同类尾砂胶结材料在料浆浓度为 68%条件下的振铃计数关联维数平均值有所增加。高灰砂比(1∶6)条件下尾砂胶结材料的振铃计数关联维数在 0.5～2.5 范围内变化，而低灰砂比(1∶8 和 1∶10)条件下尾砂胶结材料的振铃计数关联维数在 0.5～4.5 范围内变化。在同一灰砂比条件下，GFRM 试样的振铃计数关联维数平均值低于 FFM 试样。基于声发射参数与应力发展特征，对比分析 FFM 和 GFRM 试样在单轴压缩过程中的振铃计数关联维数时序演化规律，以料浆浓度为 68%、灰砂比为 1∶6 的 FFM 和 GFRM 试样为例，如图 4-18(a)和图 4-18(b)所示。

图 4-18(a)为灰砂比为 1∶6 的 FFM 试样声发射振铃计数关联维数和应力随时间变化的关系曲线。由图 4-12(a)和图 4-18(a)对比可知，振铃计数关联维数随着时间变化而变化的趋势与振铃计数和能量的时序演化规律具有较好的相关性。在初始压密阶段，由于 FFM 试样内部原生裂隙发生闭合，振铃计数和能量都几乎为零，此时振铃计数关联维数呈现上升的趋势，这表明 FFM 试样内部微裂纹分布无序性增强。随着加载时间的增加，FFM 试样进入弹性变形阶段，振铃计数和能量呈现上升的趋势，声发射活动有所增强，在此阶段振铃计数关联维数随着时间的变化主要呈现下降的趋势，此现象表明 FFM 试样内部微裂纹分布由无序状态向有序状态演化。随后 FFM 试样进入塑性变形阶段，振铃计数和能量有一个相对

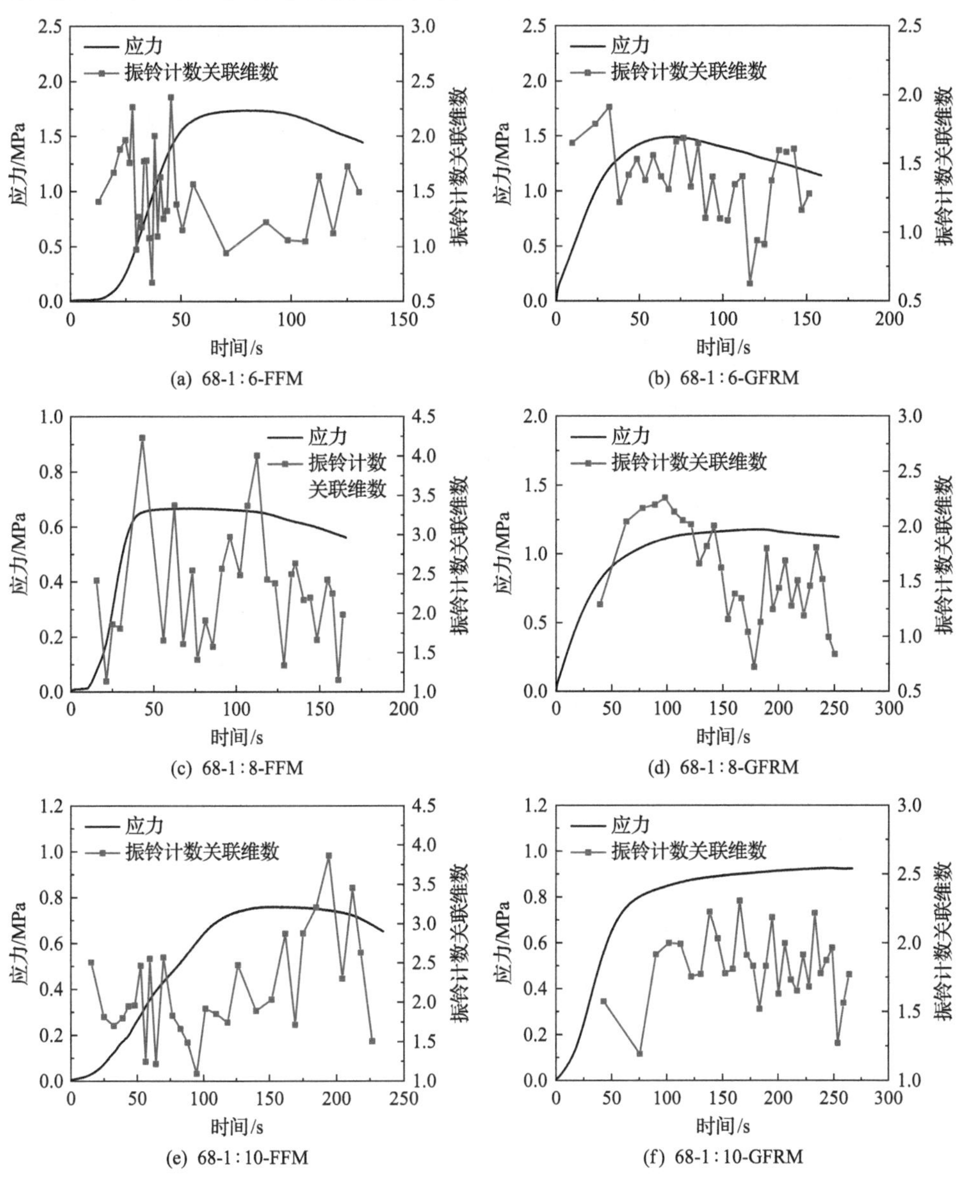

(a) 68-1∶6-FFM
(b) 68-1∶6-GFRM
(c) 68-1∶8-FFM
(d) 68-1∶8-GFRM
(e) 68-1∶10-FFM
(f) 68-1∶10-GFRM

图 4-18 应力-时间-振铃计数关联维数关系曲线

减少的趋势，内部损伤快速累积，此时振铃计数关联维数呈现上升的趋势；这一过程表明 FFM 试样中的小尺度裂纹大量形成，并且许多小尺度裂纹进一步扩展、贯通并演变为大尺度裂纹。在峰值破坏处，振铃计数关联维数逐渐下降，并且在峰后破坏阶段持续小幅度波动直至 FFM 试样完全破坏。随着加载时间的增加，FFM 试样振铃计数关联维数主要呈上升—下降—上升—下降—波动的变化形式。

图 4-18(b)为灰砂比为 1∶6 的 GFRM 试样声发射振铃计数关联维数和应力随

时间变化的关系曲线。由图 4-12(b)和图 4-18(b)对比可知，在初始压密阶段和弹性变形阶段，振铃计数和能量均出现了稳中有升的趋势，并且在此阶段振铃计数关联维数随着时间的变化主要呈现上升的趋势，这表明 GFRM 试样内部微裂纹分布无序性增强。随后 GFRM 试样进入塑性变形阶段，振铃计数和能量都有一个相对增加的趋势，此时振铃计数关联维数下降后主要呈现波动变化趋势；这一过程表明，GFRM 试样内部微裂纹损伤开始由无序状态向有序状态演化，最终呈有序与无序交替变化，试样内部小尺度裂纹大量贯通形成大尺度裂纹，大尺度破坏是试样的主要内部破坏。在峰后破坏阶段，振铃计数关联维数呈现先下降后上升的状态，直至 GFRM 试样完全破坏。随着加载时间的增加，GFRM 试样振铃计数关联维数主要呈上升—下降—波动—下降—上升的变化形式。

由上述分析可见，尾砂胶结材料内部损伤演化过程中的声发射振铃计数时间序列存在较好的分形特征，据此求出的关联维数能够较好地表征尾砂胶结材料内部损伤裂纹扩展状态的变化过程。关联维数降低表明尾砂胶结材料内部微裂纹损伤的有序性逐渐增强，大尺度破坏是试样的主要内部破坏；关联维数上升表明尾砂胶结材料内部微裂纹损伤正在向无序性状态演化，同时试样内部主要存在小尺度的微裂纹。随着加载时间的增加，料浆浓度为 68%条件下不同灰砂比同类尾砂胶结材料振铃计数关联维数的变化形式有所差别。

参 考 文 献

[1] Makhnenko R, Ge C, Labuz J. Localization of deformation in fluid-saturated sandstone[J]. International Journal of Rock Mechanics and Mining Sciences, 2021, 134: 104455.

[2] Moradian Z, Ballivy G, Rivard P, et al. Evaluating damage during shear tests of rock joints using acoustic emissions [J]. International Journal of Rock Mechanics and Mining Sciences, 2010, 47(4): 590-598.

[3] Xu W B, Liu B, Wu W L. Strength and deformation behaviors of cemented tailings backfill under triaxial compression [J]. Journal of Central South University, 2020, 27(12): 3531-3543.

[4] 赵康，黄明，严雅静，等. 不同灰砂比尾砂胶结充填材料组合体力学特性及协同变形研究[J]. 岩石力学与工程学报, 2021, 388(S1): 2781-2789.

[5] 赵康，朱胜唐，周科平，等. 钽铌矿尾砂胶结充填体力学特性及损伤规律研究[J]. 采矿与安全工程学报，2019, 36(2): 413-419.

[6] Zhao K, Yu X, Zhu S, et al. Acoustic emission investigation of cemented paste backfill prepared with tantalum–niobium tailings[J]. Construction and Building Materials, 2020, 237: 117523.

[7] 冯波，刘长武，谢辉，等. 粉煤灰改性高水材料力学性能试验研究及机理分析[J]. 工程科学学报，2018, 10: 1187-1195.

[8] Jiang F F, Zhou H, Sheng J, et al. Effects of temperature and age on physico-mechanical properties of cemented gravel sand backfills[J]. Journal of Central South University, 2020, 27(10): 2999-3012.

[9] 王祖荫. 声发射技术基础[M]. 济南：山东科学技术出版社, 1990.

[10] 符刘旭. 高黏改性型透水沥青混合料路用性能及声发射特性研究[D]. 吉林：吉林大学, 2018.

[11] 周圣雄，王威娜，秦煜，等. 基于声发射特征参数的玻纤格栅复合梁阻裂机理表征[J]. 材料导报，2021, 35(22):

22033-22038.

[12] 赵康, 朱胜唐, 周科平, 等. 不同配比及浓度条件下钽铌矿尾砂胶结充填体力学性能研究[J]. 应用基础与工程科学学报, 2020, 28(4): 833-842.

[13] 朱胜唐. 钽铌矿尾砂胶结充填体声发射特性及其损伤演化研究[D]. 赣州: 江西理工大学, 2019.

[14] He Z W, Zhao K, Yan Y J, et al. Mechanical response and acoustic emission characteristics of cement paste backfill and rock combination[J]. Construction and Building Materials, 2021, 288: 123119.

[15] Grassberger P, Procaccia I. Measuring the strangeness of strange attractors[J]. Physica D: Nonlinear Phenomena, 1983, 9: 189-208.

[16] Albano A M, Muench J, Schwartz C, et al. Singular-value decomposition and the Grassberger-Procaccia algorithm[J]. Physical Review. A, General Physics, 1988, 38(6): 3017-3026.

[17] 汪富泉, 罗朝盛, 陈国先. G-P 算法的改进及其应用[J]. 计算物理, 1993, 10(3): 345-351.

[18] Yang J, Zhao K, Yu X, et al. Fracture evolution of fiber-reinforced backfill based on acoustic emission fractal dimension and b-value[J]. Cement and Concrete Composites, 2022, 134: 104739.

[19] 吴贤振, 刘祥鑫, 梁正召, 等. 不同岩石破裂全过程的声发射序列分形特征试验研究[J]. 岩土力学, 2012, 33(12): 3561-3569.

5 纤维增强尾砂胶结材料空间定位损伤演化过程

随着我国绿色高效安全的发展理念逐渐被提倡，尾砂胶结材料因其在实现固废资源化利用、保护环境等方面的优势而在建筑工程、道路工程、采矿工程中得到了广泛应用[1-7]。尾砂胶结材料是尾砂资源化处理技术的重要研究方向，是一种创新的尾砂利用方法，可以减少尾砂堆积带来的环境问题和安全问题。尾砂胶结材料主要由尾砂、黏结剂、水和外加剂组成，其中尾砂是主要的胶结骨料[8-13]。然而，传统的尾砂胶结材料存在强度低、韧性差、易开裂等一系列问题[14,15]。纤维增强尾砂胶结材料是一种通过掺入适量纤维以提高材料力学性能的新型胶结材料。纤维增强尾砂胶结材料作为工程的重要结构单元，对维护工程的稳定发挥着重要作用。因此，研究纤维增强尾砂胶结材料的声发射时空损伤演化规律，可进一步认识尾砂胶结材料破裂机制，为工程的稳定性分析及失稳预测奠定基础。

不同类型的纤维已被有效应用于水泥基材料中，如尾砂胶结充填体、砂浆和混凝土[16-19]。在土木工程和岩土工程中，一些新的纤维增强材料已被广泛应用，如聚丙烯纤维、聚丙烯腈纤维和玻璃纤维已开发应用于纤维增强混凝土、土壤和黏土中。已有研究表明[20]：加入纤维有助于改善尾砂胶结材料的强度不足，即纤维通过调动抗拉强度、提供止裂能力，从而增强尾砂胶结材料的强度、韧性和延展性。在采矿工程中，尾砂胶结材料中掺入适量纤维可以降低水泥成本，增加尾砂消耗量，提高尾砂胶结材料的延性，并且纤维增强尾砂胶结材料具有强度高和耐久性好的优点。因此，纤维增强尾砂胶结材料已引起了一些学者的关注[21-26]。

马国伟等[21]利用单轴压缩试验定量研究了聚丙烯纤维对膏体胶结材料宏观力学性能的影响，发现通过添加聚丙烯纤维可显著提高尾砂胶结材料的稳定性。Chen 等[22]研究了聚丙烯纤维增强膏体胶结材料的压缩性能及微观结构特征，发现聚丙烯纤维可以提高胶结材料的抗弯强度、刚度、延性和稳定性。徐文彬等探究了聚丙烯纤维掺加量对尾砂胶结材料变形性能的影响[23,24]，同时，从微观角度探讨了聚丙烯纤维对尾砂胶结材料力学性质的作用机制。Xue 等[25,26]研究了不同纤维类型和对尾砂胶结材料的力学性能和微观结构性能的影响，另外，发现不同的纤维长度和不同纤维掺量对尾砂胶结材料的强度也有一定的影响。

在实际工程中，若不清楚尾砂胶结材料的损伤性能[27]和力学性能[28,29]，就无法更好地预测和控制工程结构失稳灾害的发生。声发射是评估材料损伤演化的重要工具，它被定义为荷载作用下材料破坏过程中以弹性波形式释放应变能的现象[30]。声发射信号可以充分反映尾砂胶结材料破坏过程中的破裂信息。基于声发射测试有关材料变形和损伤的手段，主要包括：声发射信号特征分析[31-33]、声发射损伤演化分析[34-36]、声发射频谱特征提取[37]、声发射变形演化分析[38]、声发射能量演化分析[39-41]等。上述测试手段虽然在尾砂胶结材料方面取得了初步成果，但是这些技术手段在使用过程也存在一些缺点。例如，声发射技术无法获得尾砂胶结材料内部缺陷图片，无法直观地对尾砂胶结材料结构损伤形态进行描述。

以往的研究主要集中在声发射的单一参数分布特征上，而很少关注表征空间微破裂的三维声发射分布特征，这是由于应力波的反射和折射以及测试设备采样频率的限制造成了声发射源空间位置的不确定性[42,43]。随着定位技术的快速发展，声发射源的空间分布研究引起了许多研究者的极大兴趣，已有越来越多的关于声发射空间分布试验的研究报告[44-46]。尽管声发射无损监测技术已广泛用于岩石和混凝土破坏过程中损伤分布的实时监测，但针对尾砂胶结材料损伤破坏过程中声发射事件空间分布的实时监测研究尚很少报道，尤其是纤维增强尾砂胶结材料的声发射源空间分布。

声发射三维定位技术[47-53]是至少利用 4 个声发射探头对尾砂胶结材料试样进行检测定位的方法，分析其定位结果，可发现裂纹的位置、裂纹的大小及裂纹是否沿某一方向继续扩大的趋势。因此，本章对不同纤维增强尾砂胶结材料开展单轴压缩试验，通过声发射能量参数与应力、时间的关系及声发射三维定位技术，扬长避短，研究纤维增强尾砂胶结材料的能量计数一般特性及空间定位损伤演化规律，以期达到和试验宏观破裂研究结果相互验证的目的，为后续的破裂定位预测研究提供可靠的理论支撑依据。

5.1 不同纤维作用下尾砂胶结材料声发射参数特性

5.1.1 声发射能量计数时序演化特征

声发射振铃是指在声发射波的时域图上传感器每次振荡一个脉冲的输出，振铃计数是声发射振铃脉冲越过门槛信号的振荡次数。能量计数是事件信号检波包络线下的区域面积，可分为累计能量计数和能量计数率。能量计数反映了事件的相对能量或强度，对阈值、工作频率和传播特性不敏感，可以代替振铃计数，也可以用于识别波源的类型。

由于能量计数和振铃计数的演化趋势具有高度的相似性，这里将着重介绍能量计数的变化规律。由于两种灰砂比的声发射能量计数时序演化特征基本相似，故以灰砂比为 1∶8 的尾砂胶结材料试样为例，绘制尾砂胶结材料试样的应力、能量计数、累计能量计数随时间变化的关系曲线，如图 5-1 所示。由图 5-1 可知，能量计数在单轴压缩过程中的时序演化过程大致可划分为上升期、平静期和活跃期三个时期。

(1) 上升期。从图 5-1(a) 可以看出，在试验加载初期，即 0～17s 的时间段内，由于尾砂胶结材料试样初始裂隙的压密引起声发射活动，产生了少量能量，这一时间段内，能量计数很少，几乎为零；在 17～35s 的时间段内声发射活动剧烈，能量计数出现了一次小高峰，这是因为在应力上升阶段，试样内部裂隙逐渐被压密，稍许较大的孔隙也被压密，随着尾砂颗粒之间的摩擦作用，使得在此阶段能够顺利地产生小能量事件，同时孕育出了大量新的微裂纹，此阶段可称为能量计

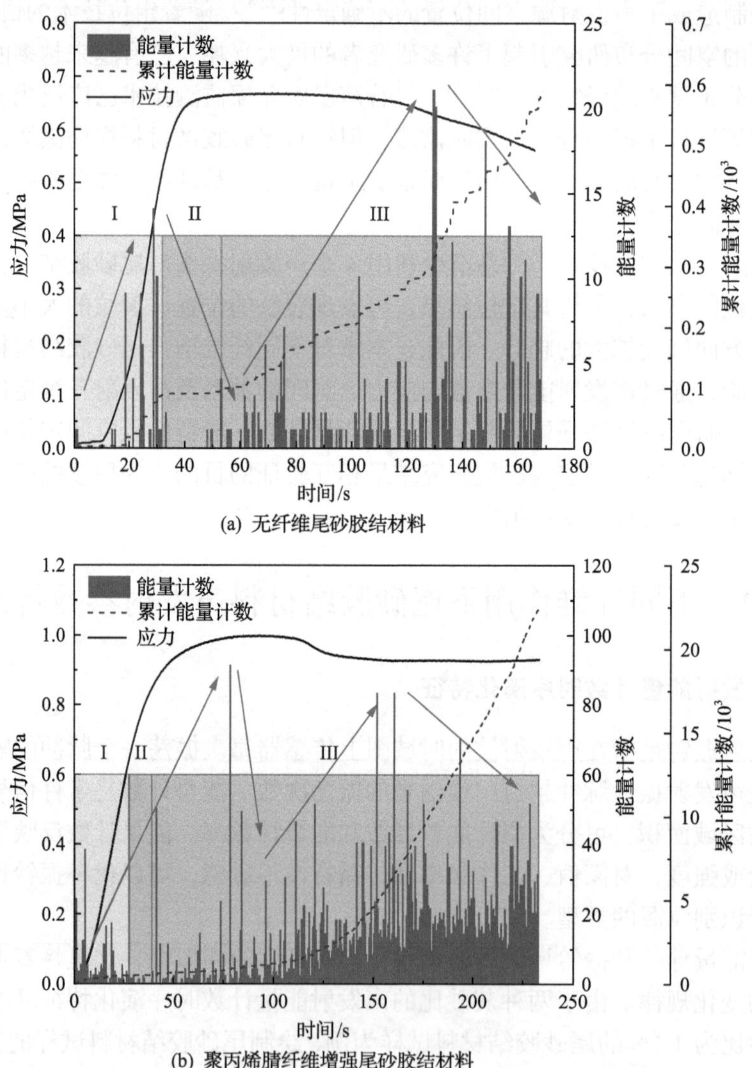

(a) 无纤维尾砂胶结材料

(b) 聚丙烯腈纤维增强尾砂胶结材料

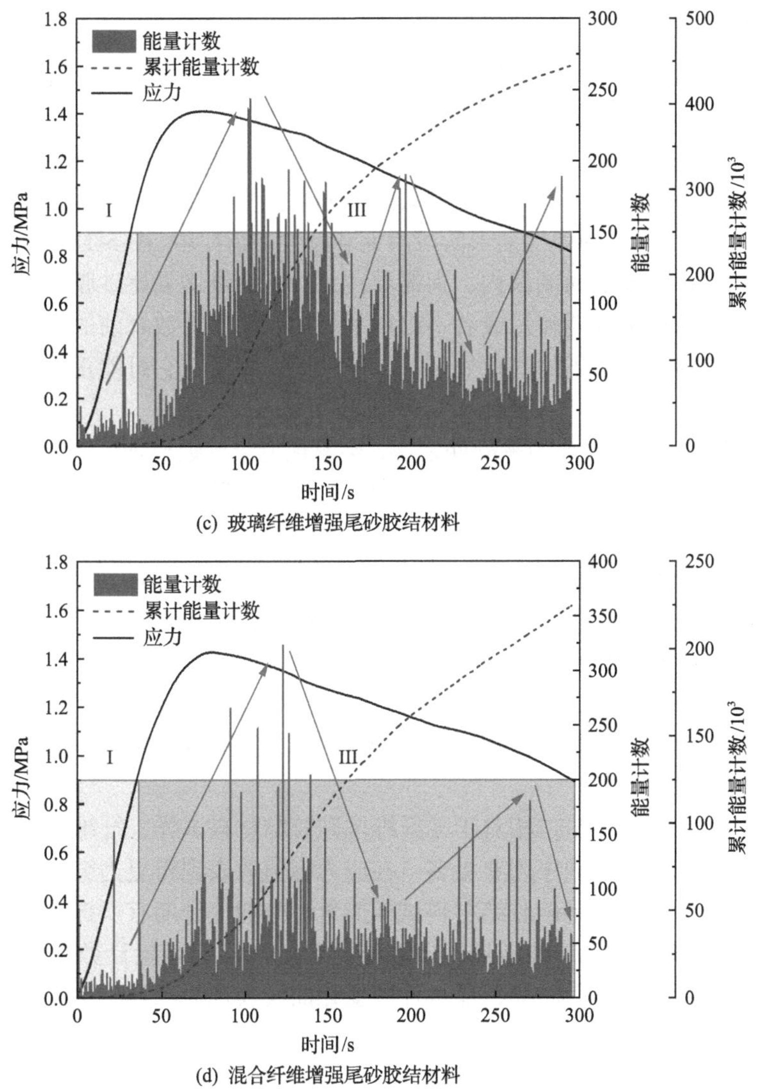

(c) 玻璃纤维增强尾砂胶结材料

(d) 混合纤维增强尾砂胶结材料

图 5-1　尾砂胶结材料试样应力-时间-能量计数-累计能量计数关系曲线图

数的上升期。上升期对应于无纤维尾砂胶结材料试样应力-应变曲线的初始压密阶段和弹性变形阶段前期。图 5-1(b)、图 5-1(c)、图 5-1(d)中，能量计数的上升期所对应的时间段分别为 5～20s、5～30s、5～30s，其中纤维增强尾砂胶结材料试样能量计数的上升期有所提前，这是因为加入的纤维填充了尾砂胶结材料试样内部原有的初始孔隙，降低了初始裂隙和孔隙的数量，致使尾砂胶结材料试样的初始压密阶段不明显，弹性变形阶段提前，声发射活动提前。这种现象可以说明纤维对尾砂胶结材料试样的初始孔隙有负面影响，提高了尾砂胶结材料试样的强度和弹性模量。

(2)平静期。图 5-1(a)中，在 35～60s 的时间段内可以看出能量计数比较少且变化相当平稳，累计能量计数曲线几乎接近一条直线。在此阶段试样内部裂纹开始有序缓慢扩展，试样内部积累的弹性能还未来得及释放，所以能量计数相对而言不是很活跃，此阶段可称为能量计数的平静期。平静期对应无纤维尾砂胶结材料试样应力-应变曲线的弹性变形阶段后期和塑性变形阶段。图 5-1(b)中能量计数的平静期在 30～40s 的时间段内，但需要注意的是纤维增强尾砂胶结材料试样的能量计数在此阶段平静期较短或者不出现平静期，能量计数峰前的平静期并不意味着尾砂胶结材料变形场的演化处于一个平静期，相反，它可能正为下一步裂纹剧烈演化做准备。

(3)活跃期。能量计数的平静期之后，会发现能量计数出现了大量的激增，这是由于此阶段尾砂胶结材料试样中积累的大量弹性能迅速释放，尾砂胶结材料内部裂纹演化加剧，大量裂纹汇聚贯通，导致尾砂胶结材料整体失稳。声发射事件剧烈发生，并且能量计数曲线急剧变化增大，该阶段可以称为能量计数的活跃期。活跃期对应无纤维尾砂胶结材料试样应力-应变曲线的峰后破坏阶段。需要注意的是纤维增强尾砂胶结材料试样相对于无纤维尾砂胶结材料试样在此阶段的声发射活动更加活跃，并出现多峰型变化。尾砂胶结材料试样中积累的大量弹性能并不是一次性全部释放，而是在荷载作用下分多次释放，导致能量计数的变化曲线出现了双峰或多峰的现象。

由上述分析可以得出，相对于无纤维尾砂胶结材料试样，纤维增强尾砂胶结材料试样能量计数的时间序列要更多，在应力峰值后表现得更为突出，并且在试验加载初期，纤维增强尾砂胶结材料试样能量计数的上升期有所提前。无纤维尾砂胶结材料和聚丙烯腈纤维增强尾砂胶结材料的声发射能量计数都经历了上升期、平静期和活跃期三个时期，能量计数变化曲线表现为双峰型；玻璃纤维增强尾砂胶结材料和混合纤维增强尾砂胶结材料的声发射能量计数则是只有上升期和活跃期两个时期，能量计数变化曲线表现为双峰型或者多峰型。

5.1.2　能量计数特性及损伤模式

文献[35]、[48]对尾砂胶结材料振铃计数率、能率等声发射参数进行了分析讨论，得出了声发射参数在随时间变化的整个过程分为上升期、平静期和活跃期三个阶段，声发射参数的演化规律与裂缝位置点的演化规律表现出良好的一致性。文献[34]、[38]研究了尾砂胶结材料的声发射特性，在破裂前其声发射参数(振铃计数率和能率)均出现平静期。平静期后，声发射活动强烈，声发射参数出现峰值，试样内部裂纹迅速扩展，最终形成穿透或贯通裂纹。因此，通过研究声发射振铃计数发现，可以将尾砂胶结材料破裂前的平静期作为破裂前兆信息，尾砂胶结材料的破裂可以通过振铃计数的变化来进一步确定。

参考以上解释，发现本次研究的尾砂胶结材料在声发射能量计数方面也有同样的上升期、平静期和活跃期三个时期。需要说明的是，纤维增强尾砂胶结材料的能量计数可能没有平静期或者平静期不那么明显，在上升期后直接步入活跃期，能量计数的活跃期较为明显，一般出现在峰后的延性阶段，且活跃期的时间较长，声发射能量计数随时间变化过程中伴随着多次先突增后突降的明显脉冲和间歇现象。这说明纤维增强尾砂胶结材料试样的延性较好，纤维提高了尾砂胶结材料试样的抗压强度，并有效阻止了裂纹的进一步扩展，尾砂胶结材料试样中积累的大量弹性应变能分多次释放，导致能量计数出现先突增后突降的波动现象。

当前，损伤模式主要是根据材料损伤时应变值的大小来确定的，可分为：脆性损伤、脆-韧性损伤和延性损伤三种[48]。①脆性损伤：当应力达到峰值时，应变值小于 0.01，残余强度接近 0，损伤后没有承载能力，如岩石材料、强度较高的混凝土材料。②脆-韧性损伤：当应力达到峰值时，应变值在 0.01～0.02，损伤后有较小的承载能力，如尾砂胶结材料。③延性损伤：有一个较明显的初始压密阶段和峰后应变硬化阶段，当应力达到峰值时，应变值在 0.01～0.05，如加改性纤维的尾砂胶结材料和混凝土材料。

不同尾砂胶结材料试样的全应力-应变曲线，如图 5-2 所示。综上试验结果，从图 5-2 可以看出，纤维增强尾砂胶结材料在单轴压缩过程中表现出明显的初始压缩致密阶段和应力峰值后的应变硬化阶段，而且峰后应变硬化阶段较长且纤维增强尾砂胶结材料的峰值应变均在 0.01～0.05，所以均判定为延性损伤。

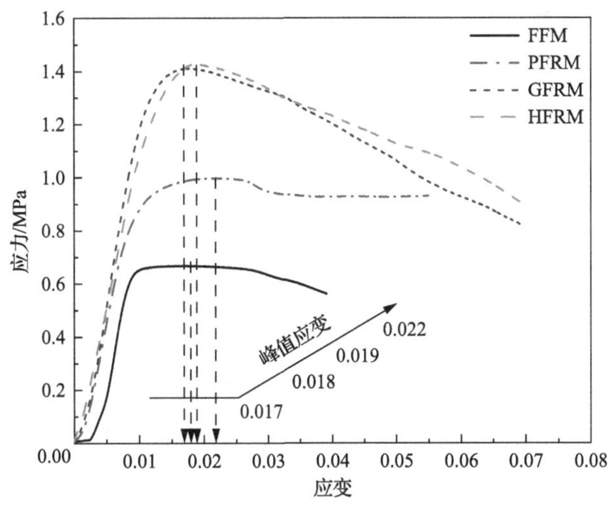

图 5-2 不同尾砂胶结材料试样的全应力-应变曲线

尾砂胶结材料试样裂纹的贯穿形式与试样的力学特性、颗粒级配以及胶结材料物理特性有着密切关系，对单轴压缩条件下裂纹的贯穿机制可以从颗粒的粉碎程度和裂纹的光滑程度两个方面进行判定[48]。①裂纹表面粗糙、贯穿形式有较多的弯折，且在裂纹表面有很多粉碎的骨料颗粒，将此类贯穿裂纹判定为剪切贯通；②一部分裂纹表面粗糙、弯折，且有粉碎的骨料和胶结材料，一部分裂纹表面光滑、干净、平整，将此类贯穿裂纹判定为剪切+张拉贯通；③裂纹表面光滑、干净、平整，没有粉碎的骨料和胶结材料，将此类贯穿裂纹判定为张拉贯通。

为了更好地表征尾砂胶结材料裂纹贯穿形式，选取试验典型破坏面进行贯穿裂纹的描绘和分析，如图 5-3 所示。由图 5-3 可知，尾砂胶结材料试样一部分主裂纹和次生裂纹的表面粗糙、不平整，且有较多粉碎的骨料及胶结材料；一部分主裂纹和次生裂纹的表面光滑、干净、平整。试样大块掉落的位置主要分布在主裂纹之间，试样局部掉落的位置主要分布在次生裂纹之间、主裂纹与次生裂纹之间，并在试样快接近破坏时伴随有较明显的响声。基于此，判定尾砂胶结材料单轴压缩裂纹贯穿属于剪切+张拉贯穿。

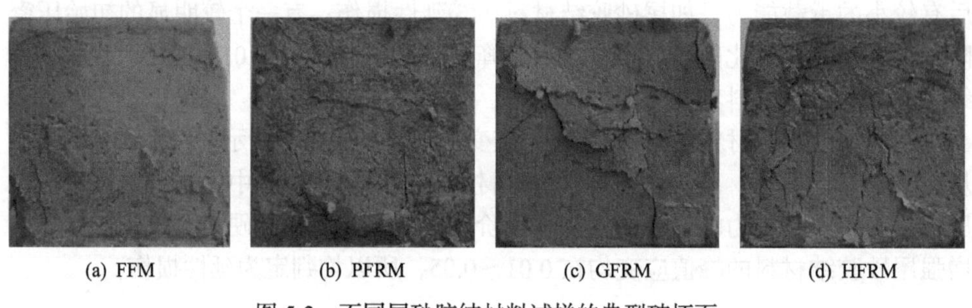

(a) FFM　(b) PFRM　(c) GFRM　(d) HFRM

图 5-3　不同尾砂胶结材料试样的典型破坏面

5.2　不同纤维作用下尾砂胶结材料声发射定位空间损伤演化

5.2.1　声发射定位原理

声发射事件的空间分布可以直接反映材料内部微裂纹的萌生和扩展，因而比简单的声发射统计参数更有价值。声发射的定位算法有很多，常见的有最小二乘法、相对定位法、盖革(Geiger)定位法和单纯形定位方法等。Geiger 定位法是高斯-牛顿(Gauss-Newton)最小二乘法拟合函数的应用之一，适用于小区域地震事件。本节为实验室尺度的纤维增强尾砂胶结材料破坏，因此采用 Geiger 定位法来确定其声发射事件空间位置。Geiger 定位法是基于最小二乘法，对给定初始点的位置坐标进行反复迭代，每一次迭代都获得一个修正向量，把修正向量叠加到上次迭代的结果上，得到一个新的试验点，然后判断该点是否满足要求。如果满足要求，则该点为所求声发射事件空间位置；如不满足，则继续迭代，直到满足要求为止。

纤维增强尾砂胶结材料的声发射定位是研究尾砂胶结材料微裂纹动态演化过程的首位工作，其基本原理就是假设尾砂胶结材料是同质性和各向同性的，声波在尾砂胶结材料内部的传播速度是恒定的，然后利用布置在不同部位的声发射传感器所接收到的声发射源信号的时间差来反演尾砂胶结材料破裂源位置。由声发射事件的到达时间 t 与 P 波波速 v_P 可计算出由传感器到尾砂胶结材料破裂源位置的距离[47]：

$$d = v_P \times t \tag{5-1}$$

在三维笛卡儿坐标系中，通过破裂源与不同传感器的时间差和位置差可以计算出破裂源的位置：

$$\left(x_i - x_0\right)^2 + \left(y_i - y_0\right)^2 + \left(z_i - z_0\right)^2 = v_P^2\left(t_i - t_0\right)^2 \tag{5-2}$$

式中：x_i，y_i，z_i 为第 i 个声发射传感器位置所对应的坐标；x_0，y_0，z_0 为破裂源的坐标位置(初始值人为设定)；v_P 为 P 波波速；t_i 为 P 波从破裂源到达第 i 个声发射传感器时所需要的时间；t_0 为破裂源发出声发射信号的时间。

式(5-2)中有 4 个未知量，即 x_i，y_i，z_i 和 t_i，因此至少通过 4 个不共面的声发射传感器确定破裂源的空间位置。

对于第 i 个声发射传感器检测到的 P 波到达时间 $t_{0,t}$，可用试验点坐标计算出的到达时间的一阶泰勒(Taylor)展开式表示：

$$t_{0,t} = t_{c,t} + \frac{\partial t_i}{\partial x}\Delta x + \frac{\partial t_i}{\partial y}\Delta y + \frac{\partial t_i}{\partial z}\Delta z + \frac{\partial t_i}{\partial t}\Delta t \tag{5-3}$$

其中：

$$\begin{cases} \dfrac{\partial t_i}{\partial x} = \dfrac{x_i - x}{v_P R} \\ \dfrac{\partial t_i}{\partial y} = \dfrac{y_i - y}{v_P R} \\ \dfrac{\partial t_i}{\partial z} = \dfrac{z_i - z}{v_P R} \\ \dfrac{\partial t_i}{\partial t} = 1 \\ R = \sqrt{\left(x_i - x\right)^2 + \left(y_i - y\right)^2 + \left(z_i - z\right)^2} \end{cases} \tag{5-4}$$

式中：$t_{c,t}$ 为由试验点坐标计算出的 P 波到达第 i 个声发射传感器的时间。

这样通过联立多个方程就可以求出破裂点的坐标位置。对于 n 个声发射传感器，可以得到 n 个方程，写成矩阵的形式为

$$\begin{bmatrix} \dfrac{\partial t_1}{\partial x} & \dfrac{\partial t_1}{\partial y} & \dfrac{\partial t_1}{\partial z} & 1 \\ \dfrac{\partial t_2}{\partial x} & \dfrac{\partial t_2}{\partial y} & \dfrac{\partial t_2}{\partial z} & 1 \\ \vdots & \vdots & \vdots & \vdots \\ \dfrac{\partial t_n}{\partial x} & \dfrac{\partial t_n}{\partial y} & \dfrac{\partial t_n}{\partial z} & 1 \end{bmatrix} \begin{Bmatrix} \Delta x \\ \Delta y \\ \Delta z \\ \Delta t \end{Bmatrix} = \begin{Bmatrix} t_{0,1} - t_{c,1} \\ t_{0,2} - t_{c,2} \\ \vdots \\ t_{0,n} - t_{c,n} \end{Bmatrix} \tag{5-5}$$

用高斯(Gauss)消元法求解式(5-5)可得修正向量 $\Delta\boldsymbol{\theta} = \left[\Delta x,\ \Delta y,\ \Delta z,\ \Delta t\right]$。通过对每一个可能的声发射源坐标矩阵计算，求出修正向量 $\Delta\boldsymbol{\theta}$ 后，以 $(\boldsymbol{\theta}+\Delta\boldsymbol{\theta})$ 为新的试验点继续迭代，直到满足误差要求，该坐标即可确定为声发射源的最终定位坐标。

日本建筑材料标准(JCMS-Ⅲ B5706，2003)提出了钢筋混凝土结构裂纹分类方法[54,55]。该方法基于两个声发射特征参数，即 RA 与 AF 值，其中，RA 由声发射参数中的上升时间和最大振幅的比值获得，平均频率 AF 由振铃计数和持续时间的比值获得。另外，JCMS-Ⅲ B5706 根据 RA 与 AF 值的关联关系将声发射源分为张拉裂纹和剪切裂纹，如图 5-4 所示。通过 4 个声发射传感器确定破裂源的空间位置，在此过程中破裂源获得的信号参数可计算得 4 个 RA 与 AF 值，再以每个破裂源的 RA 和 AF 值平均值作散点图，JCMS-Ⅲ B5706 认为对角线为张拉裂纹和剪切裂纹的区分直线，位于直线上侧的数据点为张拉裂纹破坏产生的数据

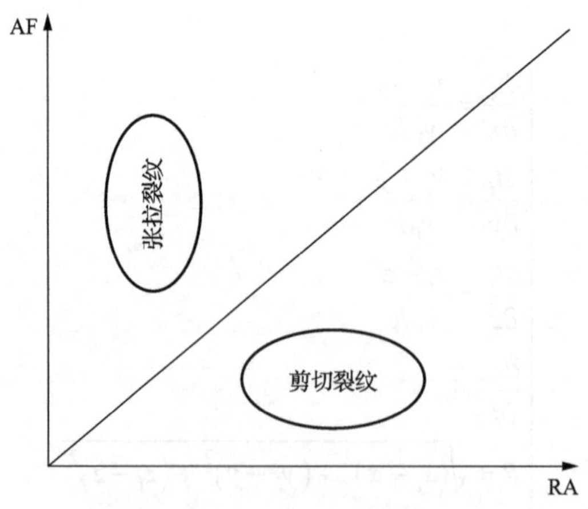

图 5-4 JCMS-Ⅲ B5706 的裂纹分类

点，而直线下侧的数据点为剪切裂纹破坏产生的数据点。这样通过 4 个 RA 与 AF 值的平均值就可以判断数据点的类型。

5.2.2　声发射定位损伤演化

用 MATLAB 软件对无纤维尾砂胶结材料、聚丙烯腈纤维增强尾砂胶结材料、玻璃纤维增强尾砂胶结材料、混合纤维增强尾砂胶结材料试样的声发射数据点进行处理，实现三维立体显示。在整个加载阶段选取 10 个阶段，充分展示无纤维尾砂胶结材料和纤维增强尾砂胶结材料在各个阶段的定位损伤演化，其中蓝色点代表剪切破坏数据点，红色点代表张拉破坏数据点，其结果如图 5-5～图 5-8 所示。

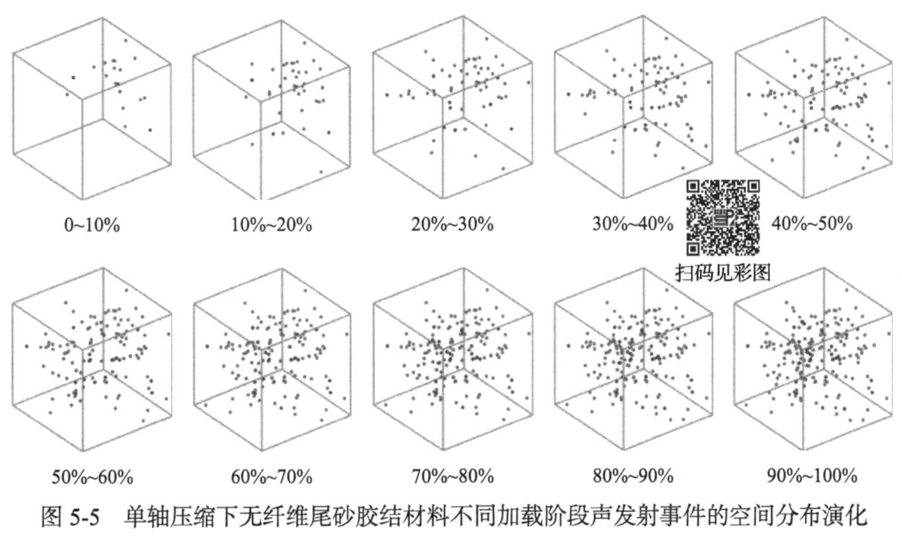

图 5-5　单轴压缩下无纤维尾砂胶结材料不同加载阶段声发射事件的空间分布演化

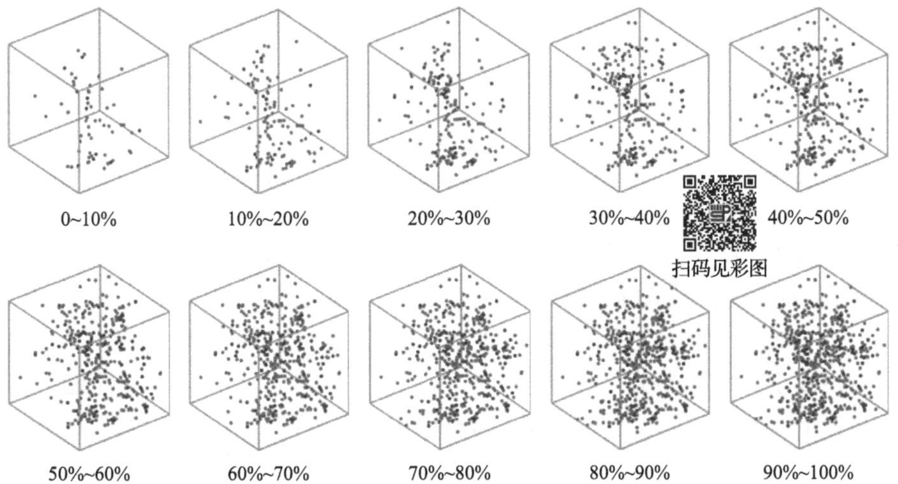

图 5-6　单轴压缩下聚丙烯腈纤维增强尾砂胶结材料不同加载阶段声发射事件的空间分布演化

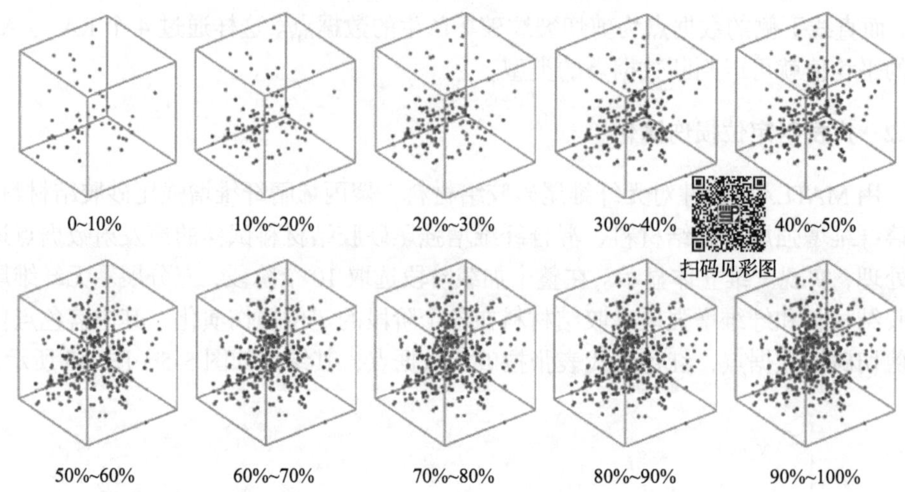

图 5-7　单轴压缩下玻璃纤维增强尾砂胶结材料不同加载阶段声发射事件的空间分布演化

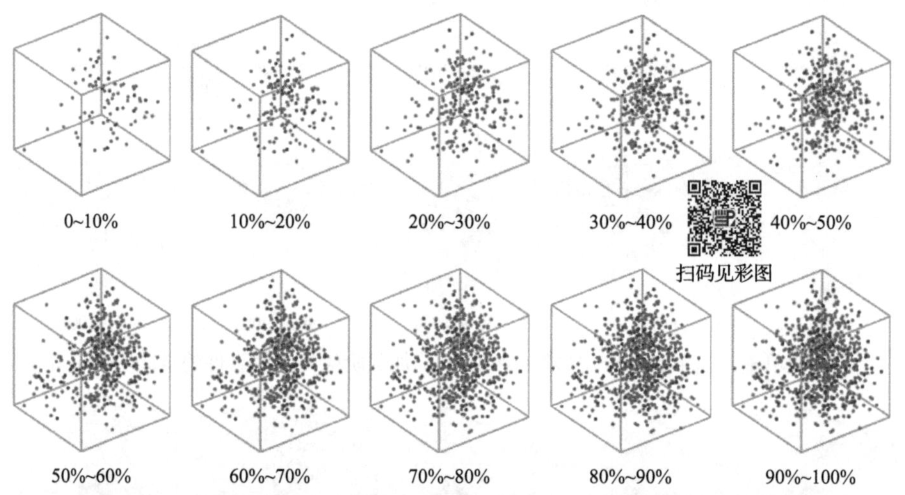

图 5-8　单轴压缩下混合纤维增强尾砂胶结材料不同加载阶段声发射事件的空间分布演化

声发射定位划分为 10 个阶段的依据是根据尾砂胶结材料的力学特性划分的。尾砂胶结材料和岩石的力学特性有很大差异，由于尾砂胶结材料韧性较好，应力在峰值后不会迅速下降，会出现应变硬化阶段，且峰后阶段对应的声发射信号特征会很丰富。因此，选用尾砂胶结材料最终应力所对应加载时间的 0～10%、10%～20%、…、90%～100%的累积结果来划分 10 个阶段。这样做不仅能反映尾砂胶结材料的声发射三维定位点在峰值前和峰值后损伤的累积过程，而且还能更好地表征在整个试验加载过程中尾砂胶结材料的声发射事件三维动态迁移及损伤演化情况。

图 5-5 是无纤维尾砂胶结材料试样的声发射事件的空间分布演化结果。首先

可以看到在试样右侧面出现了较少的零星声发射事件，当荷载加载到最终加载时间的10%时，声发射事件在试样内部产生较少，此阶段对应加载过程的初始压密阶段，试样损伤几乎为零。当荷载加载到最终加载时间的20%时，声发射事件逐渐向试样内部转移，此阶段对应加载过程的弹性变形阶段，试样损伤产生较少。当荷载加载到最终加载时间的30%时，声发射事件变化不大，此阶段对应加载过程的塑性变形阶段前期，也对应能量计数的平静期。随着荷载的增加，尾砂胶结材料试样左侧开始出现声发射事件，这说明该试样是从两侧先开始产生大量损伤的，也表明此部位产生了大量新生微裂纹，此阶段截止到最终加载时间的50%，可对应塑性变形阶段后期，试样损伤稳定增长。在最终加载时间的 50%～60%所对应的峰值破坏阶段，可以看出在立方体试样左右两侧的声发射事件数较上一阶段变得更加密集，中间也有少许蓝色的小点，表明该部位产生了少许剪切破坏，试样损伤加速增长。最后在峰后破坏阶段，即对应最终加载时间的60%～100%，可看出试样左右两侧声发射事件数基本上变化不大，只是变得更加密集，说明无纤维尾砂胶结材料试样最终在立方体左右两侧产生了大量的宏观破坏，试样损伤急速增长。

图 5-6 是聚丙烯腈纤维增强尾砂胶结材料试样的声发射事件的空间分布演化结果，可以看出和无纤维尾砂胶结材料的声发射事件空间分布有一定的区别。在最终加载时间的 0～10%对应的初始压密阶段和弹性变形阶段前期,声发射事件主要在立方体底部分布，这可能是由于试验机产生端部效应所引起的声发射轻微活动，此时损伤很少发生。当荷载加载到弹性变形阶段前期时，可以看出试样中间的事件数增加了很多，这就很好地对应了能量计数的上升期，此时试样损伤稳定增长。当荷载加载到最终加载时间的 10%～20%时，可以看出声发射源空间分布事件数变化不大，对应能量计数的平静期。当荷载加载到最终加载时间的 20%～50%时，可以看出声发射源空间分布事件数少量增加，此时试样新的损伤产生较少。当荷载加载到最终加载时间的 50%～100%时，可以看出声发射事件由中间密集逐渐向周围扩散，说明声发射事件在试样两端集聚、成核，并不断向试样周围延伸，同时蓝色点也逐渐增多，但是整体蓝色点还是远少于红色点。从破坏方式来说在整个加载阶段张拉破坏占主导地位(蓝色点远少于红色点)，但是从整体上来看，蓝色点由最初的散点到最终的加载阶段都能聚集和连通，此时试样损伤加速增长。

图 5-7 是玻璃纤维增强尾砂胶结材料试样的声发射事件的空间分布演化结果，可以看出和聚丙烯腈纤维增强尾砂胶结材料的声发射事件空间分布有一定的相似，但是整体来看玻璃纤维增强尾砂胶结材料的声发射事件要更少一些。在最终加载时间的 0～10%对应的初始压密阶段和弹性变形阶段前期，声发射事件主要分布在立方体左侧面，红色点居多，以张拉破坏为主。当荷载加载到弹

性变形阶段前期时，可以看出中间区域的事件数增加了很多，这就很好地对应了声发射能量计数的上升期。当荷载加载到最终加载时间的20%～50%时，可以看出声发射源空间分布事件数有少量增加，说明在这一时期开始经历能量计数的活跃期，试样损伤开始加速增长。当荷载加载到最终加载时间的 50%～100%时，可以看出蓝色点和红色点逐渐增多，但是整体上看蓝色点远少于红色点，从破坏方式来说，即在整个加载阶段以张拉破坏为主，并伴随剪切破坏，试样损伤快速增长。

从图 5-8 中整体来看，混合纤维增强尾砂胶结材料试样的声发射事件明显多于无纤维尾砂胶结材料试样和单一纤维增强尾砂胶结材料试样，这说明混合纤维增强尾砂胶结材料破坏时内部的声发射活动相对较多，也进一步说明了混合纤维增强尾砂胶结材料综合了单一纤维试样的优点。从刚开始的初始压密阶段和弹性变形阶段前期，即最终加载时间的 0～10%，声发射事件主要发生在立方体底部和侧面，且事件数呈小圆环分布，对应为能量计数的上升期。在最终加载时间的10%～30%，声发射事件迅速增加，对应为能量计数的活跃期前期，此时密集分布的声发射事件代表断裂附近显著的应力集中、挤压和摩擦作用，在峰值破坏阶段，声发射活动大量增加，试样损伤加速增长。当荷载进一步增大时即在最终加载时间的 30%～100%，试样进入峰后的延性阶段，可发现声发射事件开始快速增多，即进入活跃期中后期，强烈的声发射事件开始向周围扩散，并集中在断裂面上，这明显揭示了局部损伤是一种渐进的特征。

结果发现，随着荷载的增加，尾砂胶结材料损伤破坏产生声发射事件数是一个渐进增加的过程，该过程不仅能反映试样加载全过程中试样损伤的空间位置，而且根据空间点数的密集程度还能判断某一位置的损伤程度。随着荷载的增加，四种尾砂胶结材料试样之间具有相似的声发射累计能量计数特征，但是时段声发射事件特征有所不同，时段声发射事件空间点数不同(混合纤维增强尾砂胶结材料＞聚丙烯腈纤维增强尾砂胶结材料＞玻璃纤维增强尾砂胶结材料＞无纤维尾砂胶结材料)，即不同时段的损伤程度不同。无纤维尾砂胶结材料试样的声发射事件源分布较为分散，而纤维增强尾砂胶结材料试样的声发射事件源分布较为密集。

5.2.3 声发射 *b* 值特征

b 值分析最初是在地震学领域引入的。与材料损坏相关的弹性波类似于地震波；因此，*b* 值分析可用于分析声发射信号。根据 G-R 关系式[56,57]计算尾砂胶结材料的声发射 *b* 值如下：

$$\lg N = a - bM = a - bM_{\mathrm{L}} \tag{5-6}$$

式中：N 为震级在 M 至 $M+\Delta M$ 之内的地震频度，单位为次，这里以声发射次数取代 N；M 为地震的震级，单位为里氏，这里以声发射幅值 A 除以 20($M_L=A/20$) 取代地震震级 M；a、b 为常数，其中 b 值是表征裂纹扩展尺度的函数。

b 值增大，意味着尾砂胶结材料内部裂纹扩展以小尺度微破裂为主；b 值减小，意味着尾砂胶结材料内部裂纹扩展以大尺度微破裂为主，小尺度微破裂为辅。因此，通过分析 b 值的时间变化，可以评估尾砂胶结材料在整个试验过程中内部损伤程度。通过选择每 10%最终加载时间所对应的声发射数据为一个样本，采用最小二乘法来计算尾砂胶结材料的声发射 b 值。

图 5-9 为尾砂胶结材料试样在单轴压缩作用下声发射 b 值随时间变化的关系曲线。声发射 b 值综合反映了裂纹的数量、相应的振幅和持续时间，可以反映破裂对尾砂胶结材料试样结构破坏的渐进累积效应。由图 5-9 可知，无纤维尾砂胶结材料声发射 b 值呈下降—上升—下降—波动的变化形式，聚丙烯腈纤维增强尾砂胶结材料声发射 b 值呈下降—上升—下降—上升—下降的变化形式，玻璃纤维增强尾砂胶结材料和混合纤维增强尾砂胶结材料声发射 b 值都呈下降—上升的变化形式。无纤维尾砂胶结材料声发射 b 值的变化程度远大于纤维增强尾砂胶结材料。由图 5-9(a)可知，当荷载加载到最终加载时间的 30%～40%时，声发射 b 值快速下降至 0.67，该阶段较大尺度的损伤快速增加。由图 5-9(b)可知，当荷载加载到最终加载时间的 30%～40%时，声发射 b 值快速下降至 0.53。由图 5-9(c)可知，当荷载加载到最终加载时间的 20%～40%时，声发射 b 值快速下降至最小值 0.38。由图 5-9(d)可知，当荷载加载到最终加载时间的 20%～30%时，声发射 b 值快速下降至最小值 0.50。这一现象说明声发射 b 值在尾砂胶结材料应力峰值处均出现快速下降的现象，并且相应的声发射能量计数进入活跃期，可作为尾砂胶结材料损伤破裂的前兆信息。

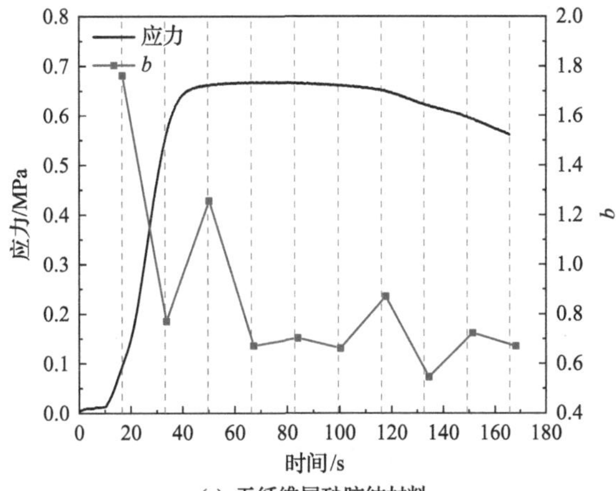

(a) 无纤维尾砂胶结材料

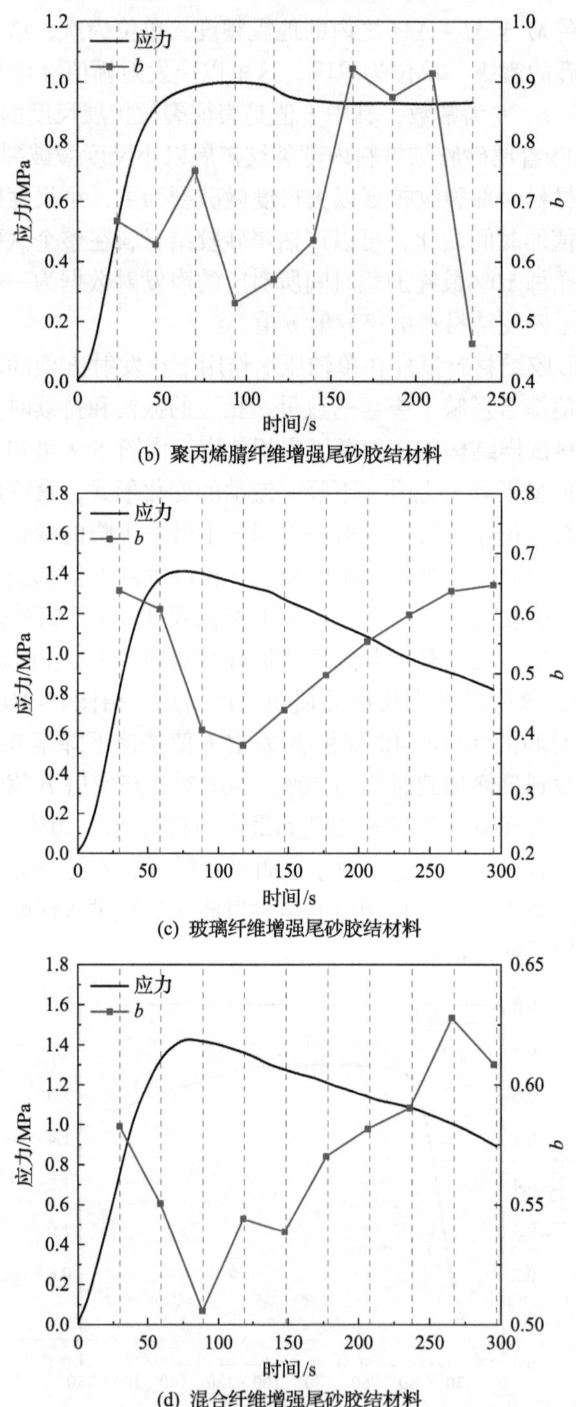

图 5-9 单轴压缩下尾砂胶结材料试样应力-时间-声发射 b 值关系曲线

参 考 文 献

[1] Danish A, Mosaberpanah M, Salim M, et al. Reusing marble and granite dust as cement replacement in cementitious composites: a review on sustainability benefits and critical challenges[J]. Journal of Building Engineering, 2021, 44: 102600.

[2] Chen Q, Zhang Q, Qi C, et al. Recycling phosphogypsum and construction demolition waste for cemented paste backfill and its environmental impact[J]. Journal of Cleaner Production, 2018, 186: 418-429.

[3] Qi C, Fourie A. Cemented paste backfill for mineral tailings management: review and future perspectives[J]. Minerals Engineering, 2019, 144: 106025.

[4] Liu L, Zhu C, Qi C, et al. Effects of curing time and ice-to-water ratio on performance of cemented paste backfill containing ice slag[J]. Construction and Building Materials, 2019, 228: 116639.

[5] Zhao K, Yu X, Zhu S, et al. Acoustic emission fractal characteristics and mechanical damage mechanism of cemented paste backfill prepared with tantalum niobium mine tailings[J]. Construction and Building Materials, 2020, 258: 119720.

[6] Liu L, Xin J, Qi C, et al. Experimental investigation of mechanical, hydration, microstructure and electrical properties of cemented paste backfill[J]. Construction and Building Materials, 2020, 263: 120137.

[7] Zhou Y, Yan Y, Zhao K, et al. Study of the effect of loading modes on the acoustic emission fractal and damage characteristics of cemented paste backfill[J]. Construction and Building Materials, 2021, 277: 122311.

[8] Fall M, Célestin J C, Pokharel M, et al. A contribution to understanding the effects of curing temperature on the mechanical properties of mine cemented tailings backfill[J]. Engineering Geology, 2010, 114(3-4): 397-413.

[9] Choudhary B S, Kumar S. Underground void filling by cemented mill tailings[J]. International Journal of Mining Science and Technology, 2013, 23(6): 893-900.

[10] Cui L, Fall M. A coupled thermo-hydro-mechanical-chemical model for underground cemented tailings backfill[J]. Tunnelling and Underground Space Technology, 2015, 50: 396-414.

[11] Li L G, Chu S H, Zeng K L, et al. Roles of water film thickness and fibre factor in workability of polypropylene fibre reinforced mortar[J]. Cement and Concrete Composites, 2018, 93: 196-204.

[12] Koohestani B, Darban A K, Mokhtari P, et al. Comparison of different natural fiber treatments: a literature review[J]. International Journal of Environmental Science and Technology, 2019, 16: 629-642.

[13] Deng H, Liu Y, Zhang W, et al. Study on the strength evolution characteristics of cemented tailings backfill from the perspective of porosity[J]. Minerals, 2021, 11(1): 82.

[14] Xu W, Cao Y, Liu B. Strength efficiency evaluation of cemented tailings backfill with different stratified structures[J]. Engineering Structures, 2019, 180: 18-28.

[15] Yin S, Chen W, Wang Y. Effect of mixed bacteria on cemented tailings backfill: economic potential to reduce binder consumption[J]. Journal of Hazardous Materials, 2021, 411: 125114.

[16] Qi C, Fourie A, Chen Q. Neural network and particle swarm optimization for predicting the unconfined compressive strength of cemented paste backfill[J]. Construction and Building Materials, 2018, 159: 473-478.

[17] Jiang H, Han J, Li Y, et al. Relationship between ultrasonic pulse velocity and uniaxial compressive strength for cemented paste backfill with alkali-activated slag[J]. Nondestructive Testing and Evaluation, 2020, 35(4): 359-377.

[18] Guo Z, Zhuang C, Li Z, et al. Mechanical properties of carbon fiber reinforced concrete(CFRC) after exposure to high temperatures[J]. Composite Structures, 2021, 256: 113072.

[19] Guzlena S, Sakale G. Self-healing of glass fibre reinforced concrete (GRC) and polymer glass fibre reinforced concrete (PGRC) using crystalline admixtures[J]. Construction and Building Materials, 2021, 267: 120963.

[20] Yi X W, Ma G W, Fourie A. Compressive behaviour of fibre-reinforced cemented paste backfill[J]. Geotextiles and Geomembranes, 2015, 43 (3): 207-215.

[21] 马国伟, 李之建, 易夏玮, 等. 纤维增强膏体充填材料的宏细观试验[J]. 北京工业大学学报, 2016, 42 (3): 406-412.

[22] Chen X, Shi X, Zhou J, et al. Compressive behavior and microstructural properties of tailings polypropylene fibre-reinforced cemented paste backfill[J]. Construction and Building Materials, 2018, 190: 211-221.

[23] 徐文彬, 李乾龙, 田明明. 聚丙烯纤维加筋固化尾砂强度及变形特性[J]. 工程科学学报, 2019, 41 (12): 1618-1626.

[24] Xu W, Li Q, Zhang Y. Influence of temperature on compressive strength, microstructure properties and failure pattern of fiber-reinforced cemented tailings backfill[J]. Construction and Building Materials, 2019, 222: 776-785.

[25] Xue G, Yilmaz E, Song W, et al. Influence of fiber reinforcement on mechanical behavior and microstructural properties of cemented tailings backfill[J]. Construction and Building Materials, 2019, 213: 275-285.

[26] Xue G, Yilmaz E, Song W, et al. Fiber length effect on strength properties of polypropylene fiber reinforced cemented tailings backfill specimens with different sizes[J]. Construction and Building Materials, 2020, 241: 118113.

[27] 赵康, 朱胜唐, 周科平, 等. 钽铌矿尾砂胶结充填体力学特性及损伤规律研究[J]. 采矿与安全工程学报, 2019, 36 (2): 413-419.

[28] 赵康, 朱胜唐, 周科平, 等. 不同配比及浓度条件下钽铌矿尾砂胶结充填体力学性能研究[J]. 应用基础与工程科学学报, 2020, 28 (4): 833-842.

[29] 赵康, 黄明, 严雅静, 等. 不同灰砂比尾砂胶结充填材料组合体力学特性及协同变形研究[J]. 岩石力学与工程学报, 2021, 40 (S1): 2781-2789.

[30] Carpinteri A, Lacidogna G, Accornero F, et al. Influence of damage in the acoustic emission parameters[J]. Cement and Concrete Composites, 2013, 44: 9-16.

[31] Qiu H, Zhang F, Liu L, et al. Experimental study on acoustic emission characteristics of cemented rock-tailings backfill[J]. Construction and Building Materials, 2022, 315: 125278.

[32] Zhao K, Yu X, Zhu S, et al. Acoustic emission investigation of cemented paste backfill prepared with tantalum-niobium tailings[J]. Construction and Building Materials, 2020, 237: 117523.

[33] He Z, Zhao K, Yan Y, et al. Mechanical response and acoustic emission characteristics of cement paste backfill and rock combination[J]. Construction and Building Materials, 2021, 288: 123119.

[34] 孙光华, 魏莎莎, 刘祥鑫. 基于声发射特征的充填体损伤演化研究[J]. 实验力学, 2017, 32 (1): 137-144.

[35] 程爱平, 戴顺意, 张玉山, 等. 胶结充填体损伤演化尺寸效应研究[J]. 岩石力学与工程学报, 2019, 38 (S1): 3053-3060.

[36] Zhou Y, Yu X, Guo Z, et al. On acoustic emission characteristics, initiation crack intensity, and damage evolution of cement-paste backfill under uniaxial compression[J]. Construction and Building Materials, 2021, 269: 121261.

[37] Friedrich L, Colpo A, Maggi A, et al. Damage process in glass fiber reinforced polymer specimens using acoustic emission technique with low frequency acquisition[J]. Composite Structures, 2021, 256: 113105.

[38] 宋义敏, 邢同振, 赵同彬, 等. 岩石单轴压缩变形场演化的声发射特征研究[J]. 岩石力学与工程学报, 2017, 36 (3): 534-542.

[39] Song X, Hao Y, Wang S, et al. Mechanical properties, crack evolution and damage characteristics of prefabricated

fractured cemented paste backfill under uniaxial compression[J]. Construction and Building Materials, 2022, 330: 127251.

[40] Zheng Q, Xu Y, Hu H, et al. Quantitative damage, fracture mechanism and velocity structure tomography of sandstone under uniaxial load based on acoustic emission monitoring technology[J]. Construction and Building Materials, 2021, 272: 121911.

[41] Geng J, Sun Q, Zhang Y, et al. Studying the dynamic damage failure of concrete based on acoustic emission[J]. Construction and Building Materials, 2017, 149: 9-16.

[42] Graham C C, Stanchits S, Main I G, et al. Comparison of polarity and moment tensor inversion methods for source analysis of acoustic emission data[J]. International Journal of Rock Mechanics and Mining Sciences, 2010, 47: 161-169.

[43] Dresen G, Stanchits S, Rybacki E. Borehole breakout evolution through acoustic emission location analysis[J]. International Journal of Rock Mechanics and Mining Sciences, 2010, 47: 426-435.

[44] Ai T, Zhang R, Liu J F, et al. Space-time evolution rules of Acoustic Emission location of unloaded coal sample at different loading rates[J]. International Journal of Rock Mechanics and Mining Sciences, 2012, 22(6): 847-854.

[45] Cao A, Jing G, Ding Y L, et al. Mining-induced static and dynamic loading rate effect on rock damage and acoustic emission characteristic under uniaxial compression[J]. Safety Science. 2019, 116, 86-96.

[46] Zhang C, Jin Z, Feng G, et al. Double peaked stress-strain behavior and progressive failure mechanism of encased coal pillars under uniaxial compression[J]. Rock Mechanics and Rock Engineering, 2020, 53: 3253-3266.

[47] 左建平, 裴建良, 刘建锋, 等. 煤岩体破裂过程中声发射行为及时空演化机制[J]. 岩石力学与工程学报, 2011, 30(8): 1564-1570.

[48] 程爱平, 张玉山, 戴顺意, 等. 单轴压缩胶结充填体声发射参数时空演化规律及破裂预测[J]. 岩土力学, 2019, 40(8): 2965-2974.

[49] Boniface A, Saliba J, Sbartaï Z M, et al. Evaluation of the acoustic emission 3D localisation accuracy for the mechanical damage monitoring in concrete[J]. Engineering Fracture Mechanics, 2020, 223: 106742.

[50] Dong L, Hu Q, Tong X, et al. Velocity-free MS/AE source location method for three-dimensional hole-containing structures[J]. Engineering, 2020, 6(7): 827-834.

[51] Xiao P, Hu Q, Tao Q, et al. Acoustic emission location method for quasi-cylindrical structure with complex hole[J]. IEEE Access, 2020, 8: 35263-35275.

[52] Hu Q, Dong L. Acoustic emission source location and experimental verification for two-dimensional irregular complex structure[J]. IEEE Sensors Journal, 2019, 20(5): 2679-2691.

[53] Zhao K, Yang J, Yu X, et al. Damage evolution process of fiber-reinforced backfill based on acoustic emission three-dimensional localization[J]. Composite Structures, 2023, 309: 116723.

[54] Yang J, Zhao K, Yu X, et al. Crack classification of fiber-reinforced backfill based on Gaussian mixed moving average filtering method[J]. Cement and Concrete Composites, 2022, 134: 104740.

[55] Federation of Construction Materials Industries. Monitoring method for active cracks in concrete by acoustic emission: JCMS-Ⅲ B5706[S]. Tokyo: Federation of Construction Materials Industries, 2003.

[56] Gutenber B, Richter C F. Frequency earthquakes in California[J]. Bulletin Seismological Society of America, 1944, 34(4): 185-188.

[57] Yang J, Zhao K, Yu X, et al. Fracture evolution of fiber-reinforced backfill based on acoustic emission fractal dimension and b-value[J]. Cement and Concrete Composites, 2022, 134: 104739.

6 基于分形维数和 b 值的尾砂胶结材料破裂演化

随着我国社会经济建设的不断发展，工业现代化对矿产资源消耗不断增加，矿产资源的开采逐步走向深部已成为一种必然趋势[1-6]。在这一过程中，矿山开采洗选会产生大量的尾砂，因此，为了提高资源回收率、保护矿山周边环境等，尾砂胶结材料在工程中得到了广泛应用[7-14]。然而，传统的尾砂胶结材料存在强度低、韧性差等问题[15]。纤维增强尾砂胶结材料是通过掺入适量的纤维来改善尾砂胶结材料力学性能而形成的一种新材料。在外荷载作用下，纤维增强尾砂胶结材料失稳破坏的本质原因是材料内部的裂隙萌生、扩展和贯通直至演化成宏观裂纹，最终尾砂胶结材料发生破坏并失去承载能力。声发射作为一种无损检测材料的技术，一般认为，尾砂胶结材料等脆性材料在破裂过程中伴随的声发射现象可以看作是材料内部损伤的外在体现[16-21]。通过声发射技术，获得诸如振铃计数、能量计数、上升时间等宏观信号参数，可用来反映尾砂胶结材料内部损伤演化规律，因此，用声发射来预判尾砂胶结材料破裂的前兆是可行的[22-25]。室内采集到的声发射参数信号一般可认为是检测仪器经过傅里叶变换得到的非线性的时间序列，而这些序列在空间和时间上的分布又都具有分形特征，因此，可用分形理论来描述纤维增强尾砂胶结材料在破坏过程中的破裂演化[26-31]。

Mandelbrot 在 1977 年提出了分形理论[32]。谢和平院士是中国第一位成功地将损伤力学与分形几何相结合的专家，开创了岩石分形理论研究的新领域[33]。近几年来，研究人员在分形领域取得了巨大的进展[34-39]。李庶林等[34]对三种岩石进行了单轴循环加载试验，发现声发射分形维数的变化可以很好地反映岩石内部损伤破坏的发展。张志镇等[35]研究了不同高温影响下岩石孔隙的分形结构，发现各温度作用下岩石孔隙分布均具有良好的统计分形特性。张科等[36]对含孔多裂隙岩石在单轴压缩下的裂纹几何分布进行了研究，证明了抗压强度与分形维数近似服从正相关关系。李成杰等[37]探究了不同裂隙形式组合体的能量演化特征，分析了裂隙位置与倾角对组合体破碎分形维数的影响。Zhao 等[38]探究了不同灰砂比的尾砂胶结材料在单轴压缩下的声发射分形特征。宋勇军等[39]对冻融环境下砂岩分形维数演变过程进行了定量分析。

与声发射分形特征密切相关的另一个参数是声发射 b 值。声发射 b 值最初是来源于对地震方面的研究，目前越来越多的研究人员把声发射 b 值应用到岩土工程和混凝土工程领域并取得了丰硕的成果[40-45]。Colombo 等[40]对混凝土梁的声发射 b 值进行了常规分析，发现 b 值与微裂纹之间存在良好的对应关系。李元辉等[41]通过单轴压缩试验，对岩石破裂过程中的声发射 b 值和空间分布分形维数随不同应力水平的变化趋势进行了研究。Sagar 等[42]基于声发射技术研究了普通混凝土的断裂演化过程，发现 b 值分析可作为准确识别混凝土结构内部损伤的有效工具。张黎明等[43]通过分析大理岩变形破坏过程各阶段声发射及其频率、b 值变化特征，探索了不同围压下岩石破坏前兆信息。刘希灵等[44]通过开展灰岩巴西劈裂试验和单轴压缩试验，探讨了两种加载方式下岩石破裂声发射 b 值特性及 b 值计算影响因素。赵康等[45]通过单轴压缩下声发射试验，研究了不同灰砂比的组合尾砂胶结材料受压条件下的声发射 b 值特性和材料裂隙演化规律。由以上研究可知，声发射 b 值对于预测材料破坏过程中内部损伤和裂纹发展有着极为关键的作用。

目前对声发射分形特征和 b 值特征的研究主要集中在岩石方面，而针对纤维增强尾砂胶结材料在荷载作用下的声发射分形特征和 b 值特征还鲜有发表。并且以上研究大多数是将声发射 b 值和分形特征分开进行研究的，而将纤维增强尾砂胶结材料破裂过程中声发射 b 值和分形特征结合在一起进行研究的还较少。因此，本章对单轴压缩条件下增强尾砂胶结材料破裂过程中关联维数 D_c 和声发射 b 值随应力-时间的变化特征进行试验研究。首先根据分形理论，分别计算不同纤维增强尾砂胶结材料的振幅分形和 RA 分形，对比分析相对应的关联维数 D_c 与相空间维数 m 的关系曲线，再讨论纤维增强尾砂胶结材料在应力-时间整个过程的振幅关联维数、RA 关联维数、b 值的变化规律，从而研究纤维增强尾砂胶结材料的破裂演化规律。研究纤维增强尾砂胶结材料的声发射参数时间序列分形特征，讨论无纤维尾砂胶结材料和纤维增强尾砂胶结材料的关联维数和 b 值的异同，对于深入认识尾砂胶结材料破裂机理具有重要的指导意义，可为后续尾砂胶结材料破裂预测提供可靠的理论依据。

6.1 分形理论和声发射 b 值

6.1.1 分形维数基本概念

分形是指其组成成分与整体有一定相似性的几何形态，或者是指在广泛的尺度范围内，没有特征性的尺度但具有自相似性的一种现象[46]。它主要揭示隐藏在复杂的自然和社会现象中的规律性和尺度不变性[47-52]。它提供了一种新的工具，可以从部分认识整体和从有限的角度理解无限。常见的分形维数形式有：信息维数、豪斯多夫(Hausdorff)维数和关联维数等。由于空间的概念早已突破了三维空间的限制，如在相空间中，系统有多少个状态变量，其相空间就有多少维，有的甚至有无限维。相空间的突出优点是可以用来观察系统演化的全过程及其最终归宿。而对于耗散系统来说，相空间会缩小，也就是说系统演化的终点最终会归于子空间，这个子空间的维度就是所谓的关联维数 D_c。运用关联维数能更好地对声发射参数进行分析和计算，因此，采用 MATLAB 对关联维数进行编程运算，计算得到尾砂胶结材料的声发射分形。关联维数在整个加载过程中的大小，可以反映尾砂胶结材料破裂的尺度。

6.1.2 分形维数计算方法

Grassberger 和 Procaccia[53,54]根据嵌入理论和重构相空间的思想，提出了所谓的 G-P 算法，这种算法可以直接从时间序列中计算关联维数 D_c。分形集合中每个状态变量随时间的变化是由其他状态变量的相互作用引起的，为了重建一个等效的状态空间，只需要考虑一个状态变量的时间演化序列，就可以根据某种方法构造一个新的维。这种维的计算方法如下[34]。

声发射参数的时间序列可看作一个等间隔的时间序列集 X:

$$\boldsymbol{X}=\{x_1,x_2,x_3,\ \cdots,\ x_n\} \tag{6-1}$$

接着，使用这些数据来支持一个 m 维相空间($m<n$)，即首先获取前 m 个数据，并从它们中确定 m 维空间中的第一个向量，可以将其记录为 $\boldsymbol{X}_1$：

$$\boldsymbol{X}_1=\{x_1,x_2,x_3,\ \cdots,\ x_m\} \tag{6-2}$$

然后删除 x_1，并依次取 m 个数据 $x_2,x_3,\ \cdots,x_{m+1}$，以形成 m 维空间中的第二个向量，表示为 $\boldsymbol{X}_2$，这样，可以构建一系列相点：

$$\boldsymbol{X}=\begin{cases}\boldsymbol{X}_1\\ \boldsymbol{X}_2\\ \boldsymbol{X}_3\\ \boldsymbol{X}_4\\ \vdots\end{cases}=\begin{cases}(x_1,x_2,\ \cdots,\ x_m)\\ (x_2,x_3,\ \cdots,\ x_{m+1})\\ (x_3,x_4,\ \cdots,\ x_{m+2})\\ (x_4,x_5,\ \cdots,\ x_{m+3})\\ \qquad\vdots\end{cases} \tag{6-3}$$

依次连接相点 $\boldsymbol{X}_1,\boldsymbol{X}_2,\cdots,\boldsymbol{X}_{n-m+1}$，可得到一条轨迹，让时间序列生成 m 维相空间中的相点 $\boldsymbol{X}_1,\boldsymbol{X}_2,\cdots,\boldsymbol{X}_N$，给定一个数 r，检查有多少点对 $\left(\boldsymbol{X}_i,\boldsymbol{X}_j\right)$ 的距离 $\left|\boldsymbol{X}_i-\boldsymbol{X}_j\right|$ 小于 r，并记录距离小于 r 的点数占总点数 N^2 的比例，记为 $C(r)$：

$$\begin{gathered}C(r)=\frac{1}{N^2}\sum_{i,j=1}^{N}H\left(r-\left|\boldsymbol{X}_i-\boldsymbol{X}_j\right|\right)\\ H(u)=\begin{cases}1 & (u\geqslant 0)\\ 0 & (u<0)\end{cases}\end{gathered} \tag{6-4}$$

式中：$H(u)$ 为 Heaviside 函数；r 为相空间的描述尺度；$N=n-m+1$；$C(r)$ 为累积分布函数，表示相空间中两点距离小于 r 的概率。为避免数据的分散性，取尺度 $r=kr_0$，其中，k 为比例系数，$r_0=\dfrac{1}{N^2}\sum\limits_{i,j=1}^{N}\left|X_i-X_j\right|$。若 r 取值过大，所有点对的距离都不会超过它，$C(r)=1$，$\ln C(r)=0$，则测量不出相点之间的关联。如果适当缩小测量尺度 r，可能在 r 的一段区间内有

$$C(r)\propto r^{D_c} \tag{6-5}$$

如果存在这种关系，则 D_c 是一种维数，称为关联维数，则：

$$D_c=\lim_{r\to 0}\frac{\ln C(r)}{\ln r} \tag{6-6}$$

6.1.3　声发射 *b* 值基本概念

b 值是表征地震震级与频率关系的参数，Gutenberg 和 Richter[55]在 1941 年进一步明确并推广，并发现了地震震级与频度之间存在着对数关系，即 $\lg N=a-bM$。至今学者对 b 值的研究已不再局限于地震学的范围。研究 b 值的方法有两种：一是根据地震资料，研究不同条件下自然地震的数值；二是利用岩石试样变形和失效过程中的声发射事件来模拟地震，研究不同条件下岩石的变形破坏。与地震机理相似的是岩石、尾砂胶结材料和混凝土等脆性材料受力后的失效也是一个内部裂缝萌生、扩展传播、成核和宏观断裂面形成的过程。由于声发射的 b 值特性可以反映尾砂胶结材料内部微裂缝的尺度变化，所以 b 值的变化情况也可以作为尾砂胶结材料宏观失效和破坏的前兆。

6.1.4　声发射 *b* 值计算方法

本次试验采用最小二乘法计算声发射 b 值即：

$$\dot{b}=\frac{\overline{x}\times\overline{y}-\overline{xy}}{\overline{x^2}-\left(\overline{x}\right)^2} \tag{6-7}$$

式中：$\dot{b}$ 为 b 的估计值；$x=M-M_0$；$y=\lg N$，其中，M_0 代表起算“震级”，M 代表“震级”，N 代表累计的声发射参数值；$\overline{x}=\dfrac{1}{R}\sum\limits_{t=1}^{R}x_t$；$\overline{y}=\dfrac{1}{R}\sum\limits_{t=1}^{R}y_t$；$\overline{xy}=\dfrac{1}{R}\sum\limits_{t=1}^{R}\left(x_t\times y_t\right)$；$\overline{x^2}=\dfrac{1}{R}\sum\limits_{t=1}^{R}x_t^2$，$R$ 为声发射参数样本分档总数，x_t、y_t 分别代表第 t 档中 x、y 的样本序列集。

由于每个声发射采样所得到的数据文本序列不同，故在声发射 b 值计算过程中，即在 MATLAB 计算过程中，要采用不同的采样窗口和相对震级间隔，采样窗口的大小将直接影响声发射 b 值计算结果的数据点。根据不同的声发射样本情况，采用不同的采样窗口，但最终保证 b 值计算的数据点要有 50 个，相对震级间隔 ΔM 取值为 0.1。

6.2 不同纤维作用下尾砂胶结材料关联维数和 b 值计算

6.2.1 关联维数及相空间维数的确定

不同的相空间维数在一定程度上影响着关联维数，因此，在计算关联维数之前需要确定相空间维数。一般来说，在同一个尾砂胶结材料试样计算其不同时间阶段的关联维数时，应取相同的相空间维数。相空间维数的取值一般在关联维数曲线趋于线性的稳定状态时选取。声发射振铃计数、振幅、能量、RA 看似无规律的时间序列，实则具有很好的分形特征。本节将选用灰砂比为 1∶10 的无纤维尾砂胶结材料、聚丙烯腈纤维增强尾砂胶结材料、玻璃纤维增强尾砂胶结材料和混合纤维增强尾砂胶结材料，分别计算它们的振幅分形和 RA 分形。图 6-1 是通过 MATLAB 程序计算绘制不同纤维类型尾砂胶结材料的关联维数和相空间维数的关系曲线。

由图 6-1 可知，相空间维数在 4～7 时，振幅和 RA 的关联维数曲线大多趋于稳定的线性变化，故在此取相空间维数为 6。由图 6-1 可知，无纤维尾砂胶结材料振幅关联维数的最小值大于 1，且随着相空间维数的增大，振幅关联维数和 RA 关联维数之间的大小差距也在增大，振幅关联维数整体趋势呈快速上升，RA 关联维数整体趋势呈平缓上升，且呈线性趋势。当相空间维数较小时，聚丙烯腈

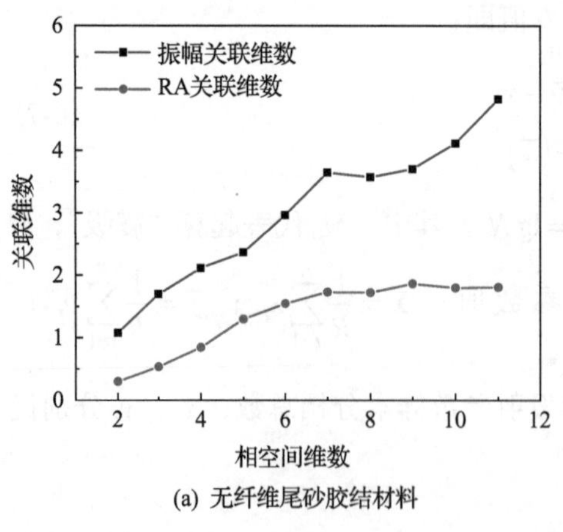

(a) 无纤维尾砂胶结材料

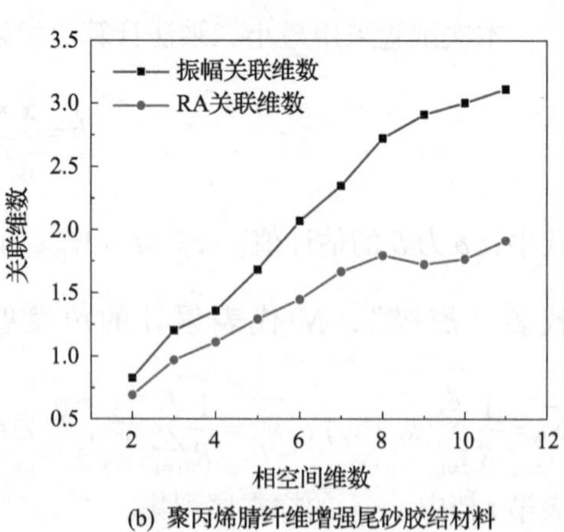

(b) 聚丙烯腈纤维增强尾砂胶结材料

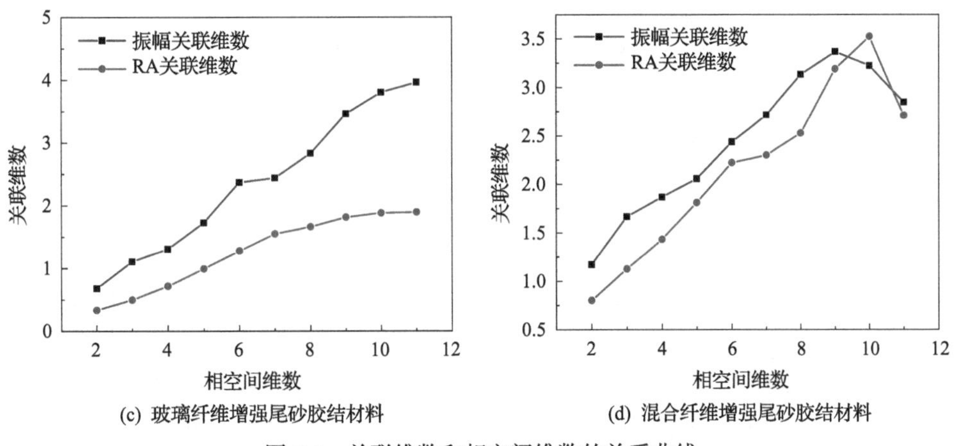

(c) 玻璃纤维增强尾砂胶结材料 (d) 混合纤维增强尾砂胶结材料

图 6-1 关联维数和相空间维数的关系曲线

纤维增强尾砂胶结材料和玻璃纤维增强尾砂胶结材料的振幅关联维数和 RA 关联维数之间的数值大小差别整体都在 0～1 之间，且它们的变化趋势与图 6-1(a)相似。混合纤维增强尾砂胶结材料振幅关联维数和 RA 关联维数之间的变化不是很大，它们随着相空间维数的增大，关联维数曲线呈线性变化且整体上升趋势很接近。

6.2.2 振幅和 RA 值分形特征的确定

图 6-2～图 6-5 是不同纤维类型尾砂胶结材料的声发射振幅时间序列和 RA 时间序列计算得出的 $\ln r$-$\ln C(r)$ 双对数关系图，研究表明[56]：比例系数 k 在 0.1 以下时，声发射参数时间序列的分形特征不是很明显。故本次程序取 k=0.2、0.4、0.6、0.8、1.0、1.2、1.4 等 7 个不同的尺度 r 来计算相应的 $\ln r$-$\ln C(r)$ 双对数曲线，并对其进行一元线性函数拟合。

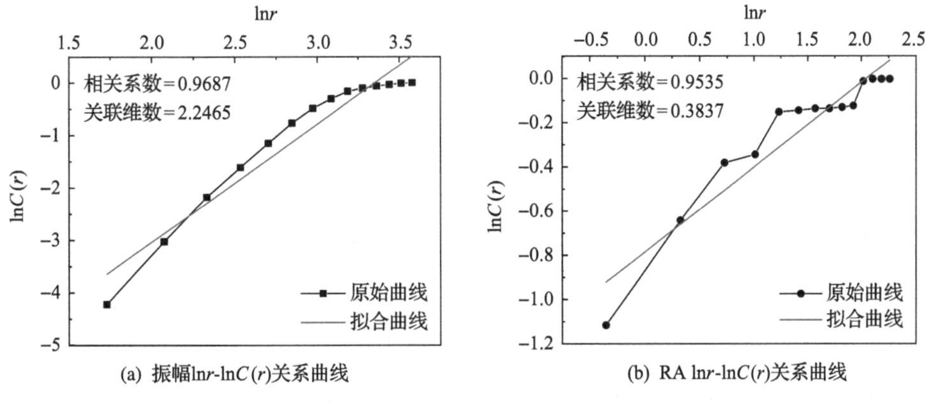

(a) 振幅 $\ln r$-$\ln C(r)$ 关系曲线 (b) RA $\ln r$-$\ln C(r)$ 关系曲线

图 6-2 无纤维尾砂胶结材料试样双对数关系图

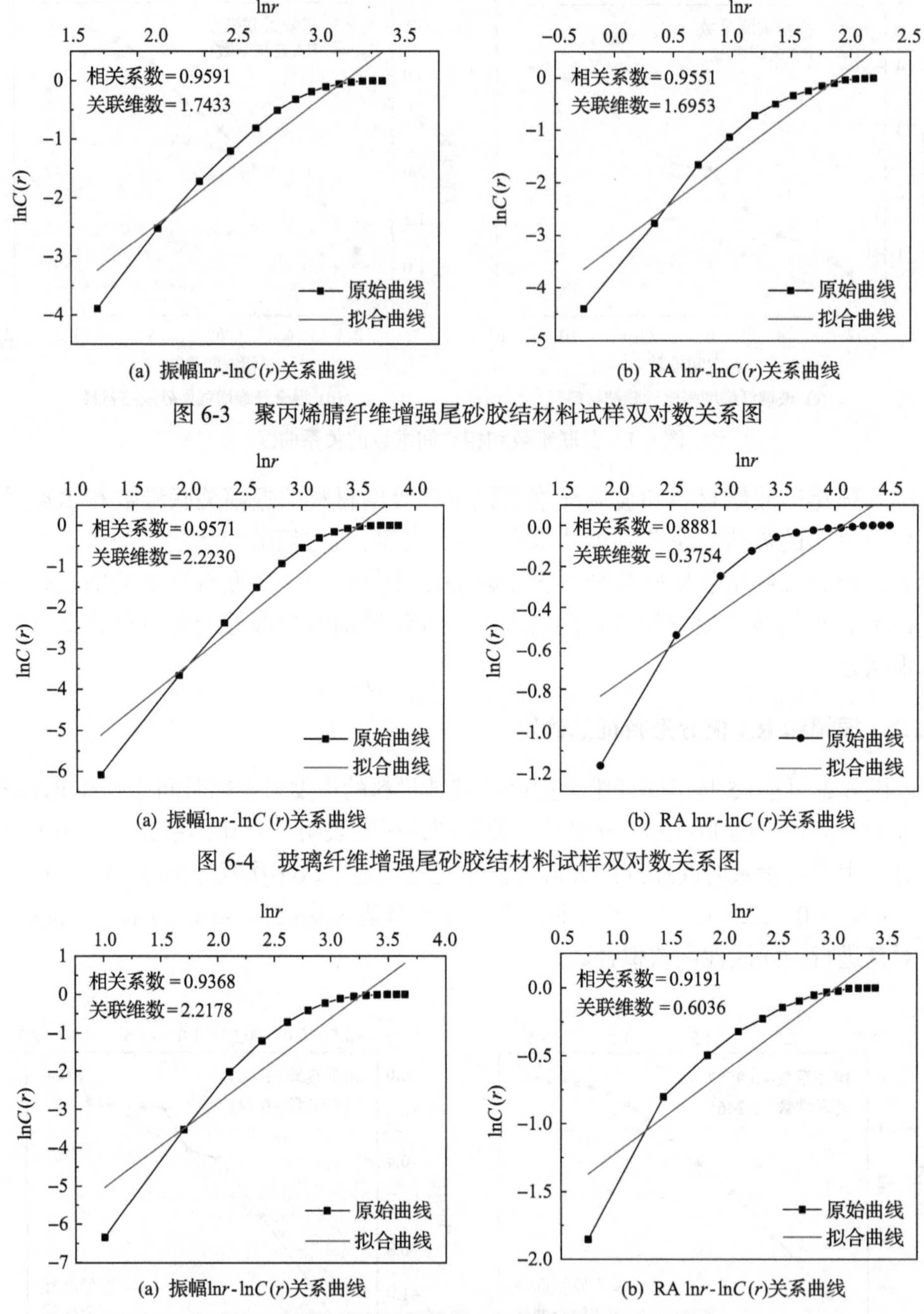

图 6-3　聚丙烯腈纤维增强尾砂胶结材料试样双对数关系图

图 6-4　玻璃纤维增强尾砂胶结材料试样双对数关系图

图 6-5　混合纤维增强尾砂胶结材料试样双对数关系图

对不同类型尾砂胶结材料的声发射振幅和 RA 进行绘制 $\ln r$-$\ln C(r)$ 双对数曲线并进行线性拟合，发现声发射振幅的相关拟合系数均大于声发射 RA 的相关拟合系数，这说明振幅时序值比 RA 时序值具有更好的分形特征。二者的拟合系数均大于 0.88，说明声发射振幅、RA 在时间序列上都具有很好的分形特征，也进一步说明尾砂胶结材料的声发射参数特征与尾砂胶结材料的破裂演化过程密切相关。

6.2.3　关联维数和 b 值计算结果

首先分析无纤维尾砂胶结材料的声发射关联维数和 b 值随着时间变化的一般规律，然后再简要分析不同纤维增强尾砂胶结材料的关联维数、b 值的变化规律，最后简要总结关联维数和 b 值的整体规律。

由图 6-6 可知，在初始压密阶段(10～30s)，振幅关联维数处于较高的水平，说明无纤维尾砂胶结材料试样在此阶段内部孔隙被压实，产生的微裂纹较少。当进入弹性变形阶段时(30～40s)，可发现振幅关联维数曲线发生了下降，说明产生了一些稍微大尺度的裂纹，但数量较少。随后在进入塑性变形阶段时(40～60s)，

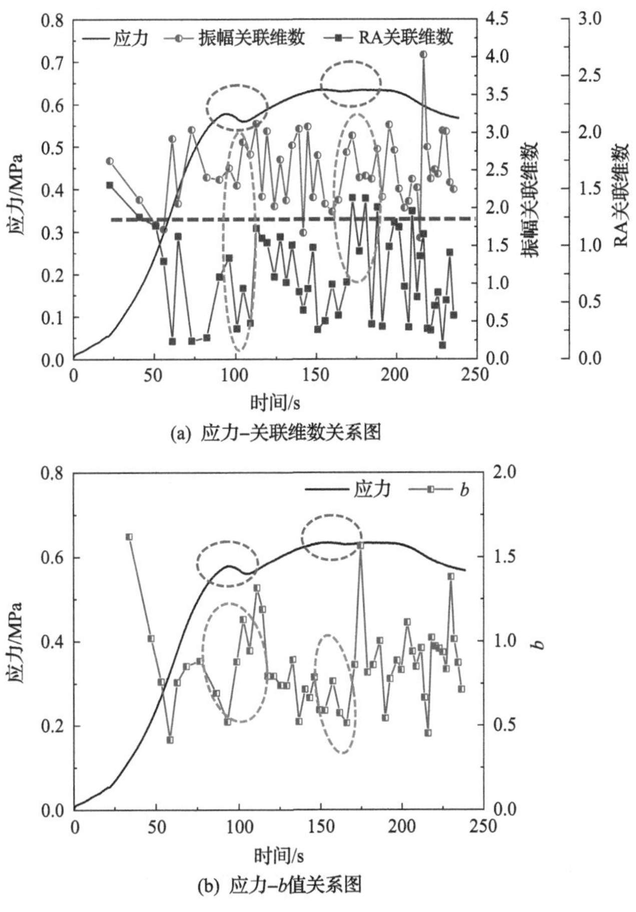

(a) 应力-关联维数关系图

(b) 应力-b值关系图

图 6-6　无纤维尾砂胶结材料应力-关联维数和应力-b 值关系图

可看到振幅关联维数有一个小幅度陡降，说明此时有声发射大事件发生，微裂纹正朝着宏观裂纹演化。在100s左右(图6-6关联维数左侧圆形区域)，应力有一个下降现象，振幅关联维数增大，说明此时裂纹萌生形成了大量小尺度新生裂纹。当应力达到峰值时(170s左右)，可明显看到振幅关联维数从3.0降至2.4(图6-6关联维数右侧圆形区域)，此时声发射大事件较多，大尺度裂纹已经基本成形。随后峰后破坏阶段可以看到，振幅关联维数曲线呈现较为稀疏的且上下波动范围较大的变化，说明大尺度裂纹仍在继续增加，试样基本发生失稳破坏。在整个应力变化过程中，RA关联维数的变化趋势和振幅关联维数相似，不同的是RA关联维数整体上较小，但是在大事件容易发生处，如初始压密阶段向弹性变形阶段过渡这一时间段、峰值应力处，RA关联维数下降和波动的幅度要比振幅关联维数下降和波动的幅度大。

由图6-6可知，在声发射b值曲线的初始压密阶段和弹性变形阶段，声发射b值的起始值较大，这说明无纤维尾砂胶结材料试样致密性较好，压密程度较大，在此阶段发生的声发射小事件较多。随着应力的逐渐增大，即在弹性变形阶段结束和塑性变形阶段的开始阶段(40s左右)，可发现b值有大幅度下降趋势。在100s左右(图6-6 b值左侧圆形区域)，声发射b值增大，说明主要存在小尺度的微裂纹，也意味着小事件占比较多。到达应力峰值处(图6-6 b值右侧圆形区域)，b值又快速减小，说明大尺度的主要微裂纹在材料中产生，也表明声发射大事件的比例增加。在峰后破坏阶段，b值出现大范围突然上升—下降(跃迁)，说明微裂纹在材料中扩展较快，表明试样破坏朝着突发式破坏状态转变，预示着裂纹将演化成不稳定扩展的失稳破坏状态。声发射关联维数与b值的变化情况基本相似，均反映了尾砂胶结材料内部微裂纹产生、扩展的演化过程。

由图6-7～图6-9可知，纤维增强尾砂胶结材料在应力-时间整个过程中振幅关联维数、RA关联维数、b值的变化规律和图6-6关联维数曲线、b值变化规律

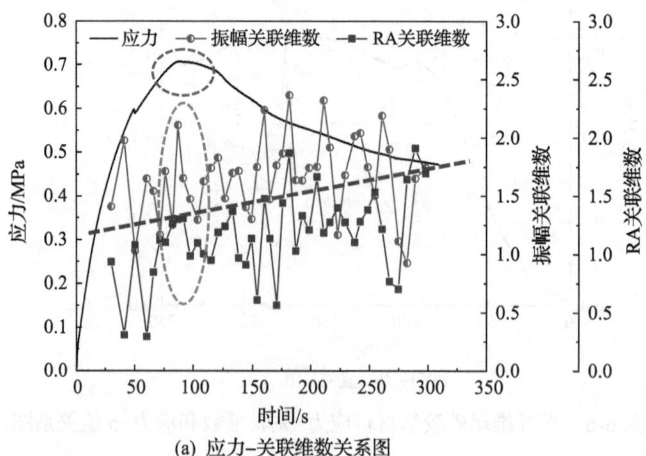

(a) 应力–关联维数关系图

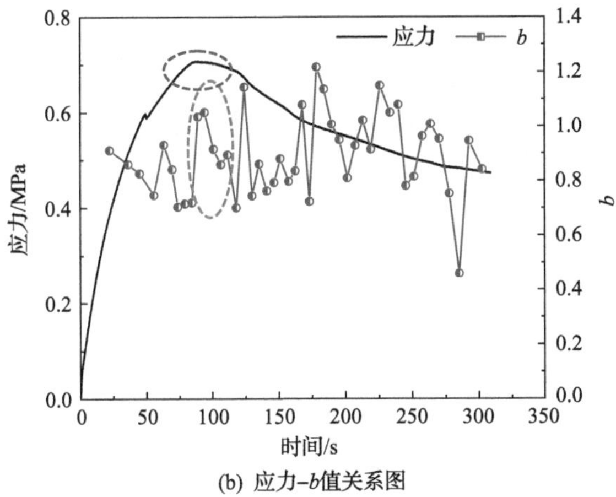

(b) 应力-b值关系图

图 6-7 聚丙烯腈纤维增强尾砂胶结材料应力-关联维数和应力-b 值关系图

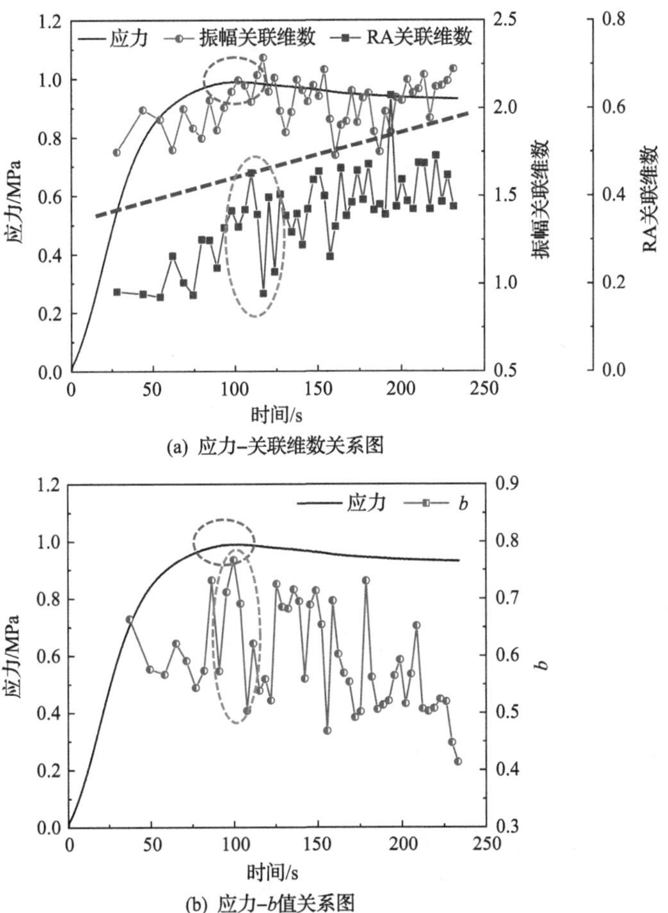

(a) 应力-关联维数关系图

(b) 应力-b值关系图

图 6-8 玻璃纤维增强尾砂胶结材料应力-关联维数和应力-b 值关系图

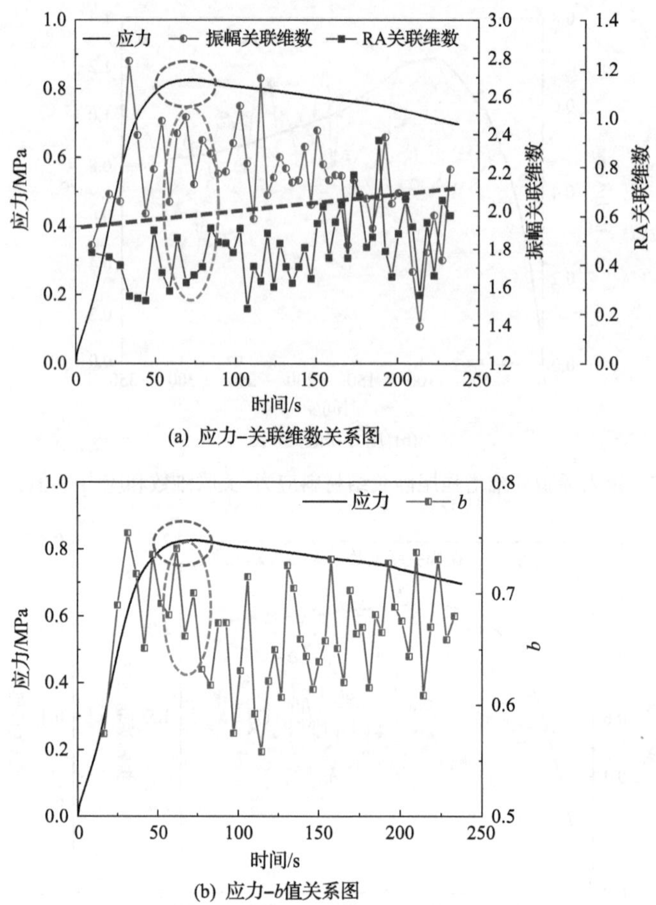

(a) 应力-关联维数关系图

(b) 应力-b值关系图

图 6-9　混合纤维增强尾砂胶结材料应力-关联维数和应力-b 值关系图

相似，故其整个过程的关联维数和 b 值分析不再赘述，这里只着重介绍它们的不同点。不同点是无纤维尾砂胶结材料 RA 关联维数和振幅关联维数在峰值处较为密集，而纤维增强尾砂胶结材料在峰后的振幅关联维数和 RA 关联维数较为密集；无纤维尾砂胶结材料的声发射 b 值要大于纤维增强尾砂胶结材料的声发射 b 值；纤维增强尾砂胶结材料在整个应力变化曲线上，振幅关联维数和 RA 关联维数的对称性较为明显，而无纤维尾砂胶结材料在整个应力变化曲线上，振幅关联维数和 RA 关联维数的对称性不明显。

整体规律是：RA 关联维数曲线变化和振幅关联维数曲线大体上呈现对称的趋势，即图 6-7～图 6-9 直线为对称线，RA 关联维数曲线上升时，振幅关联维数曲线下降；所有类型尾砂胶结材料的声发射关联维数和 b 值在应力峰值处有明显的下降趋势(图 6-7～图 6-9 圆形区域)；纤维增强尾砂胶结材料的声发射 b 值介于 0.4～1.2 范围内；在峰后破坏阶段，纤维增强尾砂胶结材料振幅关联维数和 RA

关联维数曲线上下波动较小，表现出平稳的渐进式破坏，而无纤维尾砂胶结材料则表现出大幅度上下波动并出现失稳式破坏。

6.2.4 裂纹演化规律

对于强度较低的尾砂胶结材料试样，在初始压密阶段的较小应力作用下，试样内部小尺度的微裂纹产生较多。对应于声发射，则是小事件占比较高，转化为关联维数曲线时，声发射关联维数较大。而对于强度较高的岩石材料[56]，那么较小的应力作用在此阶段不足以产生较多的小尺度微裂纹。这是由于岩石材料致密性较好，此时声发射小事件比例相对材料强度较低的试样而言就不会太多，那么关联维数则相对较低。

当微裂纹增加到某一个程度，即峰值应力的 75%或 90%左右，尾砂胶结材料内部较多的微裂纹逐渐贯通，并形成较大宏观裂纹。此时对应的声发射大事件占比就会增多，关联维数曲线表现为关联维数下降，下降的斜率越大说明试样大尺度裂纹越多，宏观破坏越严重。对于岩石试样，此阶段关联维数曲线会出现较多的上下波动情况且分布比较密集，这是由于岩石试样致密性较好，形成大事件的宏观裂纹需要产生较多的小事件微裂纹，故有较多较为密集的关联曲线变化情况。

对于脆硬性材料和强度较高的材料，如岩石材料[44,56]，随着应力的继续增大，即达到应力峰值时，声发射大事件占比就会达到最多，大尺度裂纹也将形成较多。对应的声发射关联维数和 b 值曲线将会陡降至最小值，试样将发生较大的宏观裂纹破坏。但是，对于强度较低的材料，如尾砂胶结材料、混凝土，尤其是纤维增强尾砂胶结材料等，峰后应力不会像脆硬性岩石那样发生陡降，故它们和岩石材料在峰后破坏阶段的关联维数曲线有很大的区别。在峰值应力处，尾砂胶结材料关联维数和 b 值发生急速下降，但是不会像岩石那样降至最小值。关联维数和 b 值在尾砂胶结材料峰值应力处都出现快速下降的现象，可以作为尾砂胶结材料破裂预测的前兆信息。

对于纤维增强尾砂胶结材料，应力-应变曲线在峰后破坏阶段有较长时间的残余变形，对应的关联维数曲线出现较小幅度的上下波动，且关联维数曲线分布稠密、关联维数波动的幅度大小取决于纤维增强尾砂胶结材料强度的大小。同时在峰后破坏阶段某一时刻，关联维数同样会发生陡升和陡降的现象，这说明在峰后破坏阶段，大尺度的宏观裂纹仍然会出现。特别说明的是：对于玻璃纤维增强尾砂胶结材料，关联维数曲线在峰后破坏阶段不会出现斜率较大的陡升、陡降现象，而对于聚丙烯腈纤维增强尾砂胶结材料，关联维数曲线则会出现次数较多的陡降现象，这说明在峰后聚丙烯腈纤维断裂较多，聚丙烯腈纤维增强尾砂胶结材料发生了较大范围的破坏。

声发射 b 值曲线的变化可以间接反映材料内部结构中微裂纹的动态演变；另

外，声发射 b 值的动态变化可以代表材料裂纹的扩展程度和失效状态。当声发射 b 值增大时，说明材料中主要存在小尺度的微裂纹，也意味着小事件占比较多；当声发射 b 值减小时，说明大尺度的主要微裂纹在材料中产生，也表示声发射大事件的占比较多；当声发射 b 值上下波动较平稳时，表示声发射的活动没有变化，而且各种比例的微小破裂状态(微裂纹破坏比例的分布)相对稳定；当声发射 b 值在小范围内上下波动时，说明微裂纹的扩展是缓慢稳定变化的，表示一种渐进式、稳定式裂纹扩展；当声发射 b 值在大范围内突然过渡(跃迁)时，说明微裂纹在材料中扩展较快，也意味着微裂纹破坏可能会朝着突发式的破坏状态转变，预示着裂纹将演化成不稳定状态。

在现场尾砂胶结材料稳定性监测过程中，如何确定尾砂胶结材料破裂过程的声发射分形维数和 b 值的临界值仍是一个难以解决的问题，这是一直影响现场监测准确性的关键问题，目前仍没有提出一个行之有效的解决方案。在实际应用中，将声发射 b 值和分形特征相结合对尾砂胶结材料的破裂演化进行研究，可以提高尾砂胶结材料稳定性监测和破裂预测的准确性。

参考文献

[1] Chen Q S, Zhang Q L, Qi C C, et al. Recycling phosphogypsum and construction demolition waste for cemented paste backfill and its environmental impact[J]. Journal of Cleaner Production, 2018, 186: 418-429.

[2] Qi C C, Fourie A. Cemented paste backfill for mineral tailings management: review and future perspectives[J]. Minerals Engineering, 2019, 144: 106025.

[3] Liu L, Zhu C, Qi C C, et al. Effects of curing time and ice-to-water ratio on performance of cemented paste backfill containing ice slag[J]. Construction and Building Materials, 2019, 228: 116639.

[4] 赵康，宋宇峰，于祥，等. 不同纤维作用下尾砂胶结充填体早期力学特性及损伤本构模型研究[J]. 岩石力学与工程学报, 2022, 41(2): 282-291.

[5] Liu L, Xin J, Qi C C, et al. Experimental investigation of mechanical, hydration, microstructure and electrical properties of cemented paste backfill[J]. Construction and Building Materials, 2020, 263: 120137.

[6] Zhou Y, Yan Y J, Zhao K, et al. Study of the effect of loading modes on the acoustic emission fractal and damage characteristics of cemented paste backfill[J]. Construction and Building Materials, 2021, 277: 122311.

[7] Kesimal A, Yilmaz E, Ercikdi B, et al. Effect of properties of tailings and binder on the short-and long-term strength and stability of cemented paste backfill[J]. Materials Letters, 2005, 59(28): 3703-3709.

[8] Ercikdi B, Cihangir F, Kesimal A, et al. Utilization of water-reducing admixtures in cemented paste backfill of sulphide-rich mill tailings[J]. Journal of Hazardous Materials, 2010, 179(1): 940-946.

[9] Liu P L. Cemented filling mining technology in continuous miner filling mining face[J]. Advanced Materials Research, 2014, 1010: 1511-1517.

[10] Yilmaz E, Belem T, Bussière B, et al. Curing time effect on consolidation behaviour of cemented paste backfill containing different cement types and contents[J]. Construction and Building Materials, 2015, 75: 99-111.

[11] Cihangir F, Ercikdi B, Kesimal A, et al. Paste backfill of high-sulphide mill tailings using alkali-activated blast furnace slag: effect of activator nature, concentration and slag properties[J]. Minerals Engineering, 2015, 83:

117-127.

[12] Wu J Y, Feng M M, Xu J M, et al. Particle size distribution of cemented rockfill effects on strata stability in filling mining[J]. Minerals, 2018, 8(9): 407.

[13] Qi C C, Tang X L, Dong X J, et al. Towards intelligent mining for backfill: a genetic programming-based method for strength forecasting of cemented paste backfill[J]. Minerals Engineering, 2019, 133: 69-79.

[14] Roshani A, Fall M. Rheological properties of cemented paste backfill with nano-silica: Link to curing temperature[J]. Cement and Concrete Composites, 2020, 114: 103785.

[15] Behera S K, Ghosh C N, Mishra D P, et al. Strength development and microstructural investigation of lead-zinc mill tailings based paste backfill with fly ash as alternative binder[J]. Cement and Concrete Composites, 2020, 109: 103553.

[16] 赵康, 朱胜唐, 周科平, 等. 钽铌矿尾砂胶结充填体力学特性及损伤规律研究[J]. 采矿与安全工程学报, 2019, 36(2): 413-419.

[17] 赵康, 朱胜唐, 周科平, 等. 不同配比及浓度条件下钽铌矿尾砂胶结充填体力学性能研究[J]. 应用基础与工程科学学报, 2020, 28(4): 833-842.

[18] 赵康, 黄明, 严雅静, 等. 不同灰砂比尾砂胶结充填材料组合体力学特性及协同变形研究[J]. 岩石力学与工程学报, 2021, 40(S1): 2781-2789.

[19] Zhou Y, Yu X, Guo Z Q, et al. On acoustic emission characteristics, initiation crack intensity, and damage evolution of cement-paste backfill under uniaxial compression[J]. Construction and Building Materials, 2021, 269: 121261.

[20] He Z W, Zhao K, Yan Y J, et al. Mechanical response and acoustic emission characteristics of cement paste backfill and rock combination[J]. Construction and Building Materials, 2021, 288: 123119.

[21] De Smedt M, Vrijdaghs R, Van Steen C, et al. Damage analysis in steel fibre reinforced concrete under monotonic and cyclic bending by means of acoustic emission monitoring[J]. Cement and Concrete Composites, 2020, 114: 103765.

[22] 程爱平, 张玉山, 戴顺意, 等. 单轴压缩胶结充填体声发射参数时空演化规律及破裂预测[J]. 岩土力学, 2019, 40(8): 2965-2974.

[23] Wu J Y, Feng M M, Ni X Y, et al. Aggregate gradation effects on dilatancy behavior and acoustic characteristic of cemented rockfill[J]. Ultrasonics, 2019, 92: 79-92.

[24] 赵奎, 谢文健, 曾鹏, 等. 不同浓度的尾砂胶结充填体破坏过程声发射特性试验研究[J]. 应用声学, 2020, 39(4): 543-549.

[25] Zhao K, Yu X, Zhu S T, et al. Acoustic emission investigation of cemented paste backfill prepared with tantalum-niobium tailings[J]. Construction and Building Materials, 2020, 237: 117523.

[26] Biancolini M E, Brutti C, Paparo G, et al. Fatigue cracks nucleation on steel acoustic emission and fractal analysis[J]. International Journal of Fatigue, 2006, 28: 1820-1825.

[27] Jiang Y D, Xian X F, Yin G Z, et al. Acoustic emission fractal and chaos characters in rock stress-strain procedure[J]. Rock and Soil Mechanics, 2010, 31(8): 2413-2418.

[28] Pei J L, Liu J F, Zhang R, et al. Fractal study on spatial distribution of acoustic emission events of granite specimens under uniaxial compression[J]. Journal of Sichuan University (Engineering Science Edition), 2010, 42(6): 51-55.

[29] Rimpault X, Chatelain J F, Klemberg-Sapieha J E, et al. Fractal analysis of cutting force and acoustic emission signals during CFRP machining[J]. Procedia CIRP, 2016, 46: 143-146.

[30] Kong X G, Wang E Y, Hu S B, et al. Fractal characteristics and acoustic emission of coal containing methane in triaxial compression failure[J]. Journal of Applied Geophysics, 2016, 124: 139-147.

[31] Zhang X, Fu X M, Shen Z, et al. Study on acoustic emission and fractal characteristics of sandstone under uniaxial compression[J]. China Measurement and Test, 2017, 43(02): 13-19.

[32] Mandelbrot B B. The fractal geometry of nature[M]. New York: W.H. Freeman and Company, 1982.

[33] 谢和平. 分形–岩石力学导论[M]. 北京：科学出版社, 1996: 136-137.

[34] 李庶林，林朝阳，毛建喜，等. 单轴多级循环加载岩石声发射分形特性试验研究[J]. 工程力学，2015，32(9)：92-99.

[35] 张志镇，高峰，高亚楠，等. 高温影响下花岗岩孔径分布的分形结构及模型[J]. 岩石力学与工程学报，2016, 35(12): 2426-2438.

[36] 张科，刘享华，李昆，等. 含孔多裂隙岩石力学特性与破裂分形维数相关性研究[J]. 岩石力学与工程学报, 2018, 37(12): 2785-2794.

[37] 李成杰，徐颖，张宇婷，等. 冲击荷载下裂隙类煤岩组合体能量演化与分形特征研究[J]. 岩石力学与工程学报, 2019, 38(11): 2231-2241.

[38] Zhao K, Yu X, Zhu S T, et al. Acoustic emission fractal characteristics and mechanical damage mechanism of cemented paste backfill prepared with tantalum niobium mine tailings[J]. Construction and Building Materials, 2020, 258: 119720.

[39] 宋勇军，杨慧敏，谭皓，等. 冻融环境下不同饱和度砂岩损伤演化特征研究[J]. 岩石力学与工程学报，2021, 40(8): 1513-1524.

[40] Colombo I S, Main I G, Forde M C. Assessing damage of reinforced concrete beam using "*b*-value" analysis of acoustic emission signals[J]. Journal of Materials in Civil Engineering, 2003, 15: 280-286.

[41] 李元辉，刘建坡，赵兴东，等. 岩石破裂过程中的声发射 *b* 值及分形特征研究[J]. 岩土力学，2009，30(9)：2559-2563,2574.

[42] Sagar R V, Prasad B K R, Kumar S S. An experimental study on cracking evolution in concrete and cement mortar by the *b*-value analysis of acoustic emission technique[J]. Cement and Concrete Research, 2012, 42: 1094-1104.

[43] 张黎明，马绍琼，任明远，等. 不同围压下岩石破坏过程的声发射频率及 *b* 值特征[J]. 岩石力学与工程学报, 2015, 34(10): 2057-2063.

[44] 刘希灵，刘周，李夕兵，等. 单轴压缩与劈裂荷载下灰岩声发射 *b* 值特性研究[J]. 岩土力学，2019，40(S1)：267-274.

[45] 赵康，何志伟，宁富金，等. 不同灰砂配比胶结材料组合体声发射特性[J]. 硅酸盐学报，2021，49(11)：2462-2469.

[46] Szeląg M. Fractal characterization of thermal cracking patterns and fracture zone in low-alkali cement matrix modified with microsilica[J]. Cement and Concrete Composites, 2020, 114: 103732.

[47] Falconer K J. The Hausdorff dimension of self-affine fractals[J]. Mathematical Proceedings of the Cambridge Philosophical Society, 1988, 103(2): 339-350.

[48] Narushin V G, Takma C. Sigmoid model for the evaluation of growth and production curves in laying hens[J]. Biosystems Engineering, 2003, 84(3): 343-348.

[49] Ganne P, Vervoort A, Wevers M. Quantification of pre-peak brittle damage: correlation between acoustic emission and observed micro-fracturing[J]. International Journal of Rock Mechanics and Mining Sciences, 2007, 44(5): 720-729.

[50] Xie H P, Liu J F, Ju Y, et al. Fractal property of spatial distribution of acoustic emissions during the failure process of bedded rock salt[J]. International Journal of Rock Mechanics and Mining Sciences, 2011, 48(8): 1215-1382.

[51] Zhang R, Dai F, Gao M Z, et al. Fractal analysis of acoustic emission during uniaxial and triaxial loading of rock[J].

International Journal of Rock Mechanics and Mining Sciences, 2015, 79: 241-249.

[52] Li D X, Wang E Y, Kong X G, et al. Mechanical behaviors and acoustic emission fractal characteristics of coal specimens with a pre-existing flaw of various inclinations under uniaxial compression[J]. International Journal of Rock Mechanics and Mining Sciences, 2019, 116: 38-51.

[53] Grassberger P, Procaccia I. Measuring the strangeness of strange attractors[J]. Physica D: Nonlinear Phenomena, 1983, 9(1-2): 189-208.

[54] Grassberger P, Procaccia I. Dimensions and entropies of strange attractors from a fluctuating dynamics approach[J]. Physica D: Nonlinear Phenomena, 1984, 13(1-2): 34-54.

[55] Gutenberg B, Richter C F. Frequency earthquakes in California[J]. Bulletin Seismological Society of America, 1944, 34(4): 185-188.

[56] 吴贤振, 刘祥鑫, 梁正召, 等. 不同岩石破裂全过程的声发射序列分形特征试验研究[J]. 岩土力学, 2012, 33(12): 3561-3569.

7 单轴压缩作用下纤维增强尾砂胶结材料裂纹分类

随着矿产资源开发向深部发展，尾矿废料的积存量日益增大，绿色高效采矿理念逐渐被提倡，尾砂胶结材料因其在实现固废资源化利用、保护环境等方面的优势而在工程中得到了广泛应用[1-5]。在地下工程中，尾砂胶结材料的作用主要是支撑围岩体，减少围岩的变形和剥落。因此，尾砂胶结材料的力学性能和破坏机理等，引起了许多研究者的广泛兴趣和工程技术人员的高度关注[6-12]。尾砂胶结材料的破坏过程主要是内部微裂纹萌生、扩张和贯通的过程。尾砂胶结材料在力的作用下，破坏类型有张拉破坏和剪切破坏，随着加载的进行两者之间在出现和所占的比例上不断变化，搞清楚在各加载阶段中两者之间的变化，对理解尾砂胶结材料破裂机理有一定的意义[13]。纤维增强尾砂胶结材料一般采用尾砂、水泥为基材，然后再加入聚丙烯腈纤维、玻璃纤维等纤维材料，以起到抗裂、增韧的目的。一方面，纤维增强尾砂胶结材料可以极大地弥补尾砂胶结材料的强度低、韧性差、易开裂等固有缺陷；另一方面，聚丙烯腈纤维和玻璃纤维是一种新型的合成功能性材料，在生产、使用和处置过程中对环境污染极小，属于绿色工业材料，符合我国当前绿色发展的需求。

目前，纤维增强尾砂胶结材料已引起了一些国内外学者的兴趣，并且研究纤维增强尾砂胶结材料的一系列特性对工程应用具有重大意义[14-19]。例如，Xu[14]对岩石与纤维增强尾砂胶结材料之间界面的剪切特性进行了研究，发现其与纤维含量和固化时间呈函数关系。Chen 等[15]研究了聚丙烯纤维增强尾砂胶结材料的力学性能，并建立了基于无侧限抗压强度的数学模型，用于指导纤维增强尾砂胶结材料的强度设计；Chen 等[16]又研究了稻草纤维对尾砂胶结材料的影响，发现其对尾砂胶结材料的强度和弹性模量等力学性能的影响是显著的。Sirisha 和 Cui[17]研究了不同纤维长度、纤维含量和固化时间对聚丙烯纤维增强尾砂胶结材料的饱和导水率的影响。Wang 等[18]研究了橡胶纤维改性尾砂胶结材料的性能，发现改性尾砂胶结材料具有较好的可加工性、较低的密度和较高的延展性，橡胶纤维含量为 4%时改性尾砂胶结材料具有最高的韧性。侯永强等[19]研究了聚丙烯纤维掺量、纤维长度及尾砂掺量对尾砂胶结材料力学及流动性能的影响，借助扫描电镜揭示了纤维增强尾砂胶结材料的破坏作用机理，研究表明，纤维增强尾砂胶结材料能充分利用废弃尾砂资源，让地表环境得到有效保护。

为了确保工程的总体安全性，采取适当的评估手段是至关重要的，因此，工程中的裂纹扩展问题引起了很多学者的兴趣[20-22]。因为裂纹的演化特性不仅反映了尾砂胶结材料的破裂情况，而且还反映了整个工程系统在结构层面的破裂状况。目前国内外学者对岩石及类岩石等材料的裂纹演化规律开展了大量研究，并取得了较多的研究成果[23-27]，而对于尾砂胶结材料的裂纹演化规律研究相对较少。例如，曹树刚等[23]研究了煤体破裂过程的微裂纹演化规律，并基于分形理论研究了含瓦斯煤体三轴压缩试验中各级应力状态下表面裂纹发生、发展的全过程；Zuo等[24]通过岩石在不同变化阶段的特征，研究了围压作用下岩石的裂纹扩展行为；王春来等[25]结合应力路径斜率变化，分阶段分析了细观裂纹动态演化特征；赵洪宝等[26]开展了不同加载面积下煤岩的压缩试验，探讨了局部荷载下煤岩内部微结构及裂隙演化规律；李英杰等[27]推导了页岩 I 型裂纹沿层理方向的新分叉裂纹尖端应力场，探讨了不同层理角度下裂纹沿层理面起裂及扩展规律。

基于声发射技术的方法为监测尾砂胶结材料裂纹的成核和扩展提供了一种有效的解决方案。研究表明，声发射信号可以反映岩石和混凝土材料裂纹的相关信息，如微裂纹数量、应力分布和断裂形态等[28,29]。声发射信号的特征参数分析主要包括到达时间、持续时间、振铃计数(波信号跨越阈值的振荡次数)和累计振铃计数、振幅(A)、能量和累计能量、上升时间(RT)、上升时间与最大振幅之比(RA=RT/A)、平均频率(AF)(振铃计数与持续时间之比)、峰值频率等。但是，现有的大量研究成果主要致力于确定裂纹特征和声发射特征之间的函数关系或相关性[30,31]、声发射 b 值分析[32,33]、声发射分形分析[34-36]、声发射源定位研究[37-39]和声发射能量分析等。另外，高斯混合模型是一种基于分布的无监督分类技术，已成功应用于诸多领域，包括声音识别[40]、图像处理[41]、疾病分类[42]等。然而，将该技术用于尾砂胶结材料裂纹分类的研究成果鲜有发表。

根据日本建筑材料标准(JCMS-Ⅲ B5706，2003)提出的裂纹参数分析法[43]，没有给出足够的区分依据，因此，鉴于高斯混合模型在识别中良好的数据分布分析能力，本章通过建立基于高斯混合模型的纤维增强尾砂胶结材料裂纹分类方法，克服传统裂纹分类的不足。通过对不同纤维增强尾砂胶结材料开展单轴压缩试验并结合声发射技术，对每个声发射信号提取两个特征值，即上升时间与最大振幅之比(RA=RT/A)、平均频率(AF)值，从而通过对比探究 RA 与 AF 值的分布变化，对 JCMS-Ⅲ B5706 参数分析法和高斯混合模型得到的裂纹分类结果进行对比分析。研究纤维增强尾砂胶结材料在各个荷载阶段的张拉裂纹和剪切裂纹占比，讨论无纤维尾砂胶结材料和纤维增强尾砂胶结材料破坏时的裂纹异同，以期达到和试验研究结果相互验证的目的，为后续的尾砂胶结材料裂纹演化特征及预测研究提供理论支撑依据。建立一种合理可靠的尾砂胶结材料裂纹分类方法，对于深入认识尾砂胶结材料变形破坏机理、工程稳定性等具有重要意义。

7.1　基于 RA-AF 分析的尾砂胶结材料裂纹模式识别

7.1.1　裂纹常规分类

将声发射特征与混凝土构件的开裂模式相关联，发现裂纹会以各种方式对工程耐久性产生不利影响。一般情况下，在加载初期直至材料完全破坏的全过程中，纯拉应力导致的张拉裂纹在加载的初始阶段出现，随后主要出现剪切裂纹，即通常在即将发生破坏时裂纹的类型由张拉模式转变为剪切模式。因此，监测裂纹的破坏类型是有益的，因为它可以判断材料所处的受力阶段，有利于提供早期预警的规划和实施补救行动的方案，对一些结构进行裂纹预警是有重要实际工程意义的。

JCMS-Ⅲ B5706 根据 RA 与 AF 值的关联关系将声发射源分为张拉裂纹和剪切裂纹[43]，如图 7-1 所示。在单轴压缩试验中，张拉裂纹在张拉应力作用下产生，其扩展方向与裂纹表面垂直；剪切裂纹在剪切应力作用下产生，其扩展方向与裂纹表面几乎在同一平面内。

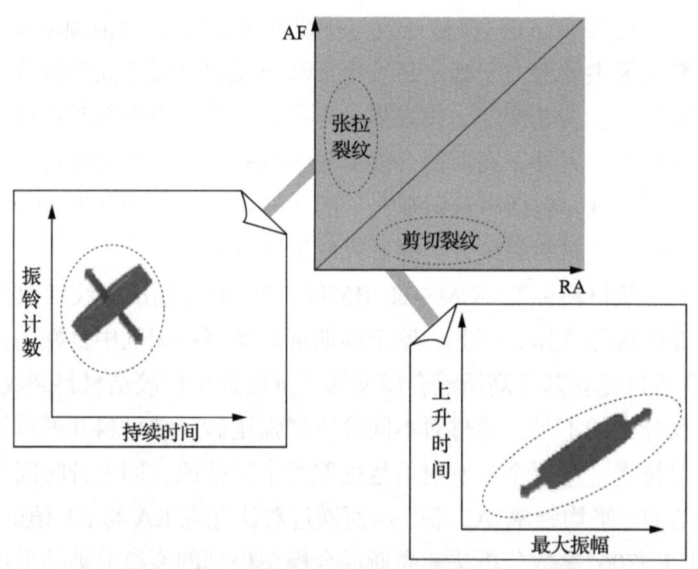

图 7-1　裂纹常规分类

然而，以 45°分界线区分张拉裂纹和剪切裂纹具有一定的局限性，且这两个参数所占比例的确定标准尚未得到确认[44,45]。事实上，声发射测量的数据大多是随机数据，一般来说，是非线性可分的，因此，在用 MATLAB 编写分类算法时，需要考虑数据集的分布特征。

7.1.2 无纤维尾砂胶结材料声发射参数 RA-AF 规律

利用 JCMS-Ⅲ B5706 提出的 RA-AF 关联分析法，对灰砂比为 1：10 的无纤维尾砂胶结材料、聚丙烯腈纤维增强尾砂胶结材料和玻璃纤维增强尾砂胶结材料的声发射参数 RA-AF 值进行研究。一般来说，高 RA 值和低 AF 值的声发射信号代表剪切裂纹的产生和发展；而高 AF 值和低 RA 值的声发射信号代表张拉裂纹的产生和发展。图 7-2 是将荷载划为 5 个荷载水平(0～20%、20%～40%、40%～60%、60%～80%和 80%～100%)，做出各荷载水平的 RA-AF 相关分布图。图 7-2 中的(1)、(2)、(3)、(4)和(5)分别代表 5 个荷载水平 0～20%、20%～40%、40%～60%、60%～80%和 80%～100%。

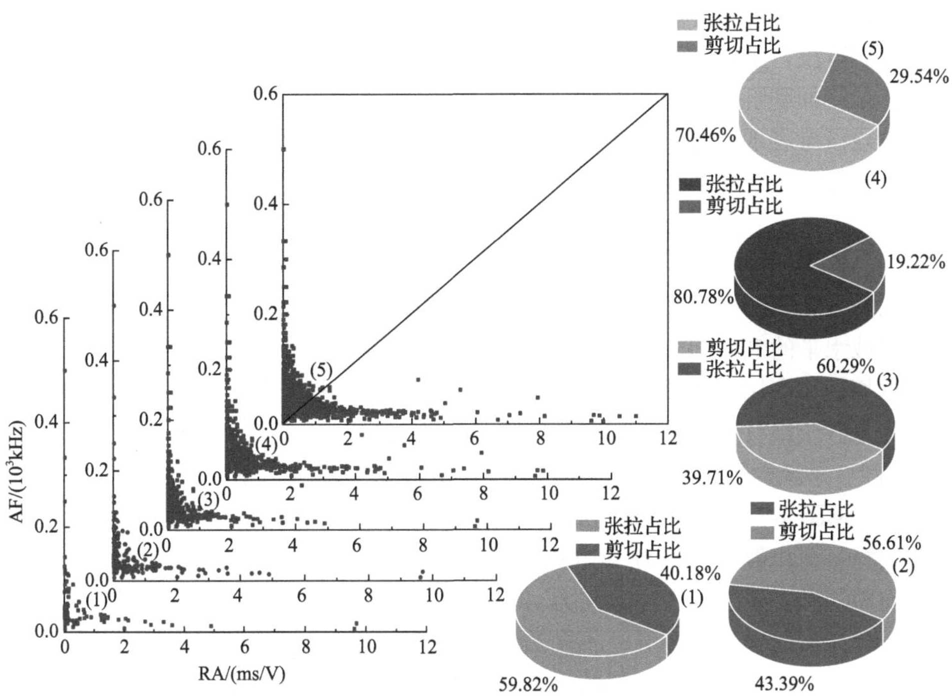

图 7-2 无纤维尾砂胶结材料各荷载水平的 RA-AF 相关分布

从图 7-2 中可以看出，在 0～20%的荷载水平阶段，张拉裂纹占比为 59.82%，剪切裂纹占比为 40.18%，张拉裂纹和剪切裂纹两者占比相差不大；在 20%～40%的荷载水平阶段，张拉裂纹占比为 43.39%，剪切裂纹占比为 56.61%；在 40%～60%的荷载水平阶段，张拉裂纹占比为 60.29%，剪切裂纹占比为 39.71%，剪切裂纹占比有所下降；在 60%～80%的荷载水平阶段，张拉裂纹和剪切裂纹分别占比为 80.78%和 19.22%，在 80%～100%的荷载水平阶段，张拉裂纹和剪切裂纹分别占比为 70.46%和 29.54%，从这两个阶段可以发现，与上一级荷载水平相比，张拉裂纹占比有大幅度提升，这也预示着无纤维尾砂胶结材料试样在此两阶段中发生了较大宏观裂纹的破坏。

从图 7-2(1)、图 7-2(2)和图 7-2(3)中能清晰地发现数据散点向 AF 轴靠拢，这说明无纤维尾砂胶结材料试样在所对应的阶段中主要产生张拉裂纹，剪切裂纹较少，表现为 AF 值点主要集中在 0～170kHz 范围内。在图 7-2(4)和图 7-2(5)中可看到数据散点逐渐向 RA 轴过渡，但数据散点主要还是偏向 AF 轴，AF 值点主要集中在 0～200kHz 范围内，这说明随着外部荷载的增加，剪切裂纹也随之发生。但是，总体上无纤维尾砂胶结材料试样的破坏还是以张拉破坏为主，剪切破坏为辅，分析其原因是无纤维尾砂胶结材料的强度和韧性都较小，试样基本上还未发生剪切破坏就被张拉破坏主导。

所以可以认为无纤维尾砂胶结材料基本上和文献[46]所发现的有所不同，即初始加载阶段，张拉(弯曲)裂纹占优势；中间加载阶段为过渡阶段，张拉过渡为剪切；最终加载阶段，剪切裂纹占优势。无纤维尾砂胶结材料可总结为：在整个加载阶段没有表现出明显的张拉向剪切过渡，而是张拉裂纹占比一直占优势，直到试样整体完全失稳破坏为止。

7.1.3　纤维增强尾砂胶结材料声发射参数 RA-AF 规律

以聚丙烯腈纤维增强尾砂胶结材料和玻璃纤维增强尾砂胶结材料为例，分析其各荷载水平的 RA-AF 相关分布。该分布能直观清晰地观察到不同阶段的张拉裂纹和剪切裂纹占比，从而最终判别纤维增强尾砂胶结材料是张拉破坏还是剪切破坏，为尾砂胶结材料破坏预测和有效防治提供依据。

图 7-3 是聚丙烯腈纤维增强尾砂胶结材料在各个荷载水平阶段的 RA-AF 相关分布图。从图 7-3 中可以看出，在 0～20%的荷载水平阶段，聚丙烯腈纤维增强尾砂胶结材料剪切裂纹占比为 20.13%，张拉裂纹占比为 79.87%，而无纤维尾砂胶结材料剪切和张拉裂纹占比分别为 40.18%和 59.82%，它们的共同点是在这一水平阶段张拉裂纹仍然占主导，不同的是聚丙烯腈纤维增强尾砂胶结材料张拉裂纹占比要比无纤维尾砂胶结材料的大，这是加入适量的纤维改变了尾砂胶结材料内部的构造而导致的；在 20%～60%的荷载水平阶段，可发现剪切裂纹占比和张拉裂纹占比发生了明显变化，张拉裂纹占比平均值为 57.21%，而剪切裂纹占比平均值为 42.79%，和上一荷载水平相比剪切裂纹占比提升了 22.66 个百分点，说明剪切裂纹在裂纹扩展阶段提高了很多；在 60%～80%的荷载水平阶段，可看出剪切裂纹占比超出了张拉裂纹占比约 31 个百分点，分别为 65.55%和 34.45%，说明在此荷载阶段作用下，聚丙烯腈纤维增强尾砂胶结材料发生了剪切破坏；最后的 80%～100%荷载水平阶段，可看出剪切裂纹占比为 56.63%，张拉裂纹占比为 43.37%，和上一荷载水平相比张拉裂纹占比有所回升。

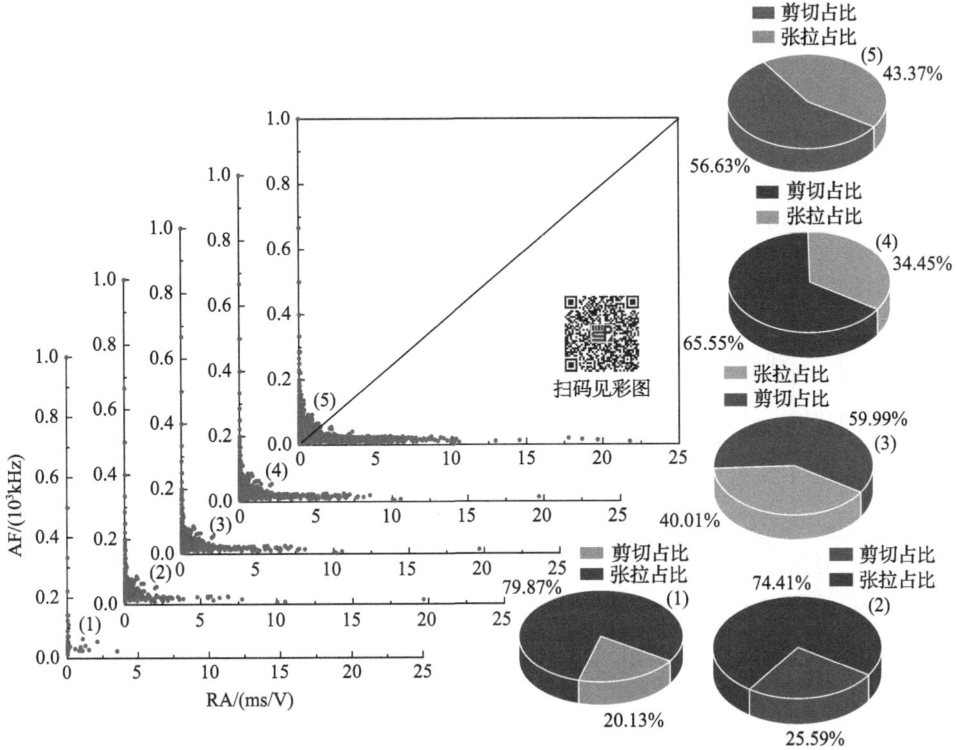

图 7-3 聚丙烯腈纤维增强尾砂胶结材料各荷载水平的 RA-AF 相关分布

图 7-4 是玻璃纤维增强尾砂胶结材料各荷载水平的 RA-AF 相关分布图，从整体情况来看，从 0 至 100%整个荷载水平阶段，剪切裂纹占比分别为 81.26%、77.94%、70.63%、75.42%和 64.15%，所有荷载阶段剪切裂纹占比均超过 50%，说明玻璃纤维增强尾砂胶结材料整体剪切破坏占了很大比例，整体破坏是以剪切为主，张拉为辅。在 0～20%的荷载水平阶段，和聚丙烯腈纤维增强尾砂胶结材料相比，玻璃纤维增强尾砂胶结材料的剪切裂纹占比更多；在 20%～60%的荷载水平阶段，可以看出玻璃纤维增强尾砂胶结材料的剪切裂纹占比均值为 74.285%，而聚丙烯腈纤维增强尾砂胶结材料剪切裂纹占比均值为 42.59%，可知玻璃纤维增强尾砂胶结材料在此阶段张拉裂纹占比要比聚丙烯腈纤维增强尾砂胶结材料小得多，这说明玻璃纤维增强尾砂胶结材料的张拉和剪切的耦合破坏情况要比聚丙烯腈纤维增强尾砂胶结材料更好；在 60%～80%的荷载水平阶段，两种纤维的尾砂胶结材料剪切裂纹占比相差不大，玻璃纤维增强尾砂胶结材料是 75.42%，聚丙烯腈纤维增强尾砂胶结材料是 65.55%；在最后的 80%～100%荷载水平阶段，可以看出张拉裂纹占比有所回升，这是纤维增强尾砂胶结材料的韧性较强或延性较好的缘故。

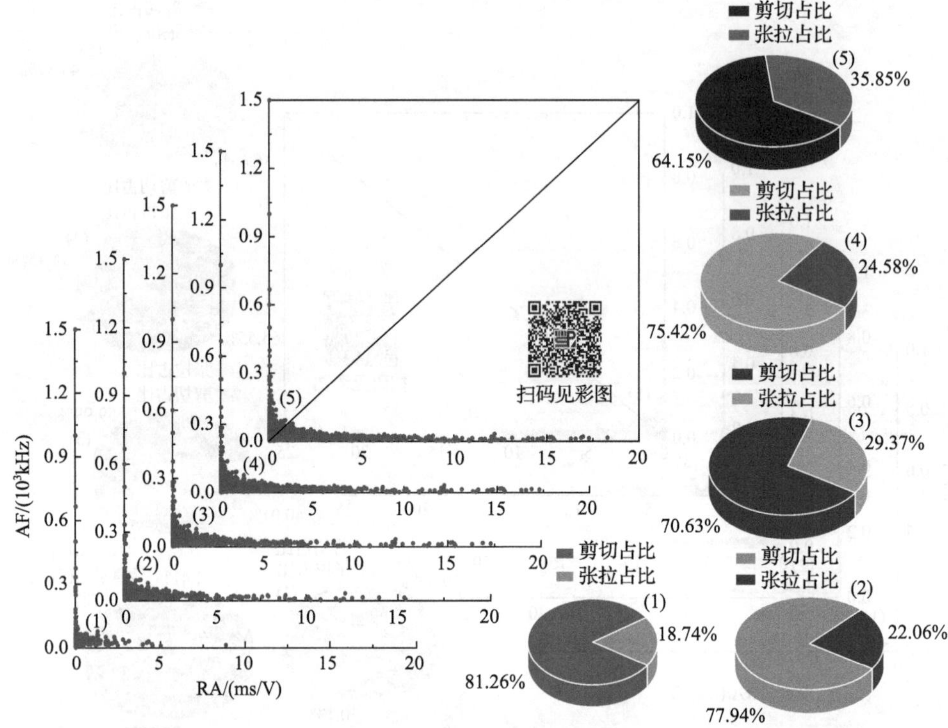

图 7-4　玻璃纤维增强尾砂胶结材料各荷载水平的 RA-AF 相关分布

尾砂胶结材料整体裂纹破坏占比情况是：无纤维尾砂胶结材料总体呈现出高 AF 值、低 RA 值的特点，且数据散点分布整体向 AF 轴靠拢，主要是集中在张拉裂纹区域，在剪切裂纹区域分布较为稀疏；纤维增强尾砂胶结材料的特点是总体呈现出高 RA 值、低 AF 值的特点，数据散点分布整体逐渐向 RA 轴靠拢并沿着 RA 轴呈现条状分布增加。

7.2　基于高斯混合模型的尾砂胶结材料裂纹分类

7.2.1　高斯混合模型

高斯混合模型(Gaussian mixture model，GMM)是单个高斯概率密度函数的扩展，GMM 可以平滑地近似任何形状的密度分布。与聚类相似，根据概率密度函数的不同参数，每个高斯模型都可以视为一个类别。输入样本 X，然后通过概率密度函数计算其值，接着通过一个阈值判断样本是否属于高斯模型[47]。从理论上讲，GMM 可用于任何类型的分布，通常用于解决以下情况：同一集合中的数据可包含多个不同的分布或相同类型的分布但参数不同，或不同类型的分布。

设有随机变量 X，则 GMM 可表示为[48]

$$P(x)=\sum_{k=1}^{K}\omega_k\mathcal{N}\left(\boldsymbol{x}\middle|\boldsymbol{\mu}_k,\boldsymbol{\Sigma}_k\right)\quad(k=1,2,\cdots,K) \tag{7-1}$$

式中：K 为混合模型的分量数；$\mathcal{N}\left(\boldsymbol{x}\middle|\boldsymbol{\mu}_k,\boldsymbol{\Sigma}_k\right)$为第 k 个单一模态高斯概率密度函数,其中 $\boldsymbol{x}$ 为样本向量，$\boldsymbol{\mu}_k$ 为期望，$\boldsymbol{\Sigma}_k$ 为协方差矩阵；ω_k 为每个分量 $\mathcal{N}\left(\boldsymbol{x}\middle|\boldsymbol{\mu}_k,\boldsymbol{\Sigma}_k\right)$ 的权重系数，并且存在约束条件：

$$\sum_{k=1}^{K}\omega_k=1\quad(0\leqslant\omega_k\leqslant1) \tag{7-2}$$

当高斯模型用于聚类时，假设某数据服从高斯模型分布，那么只要根据数据推导出混合高斯分布的概率分布就足够了，GMM 的 K 个分量实际上就对应 K 个聚类。根据数据计算概率密度通常称为密度估计。当假设概率密度函数的形式时，估计其中参数的过程称为参数估计。对于 AF 和 RA 值，可认为是两个椭圆聚类，两个椭圆可以被两个二维高斯分布表示，然后两个椭圆则是两个二维高斯分布的双倍标准偏差椭圆，有两个很明显的聚类，可以定义 K=2，那么对应的混合高斯形式如下：

$$P(x)=\omega_1\mathcal{N}\left(\boldsymbol{x}\middle|\boldsymbol{\mu}_1,\boldsymbol{\Sigma}_1\right)+\omega_2\mathcal{N}\left(\boldsymbol{x}\middle|\boldsymbol{\mu}_2,\boldsymbol{\Sigma}_2\right) \tag{7-3}$$

式(7-3)中未知参数有 6 个，即 $\omega_1,\boldsymbol{\mu}_1,\boldsymbol{\Sigma}_1;\omega_2,\boldsymbol{\mu}_2,\boldsymbol{\Sigma}_2$。GMM 分布聚类方法是随机地在 K 个分量中选一个，每个被选中分量的概率为权重系数 ω_k，可设定 $\omega_1=\omega_2=0.5$，那么每个分量被选中的概率就为二分之一，也就是说，从中抽取一个点，这个点属于第一类或第二类的概率各占一半。然而，在实际工程应用中，预先指定 ω_k 的值是不建议使用的。当问题被普遍化时，会出现一个问题：当从 AF 和 RA 值的集合中随机选择一个点时，如何知道该点来自 $\mathcal{N}\left(\boldsymbol{x}\middle|\boldsymbol{\mu}_1,\boldsymbol{\Sigma}_1\right)$ 还是 $\mathcal{N}\left(\boldsymbol{x}\middle|\boldsymbol{\mu}_2,\boldsymbol{\Sigma}_2\right)$ 呢？换句话说，如何根据数据自动确定 ω_1 和 ω_2 的值？这就涉及高斯模型的参数估计的问题，要解决这个问题可以使用期望最大化算法(expectation-maximization algorithm，EM)，通过期望最大化算法，可以迭代计算 GMM 中的参数 $\omega_k,\boldsymbol{\mu}_k,\boldsymbol{\Sigma}_k$。

7.2.2 期望最大化算法

期望最大化算法是经过两个步骤交替进行计算的算法：第一步是计算期望，利用概率模型参数的现有估计值，计算隐藏变量的期望；第二步是最大化，利用第一步求得的隐藏变量的期望，对参数模型进行最大似然估计。因此，首先必须获得 GMM 的似然函数。

假设 $\boldsymbol{X}$ 向量序列为

$$\boldsymbol{X}=\left\{x_1=\left(R_{A1},A_{F1}\right),x_2=\left(R_{A2},A_{F2}\right),\cdots,x_N=\left(R_{AN},A_{FN}\right)\right\}$$

在张拉和剪切破坏模式下，$\boldsymbol{I}$=(1,2)，GMM 中有三个参数需要估计，分别是 ω，$\boldsymbol{\mu}$ 和 $\boldsymbol{\Sigma}$ 。可改写式(7-1)为

$$P(\boldsymbol{x}|\omega,\boldsymbol{\mu},\boldsymbol{\Sigma})=\sum_{k=1}^{K}\omega_k\mathcal{N}\left(\boldsymbol{x}|\boldsymbol{\mu}_k,\boldsymbol{\Sigma}_k\right) \tag{7-4}$$

为了估计这三个参数，这三个参数的最大似然函数需要分别求解。首先求 $\boldsymbol{\mu}_k$ 的最大似然函数，取式(7-4)的对数似然函数，然后取 $\boldsymbol{\mu}_k$ 的导数，将导数设为 0，即可得最大似然函数：

$$-\sum_{n=1}^{N}\frac{\omega_k\mathcal{N}\left(\boldsymbol{x}_n|\boldsymbol{\mu}_k,\boldsymbol{\Sigma}_k\right)}{\sum_j\omega_j\mathcal{N}\left(\boldsymbol{x}_n|\boldsymbol{\mu}_j,\boldsymbol{\Sigma}_j\right)}\boldsymbol{\Sigma}_k^{-1}\left(\boldsymbol{x}_n-\boldsymbol{\mu}_k\right)=0 \tag{7-5}$$

同时两边乘以 $\boldsymbol{\Sigma}_k$ ，得到：

$$\mu_k=\frac{1}{N_k}\sum_{n=1}^{N}\gamma\left(z_{nk}\right)\boldsymbol{x}_n \tag{7-6}$$

其中：

$$N_k=\sum_{n=1}^{N}\gamma\left(z_{nk}\right) \tag{7-7}$$

式(7-6)和式(7-7)中，N 表示样本点的数量，$\gamma\left(z_{nk}\right)$ 表示点 $n(\boldsymbol{x}_n)$ 属于聚类 k 的后验概率，则 N_k 可表示属于第 k 个聚类点的数量[49]。所以由 μ_k 表示所有点的加权平均，则每个点的权值是 $\sum_{n=1}^{N}\gamma\left(z_{nk}\right)$，它跟第 k 个聚类有关。同样的方法可求得 $\boldsymbol{\Sigma}_k$ 的最大似然函数：

$$\boldsymbol{\Sigma}_k=\frac{1}{N_k}\sum_{n=1}^{N}\gamma\left(z_{nk}\right)\left(\boldsymbol{x}_n-\boldsymbol{\mu}_k\right)\left(\boldsymbol{x}_n-\boldsymbol{\mu}_k\right)^{\mathrm{T}} \tag{7-8}$$

下面求 ω_k 的最大似然函数，需要注意的是 ω_k 有限制条件 $\sum_{k=1}^{K}\omega_k=1(0\leqslant\omega_k\leqslant1)$，所以要加入拉格朗日算子，见式(7-9)：

$$\ln P(\boldsymbol{x}|\omega,\boldsymbol{\mu},\boldsymbol{\Sigma})+\lambda\left(\sum_{k=1}^{K}\omega_k-1\right) \tag{7-9}$$

然后求式(7-9)的最大似然函数可得

$$\sum_{n=1}^{N}\frac{\mathcal{N}\left(\boldsymbol{x}_n\middle|\boldsymbol{\mu}_k,\boldsymbol{\Sigma}_k\right)}{\sum_j\omega_j\mathcal{N}\left(\boldsymbol{x}_n\middle|\boldsymbol{\mu}_j,\boldsymbol{\Sigma}_j\right)}+\lambda=0 \tag{7-10}$$

对式(7-10)两边同乘 ω_k 可以得出式(7-11)：

$$\sum_{n=1}^{N}\frac{\omega_k\mathcal{N}\left(\boldsymbol{x}_n\middle|\boldsymbol{\mu}_k,\boldsymbol{\Sigma}_k\right)}{\sum_j\omega_j\mathcal{N}\left(\boldsymbol{x}_n\middle|\boldsymbol{\mu}_j,\boldsymbol{\Sigma}_j\right)}+\lambda\omega_k=0 \tag{7-11}$$

结合式(7-7)，式(7-11)可改写为

$$N_k+\lambda\omega_k=0 \tag{7-12}$$

式中：N_k 为第 k 个聚类点的数量。

对于 N_k，从 k=1，到 k=K 求和后就可以得到所有点的数量 N:

$$\begin{cases}\sum\limits_{k=1}^{K}N_k+\lambda\sum\limits_{k=1}^{K}\omega_k=0\\ N+\lambda=0\end{cases} \tag{7-13}$$

进而可得到 $N=-\lambda$，代入式(7-12)可得到：

$$\omega_k=N_k/N \tag{7-14}$$

EM 算法估计 GMM 参数，即最大化式(7-6)、式(7-7)和式(7-14)，需要先指定 $\omega,\boldsymbol{\mu},\boldsymbol{\Sigma}$ 的初始值，然后根据 GMM 的贝叶斯公式[49]计算出 $\gamma\left(z_{nk}\right)$，然后将 $\gamma\left(z_{nk}\right)$ 代入式(7-6)、式(7-8)和式(7-14)分别求得 $\omega_k,\boldsymbol{\mu}_k,\boldsymbol{\Sigma}_k$。接着再用求得的 $\omega_k,\boldsymbol{\mu}_k,\boldsymbol{\Sigma}_k$ 计算出新的 $\gamma\left(z_{nk}\right)$，再将最新的 $\gamma\left(z_{nk}\right)$ 代入式(7-6)、式(7-8)和式(7-14)，循环计算，直到算法收敛。

EM 算法步骤如下。

(1)定义分量数目 k，对每个分量 k 设置初始值的参数 $\omega_k,\boldsymbol{\mu}_k,\boldsymbol{\Sigma}_k$，然后计算公式(7-4)的对数似然函数。

(2)根据当前初始值的参数 $\omega_k,\boldsymbol{\mu}_k,\boldsymbol{\Sigma}_k$，算出后验概率 $\gamma\left(z_{nk}\right)$。

$$\gamma(z_{nk})=\frac{\omega_k\mathcal{N}(\boldsymbol{x}_n|\boldsymbol{\mu}_n,\boldsymbol{\Sigma}_n)}{\sum_{j=1}^{K}\omega_j\mathcal{N}(\boldsymbol{x}_n|\boldsymbol{\mu}_j,\boldsymbol{\Sigma}_j)}$$

(3)根据第(2)步骤计算的$\gamma(z_{nk})$，再计算出新的参数$\omega_k,\boldsymbol{\mu}_k,\boldsymbol{\Sigma}_k$。

$$\boldsymbol{\mu}_k^{\text{new}}=\frac{1}{N_k}\sum_{n=1}^{N}\gamma(z_{nk})\boldsymbol{x}_n$$

$$\boldsymbol{\Sigma}_k^{\text{new}}=\frac{1}{N_k}\sum_{n=1}^{N}\gamma(z_{nk})(\boldsymbol{x}_n-\boldsymbol{\mu}_k^{\text{new}})(\boldsymbol{x}_n-\boldsymbol{\mu}_k^{\text{new}})^{\mathrm{T}}$$

$$\omega_k^{\text{new}}=\frac{N_k}{N}$$

其中：

$$N_k=\sum_{n=1}^{N}\gamma(z_{nk})$$

(4)然后再计算公式(7-4)的对数似然函数：

$$\ln P(\boldsymbol{x}|\omega,\boldsymbol{\mu},\boldsymbol{\Sigma})=\sum_{n=1}^{N}\ln\left\{\sum_{k=1}^{K}\omega_k\mathcal{N}(\boldsymbol{x}_k|\boldsymbol{\mu}_k,\boldsymbol{\Sigma}_k)\right\}$$

(5)最后检查对数似然函数是否收敛，若不收敛，则需要返回第(2)步重新计算，直到算法收敛。

7.2.3 移动平均滤波法

在7.2.1节中，给出了使用所提出的GMM进行裂纹分类的结果，对于每个加载步骤，从检测到的每个声发射信号中提取声发射两个特征(即AF和RA值)参数。然后，进行跨度和滞后为70次[50]点击的移动平均滤波以减少分散。最终生成由数据点$x_i=(R_{Ai},A_{Fi})$组成的数据集$\boldsymbol{X}$，即

$$\boldsymbol{X}=\{x_1=(R_{A1},A_{F1}),x_2=(R_{A2},A_{F2}),\cdots,x_N=(R_{AN},A_{FN})\}$$

在这项工作中选择的两个主要聚类的充分性可以使用贝叶斯信息准则(Bayesian information criterion, BIC)来研究，该准则是

$$\mathrm{BIC}=k\ln(N)-2\ln(l) \tag{7-15}$$

式中：k为每个GMM要估计的自由参数的数量；N为观测值的数量；l为估计模

型似然函数的最大值。从一个集群到两个集群，通过包括额外的集群而遵循相当恒定的趋势。

此外，为了探索和添加具有更好分辨率的聚类的功效，当 M 的分量高斯椭圆密度增加到 $M+1$ 时，可根据式(7-16)计算 BIC 变化率（ξ_{M+1}）：

$$\xi_{M+1}=\frac{\mathrm{BIC}_M-\mathrm{BIC}_{M+1}}{\mathrm{BIC}_M} \tag{7-16}$$

式中：BIC_M为具有 M 个混合成分的 BIC。

BIC 的优势在于它可以帮助选择所需的最佳集群数量，同时保持结果准确性和模型复杂性之间的平衡。通过滤波得到的两个聚类的 AF 和 RA 值，可以更清晰地分辨出二维高斯分布表示的两个聚类椭圆。

7.2.4 GMM 运算结果及规律

在 7.1.1 节已经提到过 JCMS-Ⅲ B5706 提出的裂纹分类，这种裂纹分类的特点是：张拉裂纹的自然张力会引起裂纹的横向移动，从而导致短时间和高频声发射波形；相反，在剪切裂纹的发展中，通常存在较长的波形，从而导致较低的频率和较长的上升时间。然而这种方法的明显缺陷是：与初始 P 波相比，波形的最大峰值明显延迟，这一点在很多不同材料研究中已经证明，如岩石[51]、混凝土材料[52]和纤维复合材料[53]，但是实际上，声发射信号是非线性的且相对独立的随机数据，而且两个参数之间的坐标比例没有一个清晰的界定标准，所以就有必要发展一种更有效的数据统计分布分类算法。而 GMM 算法的基本思想就是使用多个高斯概率密度分布来准确地量化样本数据，从而最大化该分布下样本数据点的最大似然概率。也就是说，利用 GMM 算法来仿真拟合声发射信号数据的概率是更加合理的[54-56]。

为了比较 JCMS-Ⅲ B5706 推荐的 RA-AF 关联分析法和 GMM 算法的异同，以灰砂比为 1∶10 的无纤维尾砂胶结材料和聚丙烯腈纤维增强尾砂胶结材料为例，基于 GMM 算法并运用 MATLAB 计算程序编程，对尾砂胶结材料裂纹识别进行聚类分析，得出不同加载步的 GMM 特征向量示意云图。

为了更好地发现两种裂纹的演化规律，图 7-5(a)～图 7-5(j)是无纤维尾砂胶结材料在荷载水平为 0～20%、20%～40%、40%～60%、60%～80%和 80%～100%时的裂纹分类结果，表 7-1 则是无纤维尾砂胶结材料张拉裂纹、剪切裂纹荷载水平区间占比结果。图 7-5(a)～图 7-5(j)左边的云图代表 GMM 密度的等高线图，红色区域代表的概率密度更高，蓝色区域表示的概率密度较小，而被虚线包围成的椭圆则代表张拉裂纹和剪切裂纹事件的概率。图 7-5(a)～图 7-5(j)右边的立体图代表左边云图的三维立体图示，它能更直观清晰地观察到两种裂纹的占比大小和位置方向。

从图 7-5(a)～图 7-5(j)整体可以看出，每张图都显示了两个相互独立的张拉裂纹和剪切裂纹，但是和 JCMS-Ⅲ B5706 的 RA-AF 关联分析法有所不同的是：两个类别交错进行，在不同的加荷阶段有不同的高斯概率密度函数，也就有不同的权重。在无纤维尾砂胶结材料的初始加载阶段即荷载水平为 0～20%，无纤维尾砂胶结材料产生以张拉破坏为主的裂纹，对应云图为图 7-5(a)和图 7-5(b)；随着荷载水平的增加即荷载水平为 20%～60%，试样开始进入非稳定裂纹生长和扩展阶段，张拉裂纹主要分布在竖向 Y 轴方向，且红蓝颜色区分度明显，另外高概率区域也逐渐向张拉方向移动，但可发现向张拉移动的概率密度并不大，红蓝区分度不明显，对应云图为图 7-5(c)～图 7-5(f)；在最终加载阶段即荷载水平为 80%～100%，剪切裂纹的 RA 和 AF 值中心位置变化不是很明显，而张拉裂纹一直在变化且椭圆颜色越来越清晰可见，表明最终的破坏还是以张拉破坏为主，剪切破坏为辅，对应云图为图 7-5(j)。

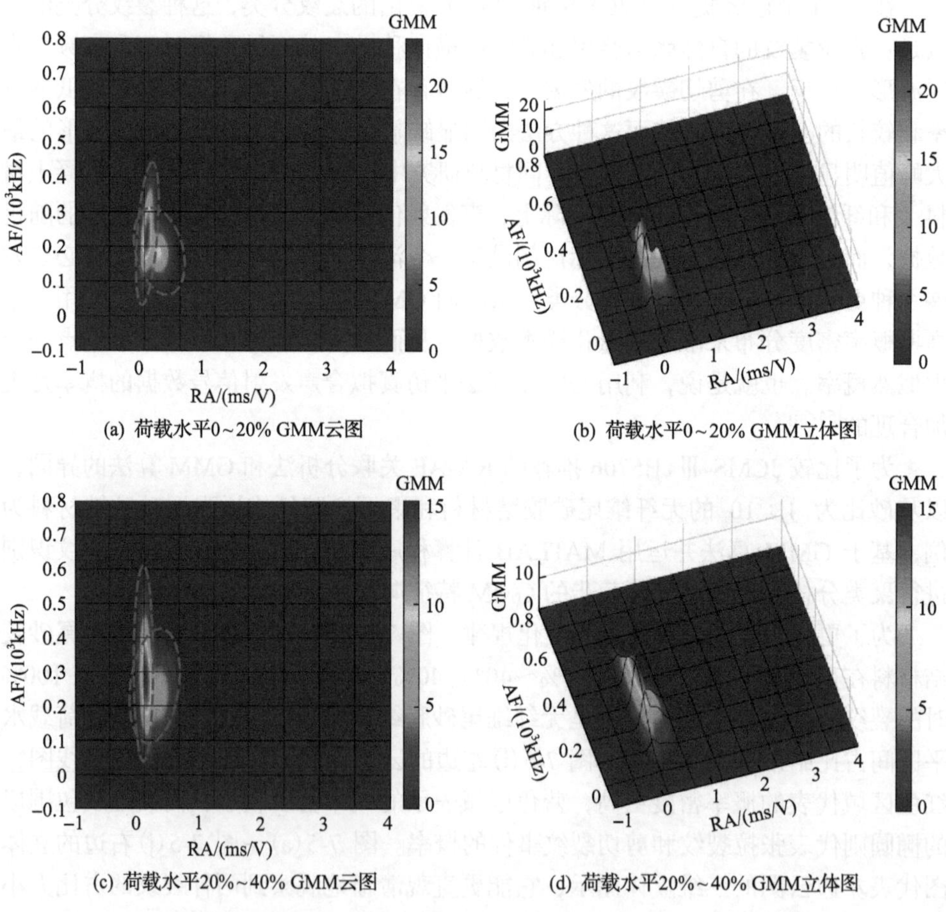

(a) 荷载水平0～20% GMM云图　　(b) 荷载水平0～20% GMM立体图

(c) 荷载水平20%～40% GMM云图　　(d) 荷载水平20%～40% GMM立体图

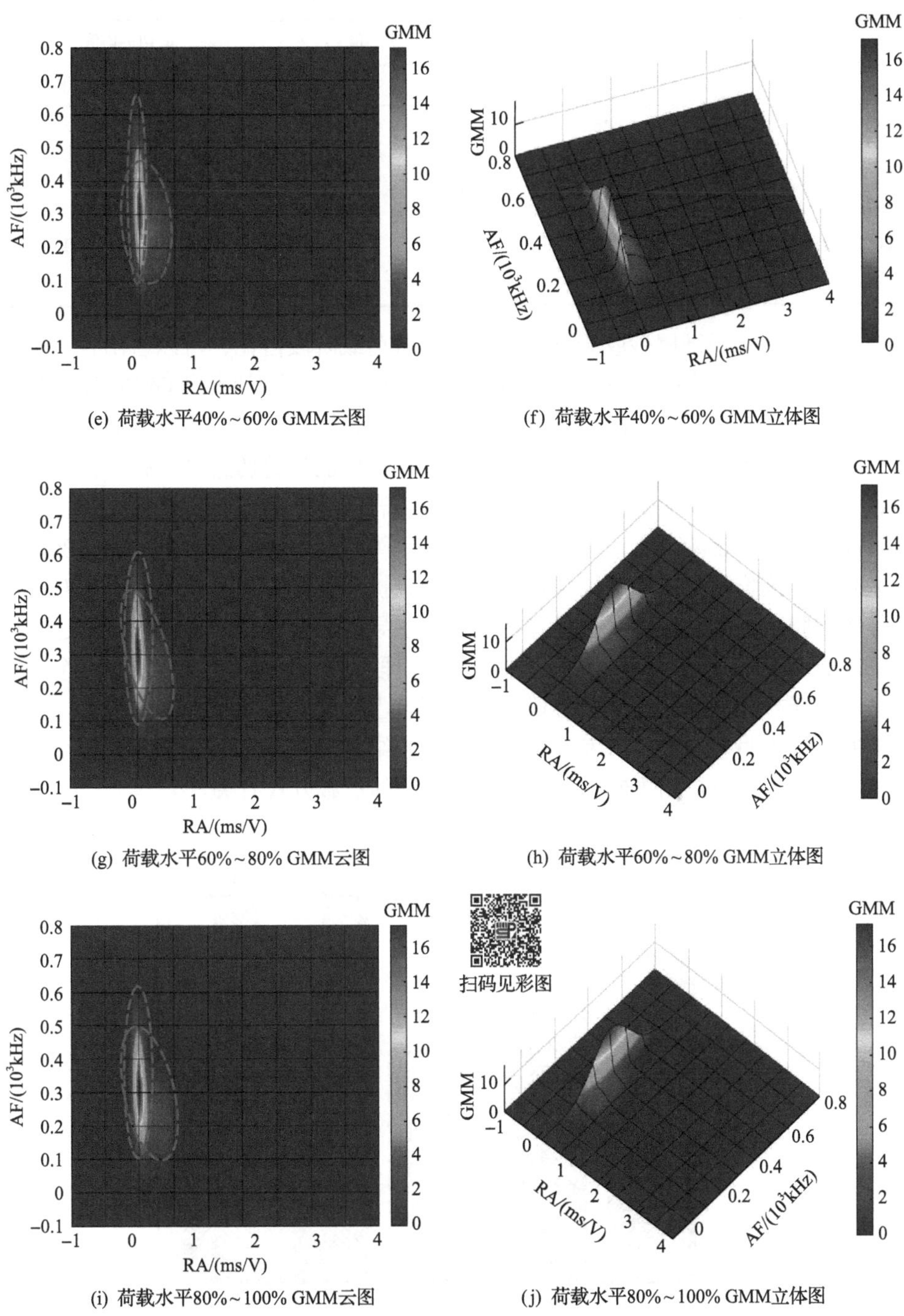

(e) 荷载水平40%～60% GMM云图

(f) 荷载水平40%～60% GMM立体图

(g) 荷载水平60%～80% GMM云图

(h) 荷载水平60%～80% GMM立体图

(i) 荷载水平80%～100% GMM云图

(j) 荷载水平80%～100% GMM立体图

图 7-5 无纤维尾砂胶结材料不同加载步的 GMM 特征向量示意图

表 7-1　无纤维尾砂胶结材料张拉裂纹、剪切裂纹荷载水平区间占比

荷载水平	张拉占比/%	剪切占比/%	张拉平均值		剪切平均值	
			RA/(ms/V)	AF/(10^3kHz)	RA/(ms/V)	AF/(10^3kHz)
0～20%	53.99	46.01	0.1530	0.2454	0.3311	0.1827
20%～40%	55.04	44.96	0.1321	0.2960	0.3451	0.2334
40%～60%	61.53	38.47	0.1095	0.3246	0.3269	0.2456
60%～80%	64.49	35.51	0.3433	0.2339	0.1180	0.3192
80%～100%	64.70	35.30	0.3610	0.2308	0.1174	0.3171

图 7-6 是无纤维尾砂胶结材料两种裂纹各荷载阶段占比，可以看出各个阶段张拉和剪切占比变化趋势还是比较明显的。Farhidzadeh 等[46]指出 GMM 算法能够在试验过程中识别三个阶段：①初始加载阶段，张拉(弯曲)裂纹占优势；②中间加载阶段为过渡阶段，可能是张拉过渡为剪切也可能是剪切过渡为张拉；③最终加载阶段，剪切裂纹占优势。而文献[57]认为岩石声发射试验两类裂纹在整个加载阶段均以张拉破坏为主，且剪切裂纹所占比例的最大值出现在 80%～90%应力水平阶段，该阶段对应岩石加载过程中非稳定扩展阶段的中后期。而本次对于无纤维尾砂胶结材料而言整体上是张拉破坏占主导地位，在初始加载阶段的过渡期可发现剪切裂纹占比是减少的；在中间加载阶段可发现剪切裂纹占比有一个非常明显的下降趋势；在最终加载阶段，剪切裂纹占比又有小幅度下降的趋势，但是下降的趋势不明显。最终可发现无纤维尾砂胶结材料和岩石破坏方式的裂纹分类有些相似，其原因是和尾砂胶结材料以及不同的加载方式有关。

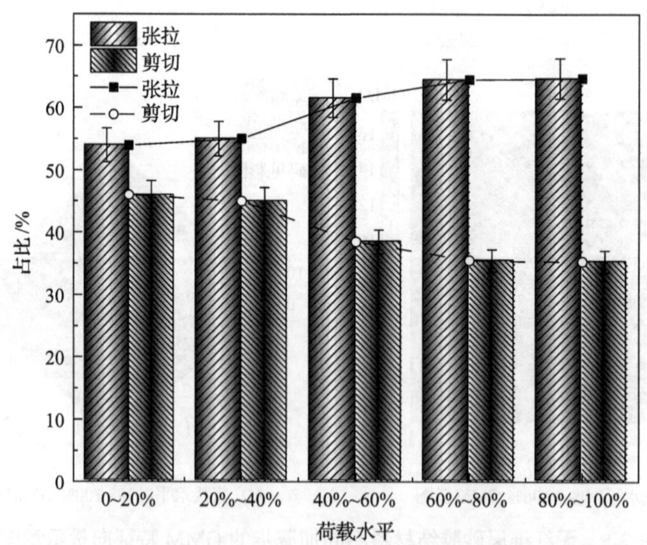

图 7-6　基于 GMM 算法的无纤维尾砂胶结材料两种裂纹各荷载阶段占比

图 7-7 是聚丙烯腈纤维增强尾砂胶结材料在不同加载步的 GMM 特征向量示意图，表 7-2 是聚丙烯腈纤维增强尾砂胶结材料的张拉裂纹、剪切裂纹荷载水平区间占比结果，可发现纤维增强尾砂胶结材料在不同荷载水平阶段的 RA-AF 概率密度占比与无纤维尾砂胶结材料的 RA-AF 概率密度占比是有明显区别的。①试样在单轴荷载的初始阶段，如图 7-7(a)和图 7-7(c)所示，大部分初始裂缝在张力作用下开始失效，小部分裂缝被压实和扩展传播，导致张拉裂缝和剪切裂缝共存；②随着荷载的增加，如图 7-7(e)和 7-7(g)所示，试样开始进入非稳定的裂纹扩展阶段，与无纤维尾砂胶结材料明显不同的是此时剪切裂纹增加明显并占据重要地位，以局部分散的张拉裂纹为辅且减少明显；③最后加载阶段，如图 7-7(i)所示，聚丙烯腈纤维增强尾砂胶结材料进入破坏阶段，剪切裂纹大量形成并贯通，最后出现大量的宏观裂纹，由此可以看出纤维增强尾砂胶结材料试样的整个破坏和文献[46]所描述的三个阶段破坏非常符合。

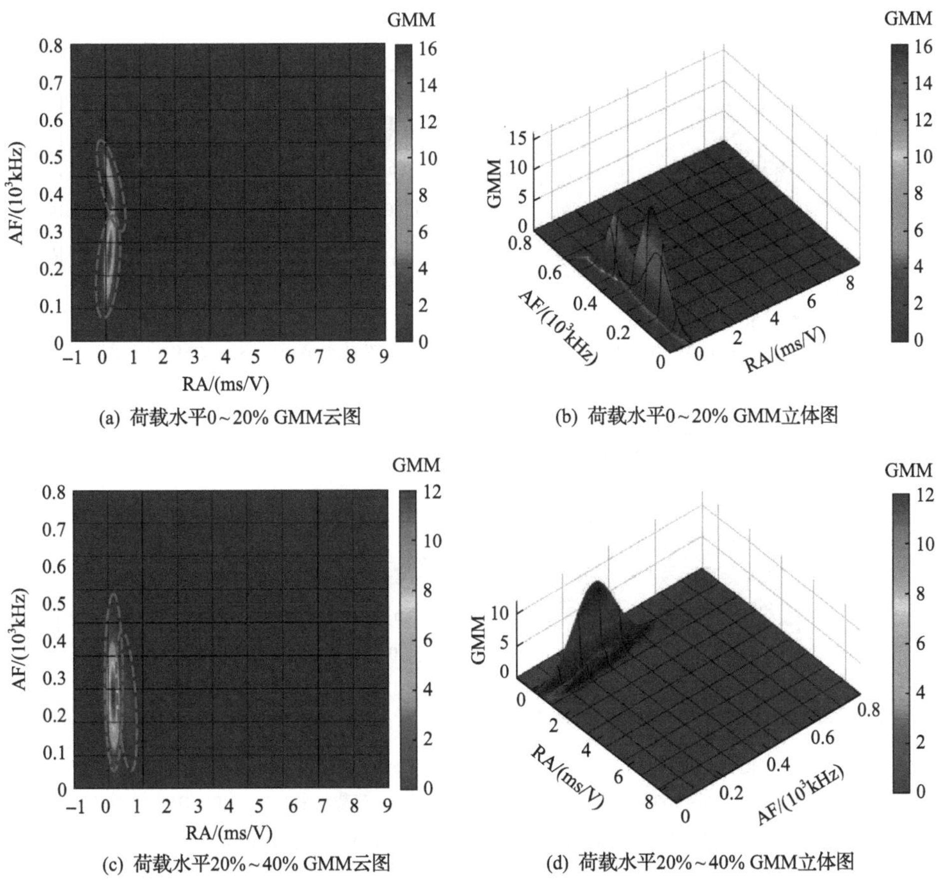

(a) 荷载水平0～20% GMM云图

(b) 荷载水平0～20% GMM立体图

(c) 荷载水平20%～40% GMM云图

(d) 荷载水平20%～40% GMM立体图

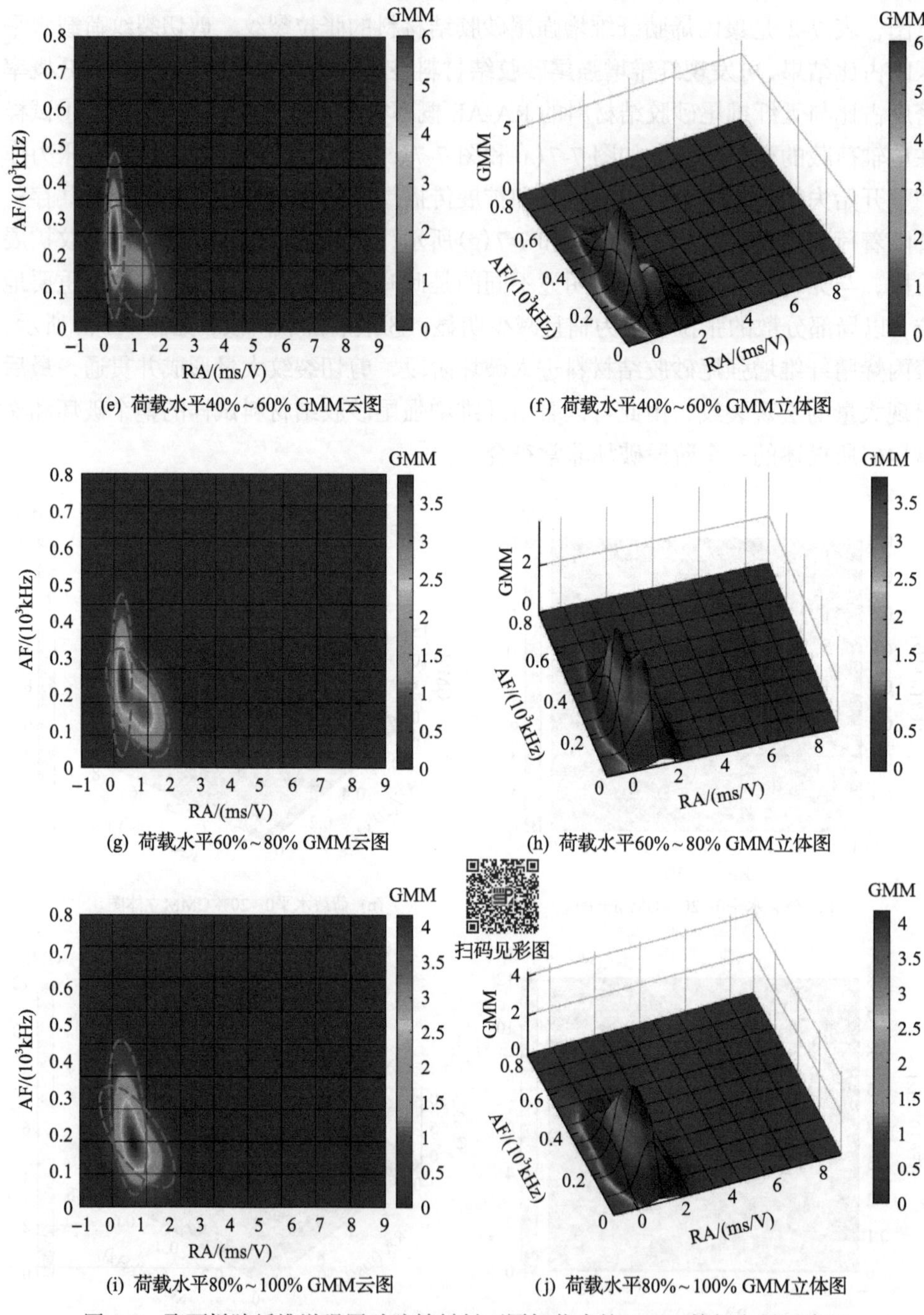

图 7-7　聚丙烯腈纤维增强尾砂胶结材料不同加载步的 GMM 特征向量示意图

表 7-2 聚丙烯腈纤维增强尾砂胶结材料的张拉裂纹、剪切裂纹荷载水平区间占比

荷载水平	张拉占比/%	剪切占比/%	张拉平均值		剪切平均值	
			RA/(ms/V)	AF/(10^3kHz)	RA/(ms/V)	AF/(10^3kHz)
0～20%	79.87	20.13	0.2320	0.2394	0.2097	0.4528
20%～40%	89.08	10.92	0.2679	0.2493	0.7495	0.2202
40%～60%	46.41	53.59	0.3117	0.2663	1.0178	0.1788
60%～80%	34.55	65.45	0.3809	0.2723	1.0467	0.2723
80%～100%	62.10	37.90	0.6414	0.2370	1.1682	0.1271

从图 7-8 聚丙烯腈纤维增强尾砂胶结材料两种裂纹各荷载阶段占比可以看出，在初始加载阶段和弹性变形至微弹性裂隙稳定发展阶段(即荷载水平的 0～20%和 20%～40%)张拉裂纹均维持在较高的占比，分别为 79.87%和 89.08%，说明纤维增强尾砂胶结材料在此两个阶段张拉裂纹很多，即大部分声发射信号由张拉裂纹成核产生；在中间过渡阶段，即在 40%～60%的荷载水平阶段，可以看出张拉曲线有明显的陡降趋势，说明上一阶段的张拉裂纹在这一阶段已经向剪切裂纹过渡，最终试样以剪切的方式破坏；在 60%～80%的荷载水平阶段，剪切裂纹仍在增长，但增幅很小，这说明大尺度剪切裂纹在减少；在最后的 80%～100%荷载水平阶段，张拉裂纹又有回升的趋势，这是由于部分纤维张拉断裂导致张拉裂纹占比有所回升。整体而言，纤维增强尾砂胶结材料 GMM 裂纹识别的三个阶段为：①初始加载阶段，张拉裂纹占优势；②中间加载阶段为过渡阶段，张拉裂纹过渡为剪切裂纹；③最终加载阶段，剪切裂纹占优势，对于纤维增强尾砂胶结材料试样，最后阶段张拉裂纹占比会有所回升。

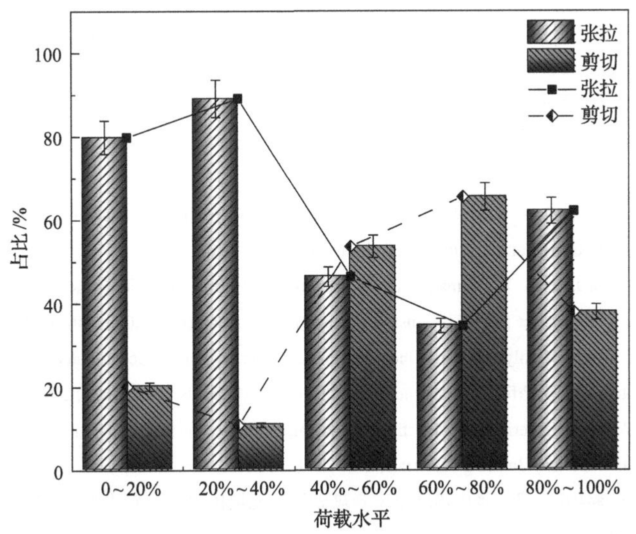

图 7-8 基于 GMM 算法聚丙烯腈纤维增强尾砂胶结材料两种裂纹各荷载阶段占比

参 考 文 献

[1] Chen Q S, Zhang Q L, Qi C C, et al. Recycling phosphogypsum and construction demolition waste for cemented paste backfill and its environmental impact[J]. Journal of Cleaner Production, 2018, 186: 418-429.

[2] Liu L, Zhu C, Qi C C, et al. Effects of curing time and ice-to-water ratio on performance of cemented paste backfill containing ice slag[J]. Construction and Building Materials, 2019, 228: 116639.

[3] Zhao K, Yu X, Zhu S T, et al. Acoustic emission fractal characteristics and mechanical damage mechanism of cemented paste backfill prepared with tantalum niobium mine tailings[J]. Construction and Building Materials, 2020, 258: 119720.

[4] Liu L, Xin J, Qi C C, et al. Experimental investigation of mechanical, hydration, microstructure and electrical properties of cemented paste backfill[J]. Construction and Building Materials, 2020, 263: 120137.

[5] Zhou Y, Yan Y J, Zhao K, et al. Study of the effect of loading modes on the acoustic emission fractal and damage characteristics of cemented paste backfill[J]. Construction and Building Materials, 2021, 277: 122311.

[6] Wu D, Cai S J. Coupled effect of cement hydration and temperature on hydraulic behavior of cemented tailings backfill[J]. Journal of Central South University, 2015, 22(5): 1956-1964.

[7] 吴迪，孙光华，黄刚. 胶结尾砂充填体渗流特性的试验与模拟[J]. 中南大学学报(自然科学版)，2015, 46(3): 1050-1057.

[8] 赵康，朱胜唐，周科平，等. 钽铌矿尾砂胶结充填体力学特性及损伤规律研究[J]. 采矿与安全工程学报，2019, 36(2): 413-419.

[9] 赵康，朱胜唐，周科平，等. 不同配比及浓度条件下钽铌矿尾砂胶结充填体力学性能研究[J]. 应用基础与工程科学学报, 2020, 28(4): 833-842.

[10] Zhao K, Yu X, Zhu S T, et al. Acoustic emission investigation of cemented paste backfill prepared with tantalum-niobium tailings[J]. Construction and Building Materials, 2020, 237: 117523.

[11] 赵康，黄明，严雅静，等. 不同灰砂比尾砂胶结充填材料组合体力学特性及协同变形研究[J]. 岩石力学与工程学报, 2021, 40(S1): 2781-2789.

[12] Zhou Y, Yu X, Guo Z, et al. On acoustic emission characteristics, initiation crack intensity, and damage evolution of cement-paste backfill under uniaxial compression[J]. Construction and Building Materials, 2021(269): 121261.

[13] 郭利杰，杨小聪. 深部采场胶结充填体力学稳定性研究[J]. 矿冶, 2008(3): 10-13.

[14] Xu X. Characterization of fiber-reinforced backfill/rock interface through direct shear tests[J]. Geotechnical Research, 2019, 7(1): 1-15.

[15] Chen X, Shi X, Zhang S, et al. Fiber-reinforced cemented paste backfill: the effect of fiber on strength properties and estimation of strength using nonlinear models[J]. Materials, 2020, 13(3): 718.

[16] Chen X, Shi X, Zhou J, et al. Determination of mechanical, flowability, and microstructural properties of cemented tailings backfill containing rice straw[J]. Construction and Building Materials, 2020, 246: 118520.

[17] Sirisha C, Cui L. Effect of polypropylene fiber content and fiber length on the saturated hydraulic conductivity of hydrating cemented paste backfill[J]. Construction and Building Materials, 2020, 262: 120854.

[18] Wang Y, Yu Z, Wang H. Experimental investigation on some performance of rubber fiber modified cemented paste backfill[J]. Construction and Building Materials, 2020, 271: 121586.

[19] 侯永强，尹升华，赵国亮，等. 聚丙烯纤维增强尾砂胶结充填体力学及流动性能研究[J]. 材料导报，2021, 35(19): 19030-19035.

[20] 徐文彬, 曹培旺, 程世康. 深地充填体断裂特性及裂纹扩展模式研究[J]. 中南大学学报(自然科学版), 2018, 49(10): 2508-2518.

[21] 唐亚男, 付建新, 宋卫东, 等. 分层胶结充填体力学特性及裂纹演化规律[J]. 工程科学学报, 2020, 42(10): 1286-1298.

[22] 程爱平, 董福松, 张玉山, 等. 单轴压缩胶结充填体裂纹扩展及汇集模式[J]. 中国矿业大学学报, 2021, 50(1): 50-59.

[23] 曹树刚, 郭平, 刘延保, 等. 煤体破坏过程中裂纹演化规律试验[J]. 中国矿业大学学报, 2013, 42(5): 725-730.

[24] Zuo J, Chen Y, Liu X. Crack evolution behavior of rocks under confining pressures and its propagation model before peak stress[J]. Journal of Central South University, 2019, 26(11): 3045-3056.

[25] 王春来, 侯晓琳, 李海涛, 等. 单轴压缩砂岩细观裂纹动态演化特征试验研究[J]. 岩土工程学报, 2019, 41(11): 2120-2125.

[26] 赵洪宝, 王涛, 苏泊伊, 等. 局部荷载下煤样内部微结构及表面裂隙演化规律[J]. 中国矿业大学学报, 2020, 49(2): 227-237.

[27] 李英杰, 钟立博, 左建平. 页岩 I 型裂纹遇层理起裂扩展准则研究[J]. 中国矿业大学学报, 2020, 49(3): 82-92.

[28] 甘一雄, 吴顺川, 任义, 等. 基于声发射上升时间/振幅与平均频率值的花岗岩劈裂破坏评价指标研究[J]. 岩土力学, 2020, 41(7): 2324-2332.

[29] Du K, Li X F, Tao M, et al. Experimental study on acoustic emission (AE) characteristics and crack classification during rock fracture in several basic lab tests[J]. International Journal of Rock Mechanics and Mining Sciences, 2020, 133: 104411.

[30] Salamone S, Veletzos M J, Lanza di Scalea F, et al. Detection of initial yield and onset of failure in bonded post-tensioned concrete beams[J]. Journal of Bridge Engineering, 2012, 17: 966-974.

[31] Farhidzadeh A, Dehghan-Niri E, Moustafa A, et al. Damage assessment of reinforced concrete structures using fractal analysis of residual crack patterns[J]. Experimental Mechanics, 2013, 53(9): 1607-1619.

[32] 刘京红, 杨跃飞, 谢剑, 等. 不同初始孔隙率混凝土的声发射试验及损伤分形特征分析[J]. 北京理工大学学报, 2018, 38(12): 1231-1236.

[33] 宋义敏, 邓琳琳, 吕祥锋, 等. 岩石摩擦滑动变形演化及声发射特征研究[J]. 岩土力学, 2019, 40(8): 2899-2906,2913.

[34] Zhang S W, Shou K J, Xian X F, et al. Fractal characteristics and acoustic emission of anisotropic shale in Brazilian tests[J]. Tunnelling and Underground Space Technology, 2018, 71: 298-308.

[35] 丁鑫, 肖晓春, 吕祥锋, 等. 煤体破裂分形特征与声发射规律研究[J]. 煤炭学报, 2018, 43(11): 3080-3087.

[36] Sun H, Liu X L, Zhu J B. Correlational fractal characterisation of stress and acoustic emission during coal and rock failure under multilevel dynamic loading[J]. International Journal of Rock Mechanics and Mining Sciences, 2019, 117: 1-10.

[37] 赵兴东, 李元辉, 袁瑞甫, 等. 基于声发射定位的岩石裂纹动态演化过程研究[J]. 岩石力学与工程学报, 2007(5): 944-950.

[38] Rodríguez P, Celestino TB. Application of acoustic emission monitoring and signal analysis to the qualitative and quantitative characterization of the fracturing process in rocks[J]. Engineering Fracture Mechanics, 2019, 210: 54-69.

[39] Xue J, Hao S, Yang R, et al. Localization of deformation and its effects on power-law singularity preceding catastrophic rupture in rocks[J]. International Journal of Damage Mechanics, 2020, 29(1): 86-102.

[40] Abozaid A, Haggag A, Kasban H, et al. Multimodal biometric scheme for human authentication technique based on

voice and face recognition fusion[J]. Multimedia Tools and Applications, 2019, 78(12): 16345-16361.

[41] Sandeep P, Jacob T. Single image super-resolution using a joint GMM method[J]. IEEE Transactions on Image Processing, 2016, 25(9): 4233-4244.

[42] Mayorga P, Druzgalski C, Morelos R L, et al. Acoustics based assessment of respiratory diseases using GMM classification[J]. 2010 Annual International Conference of the IEEE Engineering in Medicine and Biology. IEEE, 2010: 6312-6316.

[43] Federation of Construction Material Industries. Monitoring method for active cracks in concrete by acoustic emission: JCMS-Ⅲ B5706[S]. Tokyo: Federation of Construction Materials Industries, 2003.

[44] Ohno K, Ohtsu M. Crack classification in concrete based on acoustic emission[J]. Construction and Building Materials, 2010, 24(12): 2339-2346.

[45] Yang J, Zhao K, Yu X, et al. Crack classification of fiber-reinforced backfill based on Gaussian mixed moving average filtering method[J]. Cement and Concrete Composites, 2022, 134: 104740.

[46] Farhidzadeh A, Salamone S, Luna B, et al. Acoustic emission monitoring of a reinforced concrete shear wall by b-value based outlier analysis[J]. Structural Health Monitoring, 2013, 12(1): 3-13.

[47] 李航. 统计学习方法[M]. 北京: 清华大学出版社, 2012.

[48] Bishop C M. Pattern recognition and machine learning[M]. Berlin: Springer, 2007.

[49] Tan P N, Steinbach M, Kumar V. 数据挖掘导论(英文版)[M]. 北京: 人民邮电出版社, 2006.

[50] Farhidzadeh A, Salamone S, Singla P. A probabilistic approach for damage identification and crack mode classification in reinforced concrete structures[J]. Journal of Intelligent Material Systems and Structures, 2013, 24(14): 1722-1735.

[51] 顾义磊, 王泽鹏, 李清淼, 等. 页岩声发射 RA 值及其分形特征的试验研究[J]. 重庆大学学报, 2018, 41(2): 78-86.

[52] Shahidan S, Pulin R, Bunnori N M, et al. Damage classification in reinforced concrete beam by acoustic emission signal analysis[J]. Construction and Building Materials, 2013, 45: 78-86.

[53] Aggelis D G, Barkoula N M, Matikas T E, et al. Acoustic emission monitoring of degradation of cross ply laminates[J]. Journal of the Acoustical Society of America, 2010, 27(6): 246-251.

[54] Prem P R, Murthy A R. Acoustic emission monitoring of reinforced concrete beams subjected to four-point-bending[J]. Applied Acoustics, 2017, 117: 28-38.

[55] Vidya Sagar R. Verification of the applicability of the Gaussian mixture modelling for damage identification in reinforced concrete structures using acoustic emission testing[J]. Journal of Civil Structural Health Monitoring, 2018, 8: 395-415.

[56] Sagar R V, Srivastava J, Singh R K. A probabilistic analysis of acoustic emission events and associated energy release during formation of shear and tensile cracks in cementitious materials under uniaxial compression[J]. Journal of Building Engineering, 2018, 20: 647-662.

[57] 周逸飞, 朱星, 刘文德. 基于声发射和高斯混合模型的灰岩破裂特征识别研究[J]. 水利水电技术, 2019, 50(11): 131-140.

8 纤维增强尾砂胶结材料表面损伤演化特征

数字图像相关(DIC)技术是一种测量精度较高的光学测量技术，被广泛应用于非均质、各向异性材料在荷载作用下的表面位移测量和变形机制研究，如木材、岩石和水泥基材料等[1-5]。Peters 和 Ranson 在 1982 年提出了图像数字化的概念[6]，用于估算激光散斑处理的金属试样在加载后的局部位移；Chu 等在 1985 年开发了非线性最小二乘法，使用一阶梯度较为精确地获得了被测材料加载后的局部位移[7]；1993 年 Luo 等搭建了简易立体视觉系统，验证了材料加载下产生的局部应变和表面位移，自此 DIC 技术开始系统地应用于多种材料的全场变形研究[8]。

作为一种精准的光学测量技术，DIC 技术具有全场测量、无接触性和非侵入性等优点，相较于工业 CT 技术，DIC 技术能够做到不侵入被测试样内部，不破坏试样固有结构；相较于传统的电阻应变片，DIC 技术能够实现对材料在外部荷载作用下产生的变形场进行全场的、无接触的测量，获得的材料应变数据精准度较高。基于这些特点，学者利用 DIC 技术对各向异性材料开展了许多相关研究。伍天华等[9]结合 DIC 技术和声发射技术建立了岩体破坏过程中细观机理和宏观力学性能响应的联系，直观地反映了岩体裂隙演化和分布规律；赵程等[10]通过 DIC 技术研究了预制裂纹的岩石试样内部裂隙扩展机理，并基于线弹性断裂力学验证了 DIC 试验结果；高鹏等[11]采用 DIC 技术测试了混凝土在不同相对湿度条件下的非均匀变形，对混凝土内部损伤进行量化；童晶等[12]通过研究发现利用 DIC 技术可以相对准确地判断混凝土梁表面初始开裂的时间、位置以及裂纹的走向，这对于混凝土结构建筑稳定性评估具有重要意义。

前述研究在一定程度上推动了 DIC 技术在评估材料变形破坏方面的应用，然而当前相关的应用研究主要局限于高分子材料、岩石和混凝土等方面，在尾砂胶结材料方面全场变形研究却相对较少，特别是缺乏纤维增强尾砂胶结材料方面的应用研究。因此本章利用 DIC 技术，对无纤维尾砂胶结材料试样、聚丙烯腈纤维增强尾砂胶结材料试样和玻璃纤维增强尾砂胶结材料试样在单轴压缩条件下的表面裂隙萌生和扩展演化进行全程观测，通过对比分析试样的全场应变和表面位移，讨论无纤维尾砂胶结材料、纤维增强尾砂胶结材料在轴向荷载作用下的宏观破坏特征，以期为尾砂胶结材料破坏评估提供理论指导。

8.1　数字图像相关技术基本原理和计算

DIC 技术的基本原理是采用具有高分辨率、高精度和高速摄影能力的电荷耦合器件(charge-coupled device, CCD)相机记录被测材料加载前后的散斑图像[13,14]，通过匹配加载前散斑图像(参考图像)和加载过程中散斑图像(变形图像)的位移变化，获得被测材料加载过程中的全场表面应变。假设 $F(x,y)$ 是被测材料未变形前的单元格表面函数，$G(x^*,y^*)$ 是被测材料变形后的单元格表面函数，令 $F(x,y)$ 和 $G(x^*,y^*)$ 唯一，并且与被测材料表面一一对应，基于这个假设，可以测量出被测材料加载后表面所有单元格的位移和应变。

如图 8-1 所示，在被测材料表面选取一边长为 a 的正方形单元格，设定该未变形单元格(参考单元格)的中心点坐标为 (x,y)，加载变形后该单元格(目标单元格)的中心点坐标为 (x^*,y^*)，则参考单元格的中心点坐标横向位移 u_i 和纵向位移 v_i 可表示为

$$\begin{cases} u_i = x_i^* - x_i \\ v_i = y_i^* - y_i \end{cases} \tag{8-1}$$

其中，参考单元格与目标单元格具有一定的相关性，该相关性可用归一化相关系数(CC_{ZNCC})表示，当 CC_{ZNCC} 达到极值时，即参考单元格和目标单元格最佳匹配。其中，CC_{ZNCC} 可由式(8-2)表达：

$$CC_{ZNCC} = \frac{\sum\limits_{i,j \in k_s} \left(I_{ij}^r - \bar{I}^r\right)\left(I_{ij}^t - \bar{I}^t\right)}{\sqrt{\sum\limits_{i,j \in k_s} \left[I_{ij}^r - \bar{I}^r\right]^2} \sqrt{\sum\limits_{i,j \in k_s} \left[I_{ij}^t - \bar{I}^t\right]^2}} \tag{8-2}$$

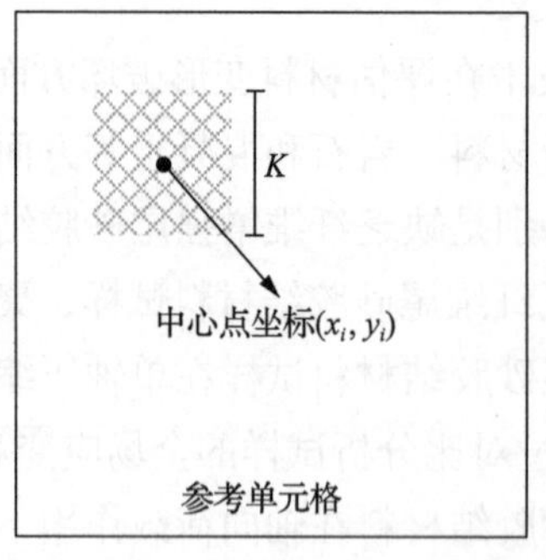

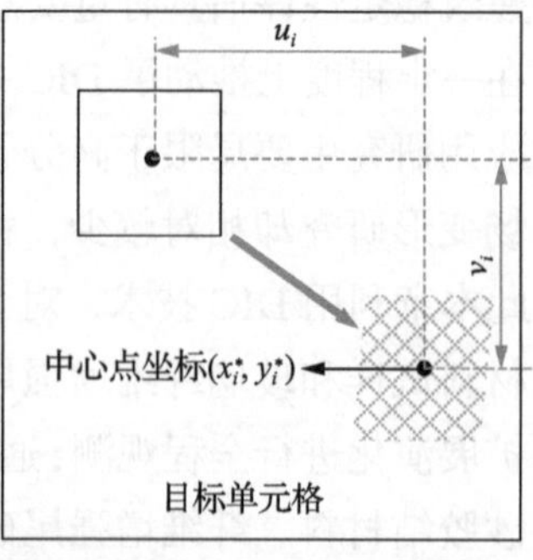

图 8-1　DIC 技术基本原理示意图

式中：I_{ij}^r 和 $\overline{I}^r$ 为参考单元格的像素强度和平均像素强度；I_{ij}^t 和 $\overline{I}^t$ 为目标单元格的像素强度和平均像素强度；k_s 为单元格中的像素个数。

8.2　数字图像相关技术测试

8.2.1　数字图像相关技术系统

DIC 技术是通过对比材料变形前后的数字图像，再运用相关算法获得材料变形等相关信息的测量技术，可用于分析材料表面应变特性和裂纹扩展。为了分析单轴压缩下尾砂胶结材料试样表面的损伤变形特性，采用 DIC 技术系统对尾砂胶结材料试样表面位移及应变进行测量，如图 8-2 所示。DIC 技术系统主要包括 1 台计算机及 2D-DIC 分析软件，两组蓝光 LED 光源，两台高精度 CCD 相机，其图像分辨率最高可达到 1800 万像素。两组蓝光 LED 光源可为尾砂胶结材料试样监测表面提供均匀明亮的照明，以确保拍摄的散斑图像具有很好的清晰度。采用工业喷漆的方式在尾砂胶结材料试样测量表面绘制散斑点，散斑点的制作要求大小均匀，间距相等，以减少人工斑点对尾砂胶结材料试样变形信息的影响，并确保斑点图案的变形与被测尾砂胶结材料试样的测量表面变形一致。

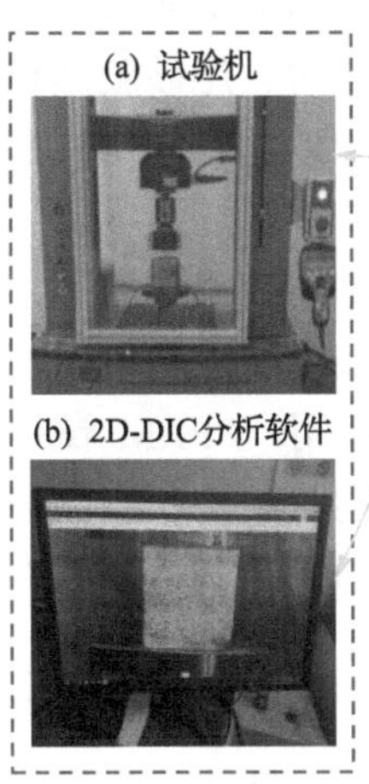

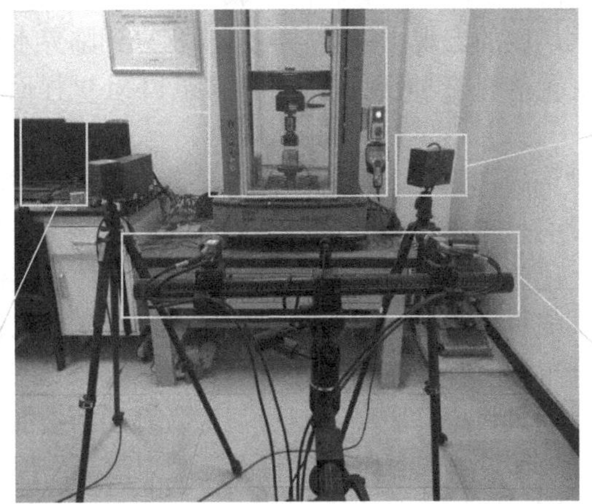
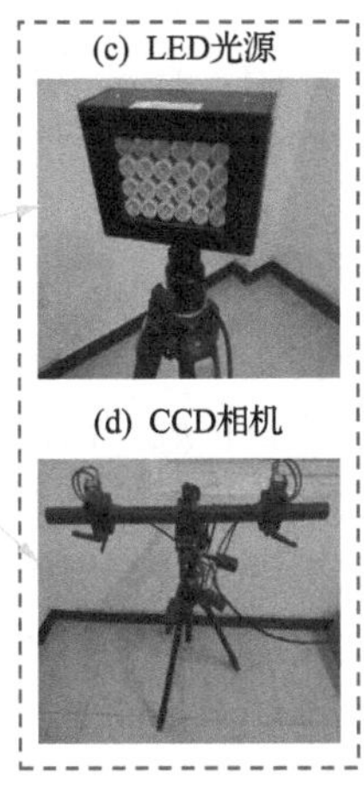

图 8-2　DIC 技术系统

8.2.2　数字图像相关技术程序

采用 2D-DIC 分析软件用于检查和分析尾砂胶结材料试样的表面损伤变形问题。单轴压缩试验前，选取尾砂胶结材料试样较光滑、空隙较少的一面作为 DIC 的测量面，在测量区域反复喷涂黑白哑光漆，以获得高对比表面斑点。预处理完成后，在试验机装载区前方安装摄像头，同时保证相机摄像头正对三点弯曲光束的测量区域。然后，调整相机的镜头焦距以提高图像清晰度。为了保证拍摄效果，在相机的中间放置了一个 LED 聚光灯来调节光线条件。在开始试验之前，对双目相机进行校准，以获得足够的参数来保证相机的准确性。完成上述所有程序后，启动试验机和相机。为了在单轴压缩过程中获得足够数量的图像并捕获完整的表面位移、应变及损伤模式，相机的采集频率根据研究的具体测试要求确定为 10 Hz。为了保证测试结果的准确性，首先对试验设备进行测试，以确保校准结果和图像分析的误差不会影响计算精度。测试结束后，利用图像分析软件根据采集到的散斑图像计算试样表面的全场位移和应变。

8.3 不同灰砂比聚丙烯腈纤维增强尾砂胶结材料宏观破坏

8.3.1 单轴压缩下尾砂胶结材料宏观破坏特征

通过对 FFM 试样和 PFRM 试样分别进行单轴压缩试验，讨论聚丙烯腈纤维的掺入对尾砂胶结材料的宏观破坏影响。以灰砂比为 1∶6 的 FFM 试样和 PFRM 试样为例(图 8-3)。如图 8-3 所示，FFM 试样在轴向荷载作用下，表面局部位置出现与加载方向平行的微裂隙，随着轴向荷载的增加，微裂隙逐渐沿加载方向扩展联结，直至形成大尺度的宏观主裂隙，当能量积累到临界水平时，尾砂胶结材料局部位置甚至出现剥落现象，最后因主裂隙贯穿 FFM 试样而导致材料结构失稳破坏。

PFRM 试样的破坏规律则与上述规律存在显著的差异：在轴向荷载作用下，PFRM 试样表面并没有呈现出明显的主裂隙趋势，而是多个小尺度裂隙随机出现并各自扩展。出现上述差异的原因主要是聚丙烯腈纤维的桥接作用，PFRM 试样内部的聚丙烯腈纤维随机分布时，三维乱向的纤维形成随机的网状结构，当微裂隙扩展路线与纤维分布方向有交叉时，纤维会对微裂隙的扩展起到抑制作用(阻裂效应)，其抑制机理是通过将尾砂胶结材料微裂隙发育的断裂能转化为纤维内部的弹性能，从而对尾砂胶结材料起到阻裂效应。在阻裂效应作用下，PFRM 试样主裂隙扩展被抑制，转而产生较多的次生裂隙，并且试样在纤维网状结构的桥接作用下，保持了较好的完整性。

图 8-4 为不同灰砂比(1∶6、1∶8、1∶10 和 1∶12)的 FFM 试样和 PFRM 试样单轴压缩破坏图。不同灰砂比的 FFM 试样和 PFRM 试样均呈现出上述规律差异，即 FFM 试样主要由宏观主裂隙贯穿试样而导致材料结构破坏；PFRM 试样破坏过程中无明显的主裂隙趋势，而是较多的次生裂隙各自扩展。这说明聚丙烯腈纤维对不同灰砂比的尾砂胶结材料均具有良好的桥接作用和阻裂效应。

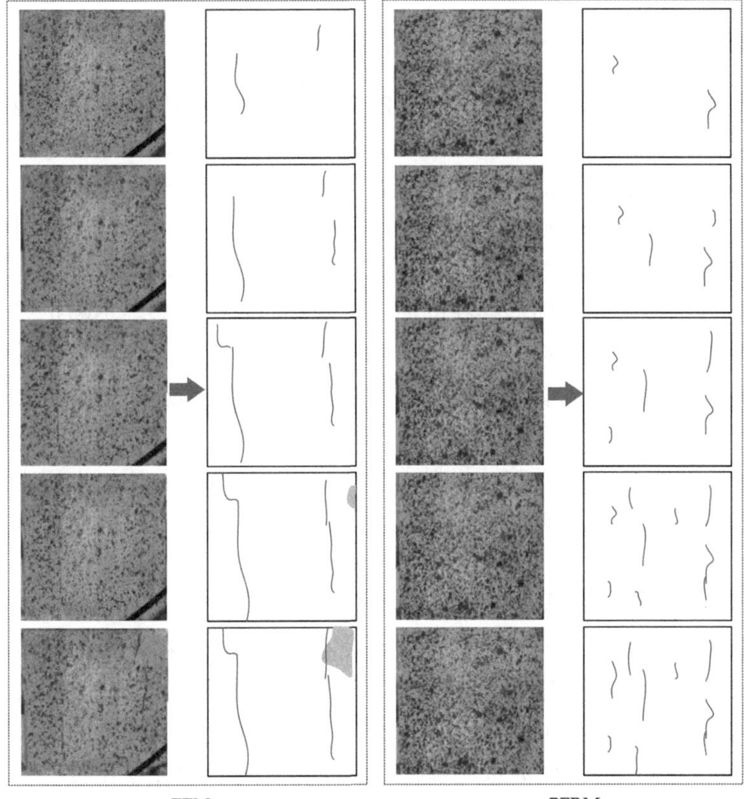

图 8-3　灰砂比为 1∶6 的 FFM 试样和 PFRM 试样的宏观裂隙演化

图 8-4　不同灰砂比的 FFM 试样和 PFRM 试样单轴压缩破坏图

8.3.2 尾砂胶结材料表面裂隙监测点横向位移变化

尾砂胶结材料拥有水泥基胶结材料的特性，是一种典型的非均质脆性材料，在不同受力条件下材料的破坏比较复杂。就地下工程结构的尾砂胶结材料而言，作为顶板支护结构，承受的外部扰动主要为顶板的轴向荷载和爆破冲击的应力扰动，其中又以顶板的轴向荷载为主。总的来说，当前关于尾砂胶结材料的破坏性能研究主要集中在单轴压缩条件下的破坏。实际上，尾砂胶结材料在单轴压缩下的广义破坏为断裂破坏，即已存在的原生裂隙和萌生的新裂隙不断扩展、联结，直至形成宏观裂隙贯穿材料而引起的结构破坏。因此，为了准确分析轴向荷载下尾砂胶结材料宏观裂隙的演化规律，通过 DIC 技术在 FFM 试样和 PFRM 试样表面宏观裂隙中设置位移监测点，以此讨论尾砂胶结材料宏观裂隙的演化规律，以及评估聚丙烯腈纤维对尾砂胶结材料宏观裂隙扩展的抑制作用。由于水泥基胶结材料在单轴压缩作用下的破坏大多属于张拉破坏，因此本节仅分析监测点的横向位移。

如图 8-5(a)所示，在早期轴向荷载作用下，灰砂比为 1∶6 的 FFM 试样，其表面裂隙监测点位移呈负向增长，其中 4 号监测点(Point 4)的负横向位移最大，达到了 1.5mm；随着轴向荷载进一步增大，横向位移曲线出现了转点，1∶6 的 FFM 试样表面监测点的横向位移迅速增加直至材料破坏，破坏前的最大横向位移达到了 1.9mm(Point 4)。作为水泥基材料，FFM 试样在水化硬化过程中因干缩硬化或浆体搅拌不均，导致成型后的 FFM 试样内部含有界面裂隙或气孔等初始缺陷，在单轴压缩条件下，这些初始缺陷逐渐闭合，使得 FFM 试样愈加密实，宏观上表现为 FFM 试样表面裂隙监测点横向位移负向增长；在主要初始缺陷闭合完成后，轴向荷载达到了一定水平，FFM 试样内部裂隙稳定发育，因 FFM 为脆性材料，裂隙扩展迅速，导致试样表面裂隙监测点横向位移增长较快，横向位移曲线呈现出明显的“转折点”。

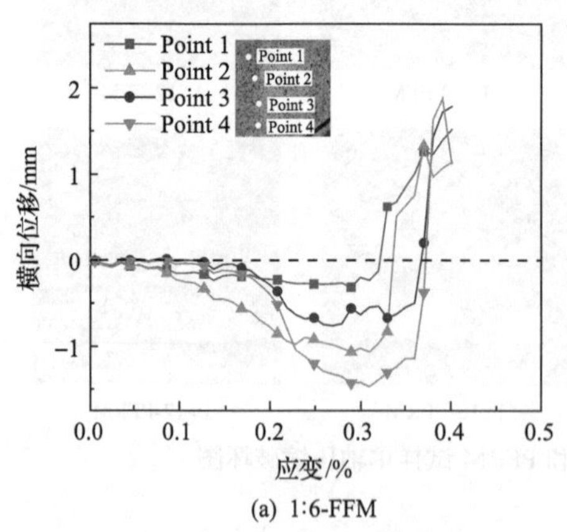

(a) 1∶6-FFM

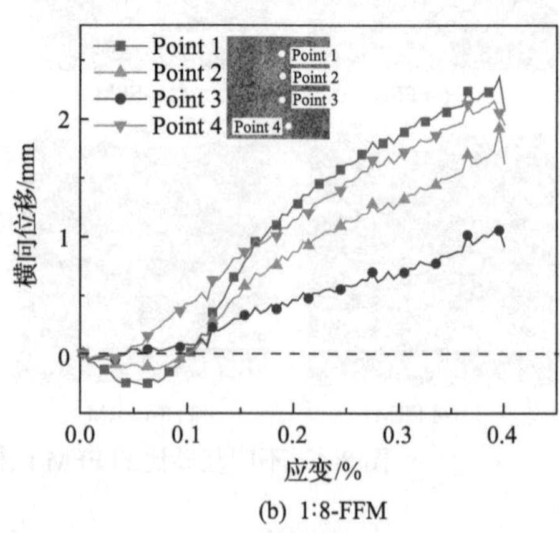

(b) 1∶8-FFM

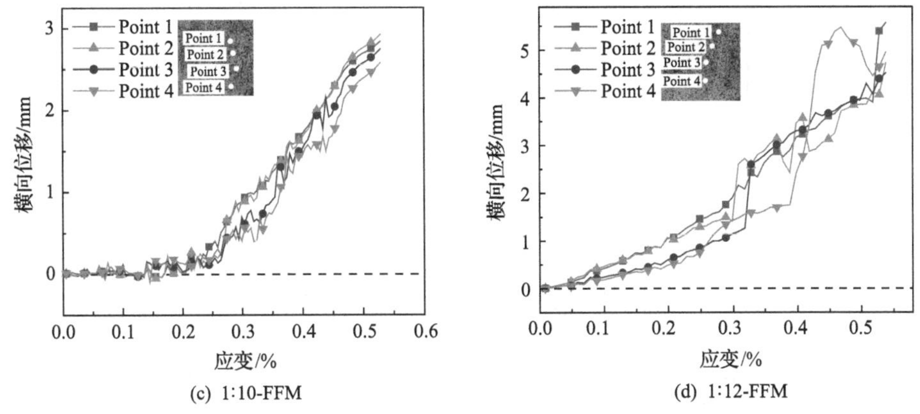

图 8-5　不同灰砂比的 FFM 试样主裂隙监测点横向位移变化

综上所述，FFM 试样表面裂隙监测点横向位移的变化规律主要由三个因素主导：①尾砂胶结材料浆体水化硬化过程产生的初始缺陷；②尾砂胶结材料的脆性特征；③尾砂胶结材料内部水泥和尾砂的占比情况。而在尾砂胶结材料中掺入聚丙烯腈纤维对上述三个因素均有一定的影响，因此可通过 PFRM 试样表面裂隙监测点横向位移变化差异，评估聚丙烯腈纤维对尾砂胶结材料宏观破坏的影响。

图 8-6 为不同灰砂比的 PFRM 试样表面主裂隙监测点横向位移变化情况，PFRM 试样主裂隙监测点横向位移与应变呈正相关，随着应变增大而保持稳定增长，横向位移曲线未出现 FFM 试样的“转折点”，这说明 PFRM 试样在轴向荷载作用下，表面宏观裂隙的扩展保持在相对稳定的状态，未出现显著的突变破坏。此外，PFRM 的横向位移曲线并没有出现明显的负横向位移。

从细观角度分析，聚丙烯腈纤维优化了尾砂胶结材料的初始微观结构，降低了尾砂胶结材料的孔隙率，在一定程度上减小了尾砂胶结材料在早期荷载作用下压缩阶段的负变形；从宏观角度考虑，这与 PFRM 试样内部纤维的桥接作用，以及第 3 章所述的纤维与基体的拔出效应有关：一方面尾砂胶结材料内部随机分布的聚丙烯腈纤维形成一定的网状结构，对宏观裂隙的扩展起到阻裂作用；另一方面，纤维与基体的拔出效应吸收了尾砂胶结材料部分断裂能，约束了裂隙的扩展，在宏观程度上表现为主裂隙监测点的横向位移减小。

此外，随着 PFRM 试样灰砂比降低，试样主裂隙最大横向位移逐渐增大，灰砂比由 1∶6 降低至 1∶12 过程中，主裂隙最大横向位移由 2.09mm(Point 4)增大到 4.49mm(Point 4)，仅增长了 115%，对比 FFM 试样在同样灰砂比条件下，最大横向位移增长达到了 189%；相比 FFM 试样，灰砂比为 1∶6、1∶8、1∶10 和 1∶12 的 PFRM 试样最大横向位移分别减小 33.3%、44.7%、65.1%和 37.4%，这充分说明了在同等灰砂比条件下，聚丙烯腈纤维对尾砂胶结材料表面宏观裂隙扩展具有明显的抑制作用。

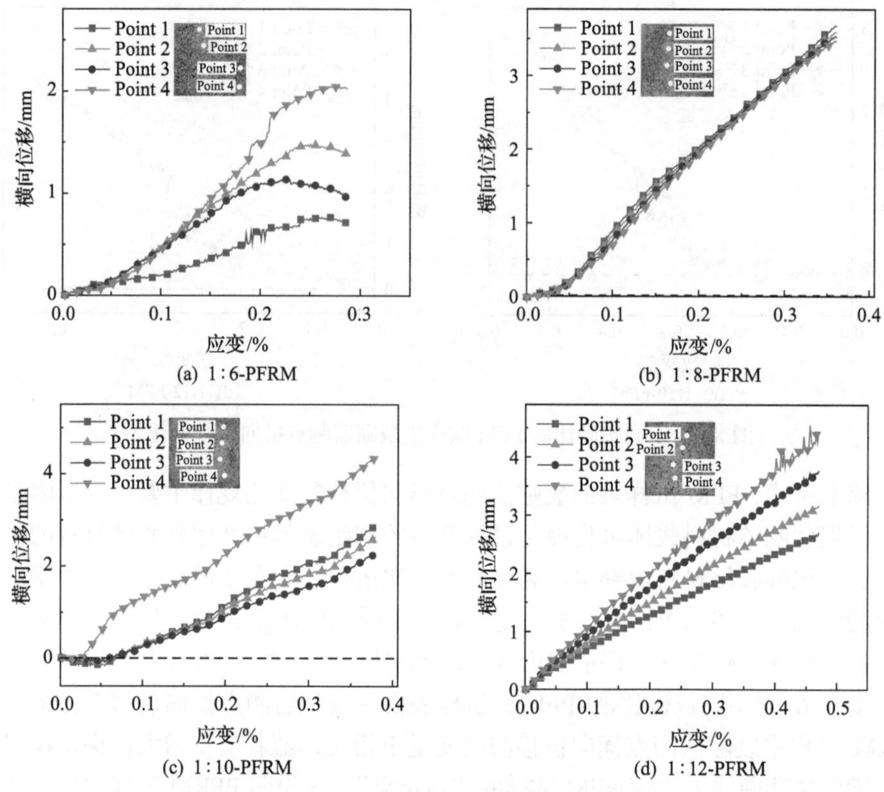

(a) 1∶6-PFRM　(b) 1∶8-PFRM

(c) 1∶10-PFRM　(d) 1∶12-PFRM

图 8-6　不同灰砂比的 PFRM 试样主裂隙监测点横向位移变化

8.3.3　聚丙烯腈纤维增强尾砂胶结材料表面应变云图特征

图 8-7 和图 8-8 分别为不同灰砂比的 FFM 试样和 PFRM 试样在不同破坏阶段的表面应变演化。由图 8-7 可知，在早期荷载作用下，FFM 试样处于压缩阶段(图 8-7 *A*)，应变云图整体呈现蓝色，端角局部位置出现红色应变集中区域，此阶段 FFM 试样内部原生孔隙趋于闭合；随着轴向荷载的增加，红色的应变集中区域逐渐扩展，应变集中程度加深，试样表面形成初始裂隙；初始裂隙形成后，裂隙尖端产生应力集中，由于尾砂胶结材料是脆性材料，在应力集中作用下，裂隙沿着加载方向扩展；这些裂隙扩展联结，形成宏观裂隙，致使 FFM 试样结构失稳破坏。在整个破坏过程中，FFM 试样的裂隙和红色应变集中区域的扩展具有显著的倾向性，试样表面呈现明显的“破坏区”(Destruction-area，D-area)，正是由于 D-area 的存在，FFM 试样在轴向荷载作用下产生张拉破坏。

对比 FFM 试样，PFRM 试样的应变云图演化则呈现出另一种规律。如图 8-8 所示，不同灰砂比的 PFRM 试样应变云图并未呈现出明显的 D-area，其红色应变集中区域的扩展也没有出现明显的倾向性，而是呈现一定的弥散性。如第 2 章和

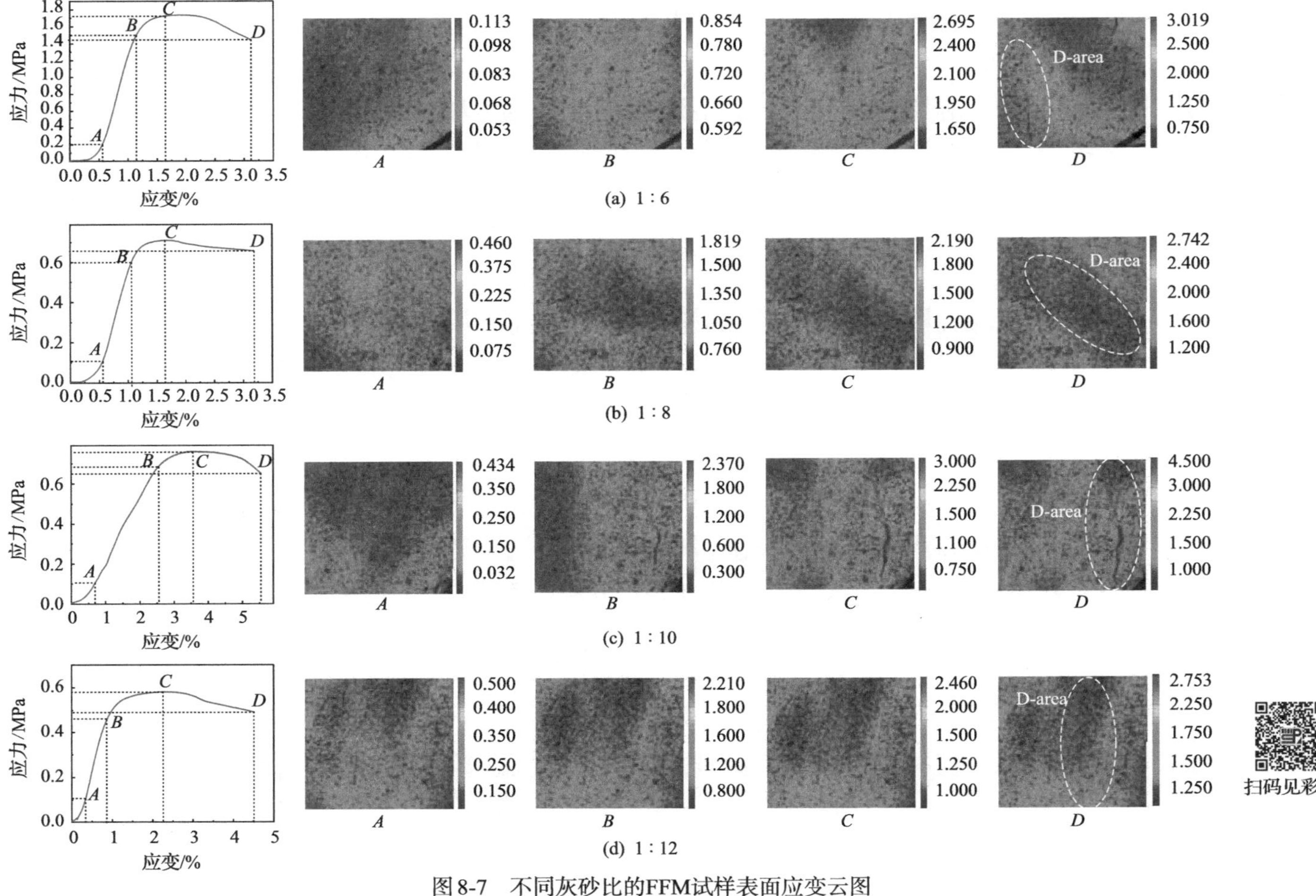

图 8-7 不同灰砂比的FFM试样表面应变云图

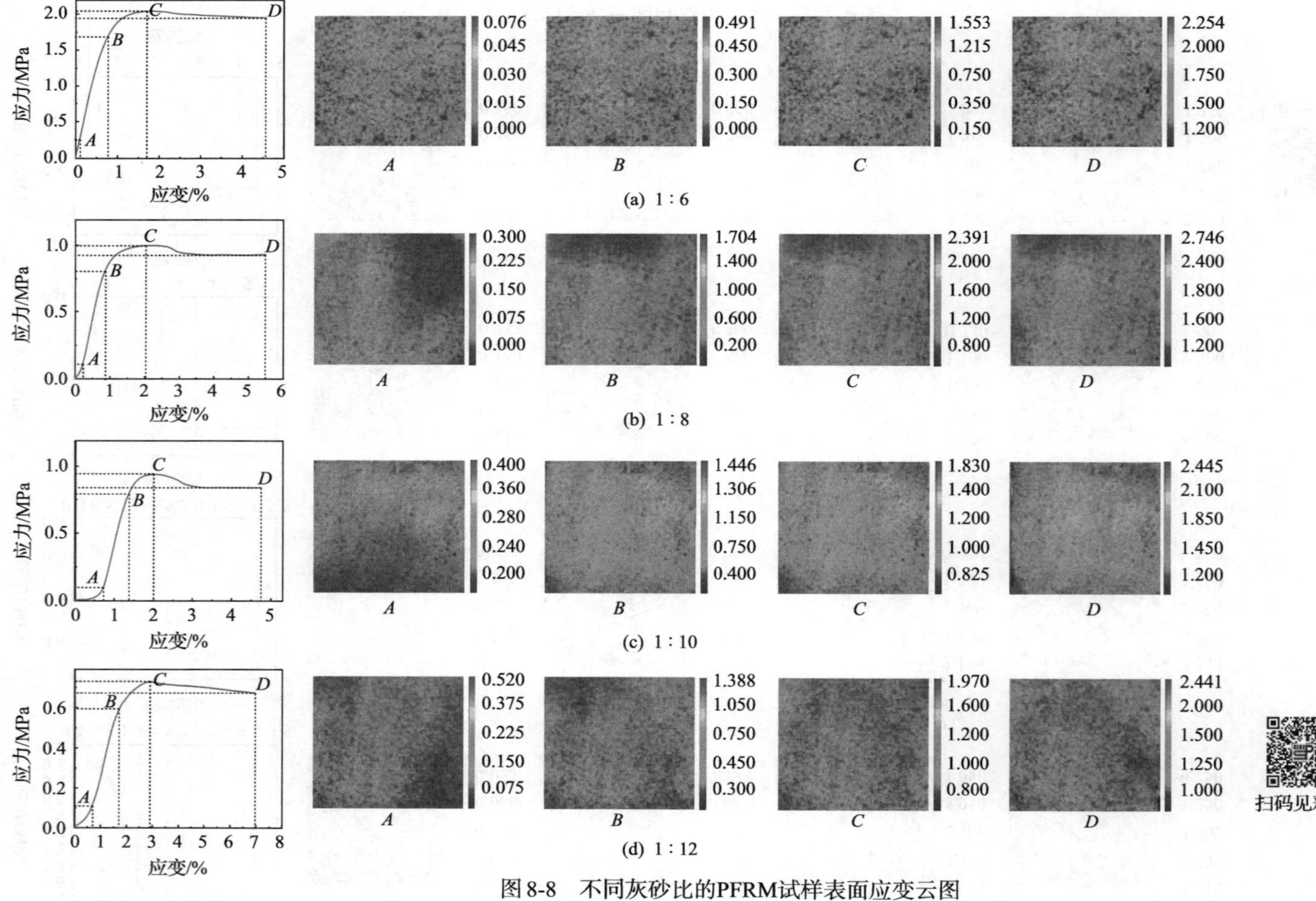

(a) 1∶6

(b) 1∶8

(c) 1∶10

(d) 1∶12

扫码见彩图

图 8-8 不同灰砂比的PFRM试样表面应变云图

第 3 章所述，聚丙烯腈纤维优化了尾砂胶结材料的初始孔隙，提升了尾砂胶结材料的弹性模量，因此在早期荷载作用下，尾砂胶结材料未出现明显的红色应变集中区域；此外，由于聚丙烯腈纤维的存在较大程度上约束了裂隙的扩展，削弱了裂隙尖端应力集中的作用，因此在整个破坏过程中，PFRM 试样未产生明显的红色应变集中区域和应力集中现象。偶有局部位置产生小范围的红色应变集中区域，在压缩过程中也逐渐转化为尾砂胶结材料基体中纤维的应变能，从而抑制了红色应变集中区域的进一步发展。

8.4　不同灰砂比玻璃纤维增强尾砂胶结材料表面损伤演化

8.4.1　玻璃纤维增强尾砂胶结材料表面应变云图特征

由表 8-1 可知，料浆浓度为 68%条件下不同灰砂比 FFM 和 GFRM 试样的破坏特征相似，都是斜剪切损伤破坏。在单轴压缩作用下，FFM 和 GFRM 试样变形破坏过程大致可分为四个阶段：初始压密阶段、弹性变形阶段、塑性变形阶段和峰后破坏阶段。为了更好地分析尾砂胶结材料在单轴压缩作用下的破坏过程，选取灰砂比为 1∶6 的 FFM 试样(图 8-9)和 GFRM 试样(图 8-10)。

表 8-1　不同灰砂比尾砂胶结材料试样单轴压缩下的破坏图

灰砂比	FFM		GFRM	
1∶6	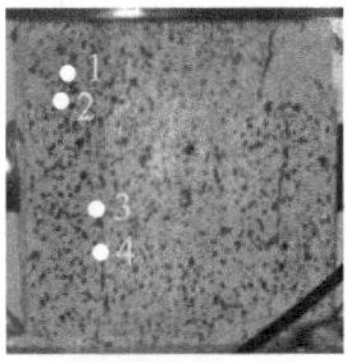	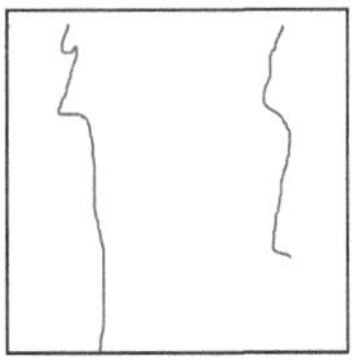	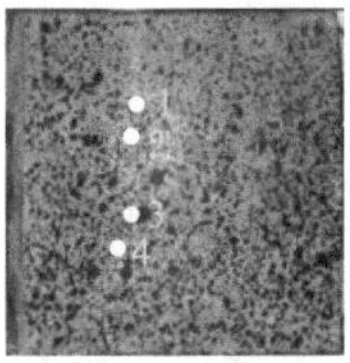	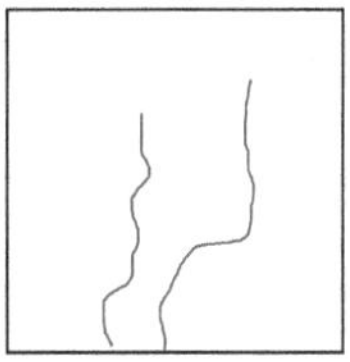
1∶8	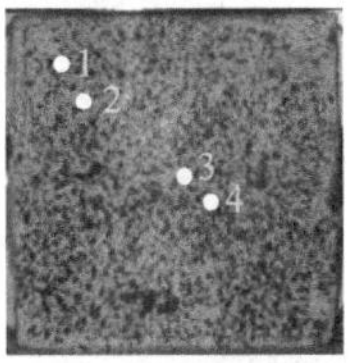	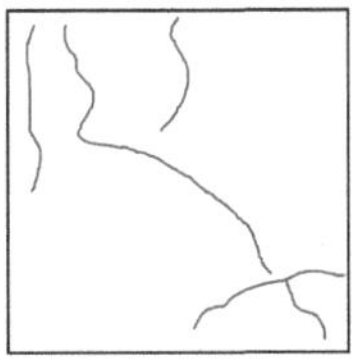	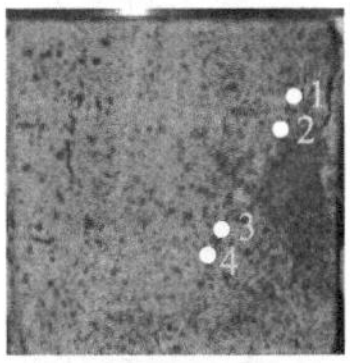	
1∶10		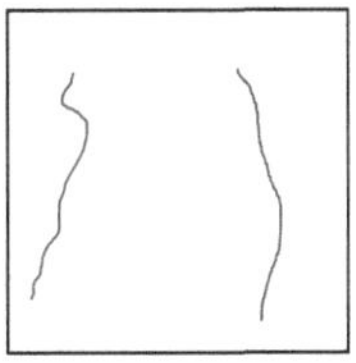	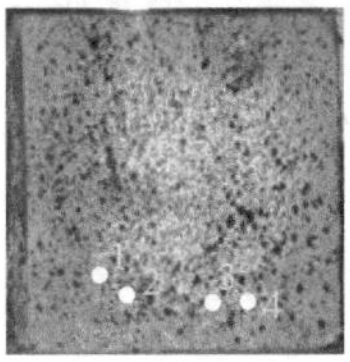	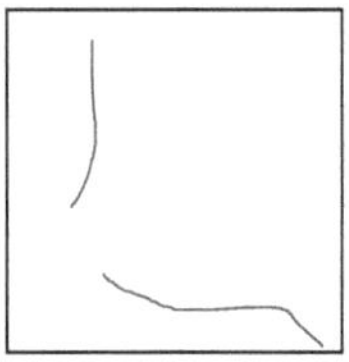

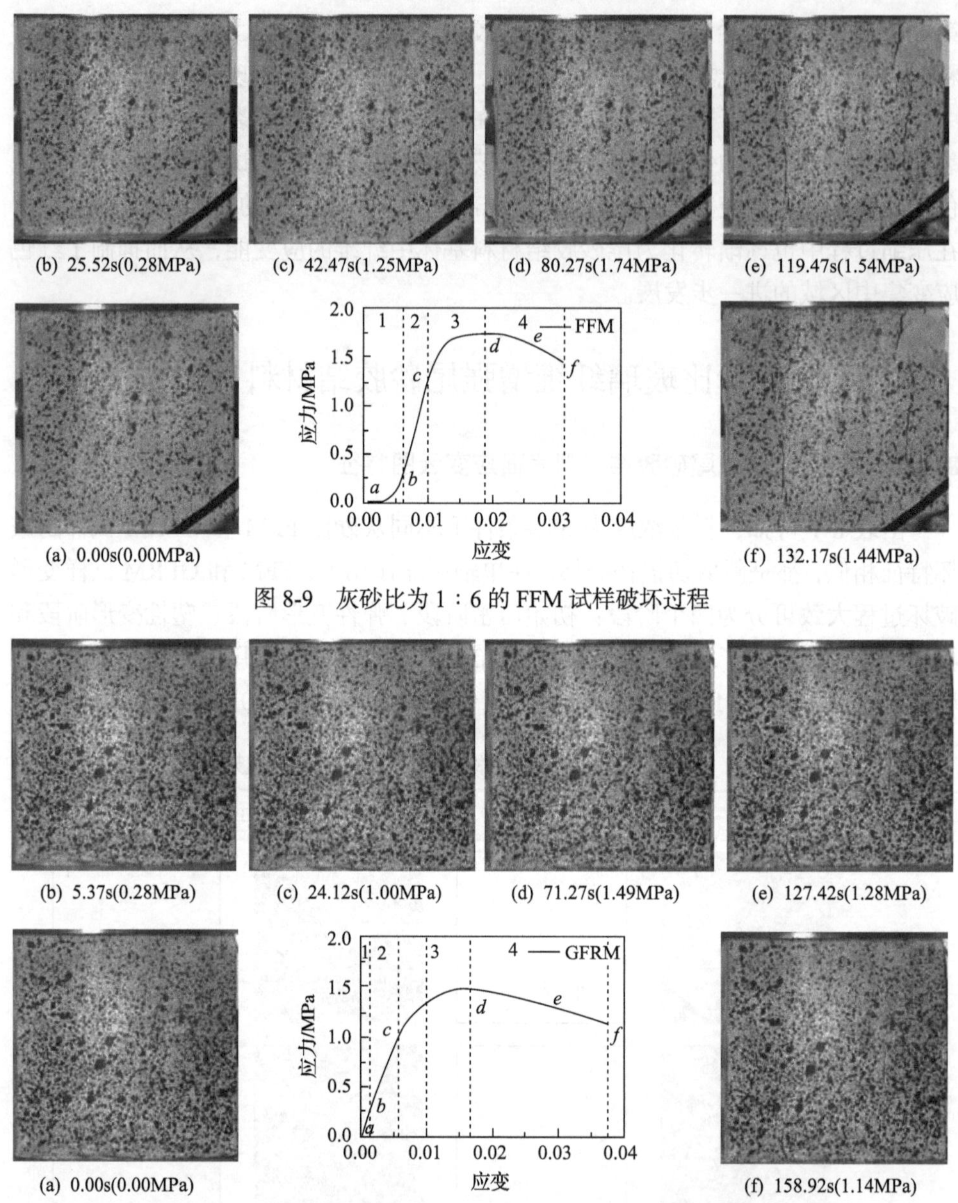

图 8-9　灰砂比为 1：6 的 FFM 试样破坏过程

图 8-10　灰砂比为 1：6 的 GFRM 试样破坏过程

FFM 试样在灰砂比为 1：6 条件下的单轴抗压强度为 1.74MPa。随着应变增大，应力逐渐增大，且在初始压密阶段，应力-应变曲线呈上凹形。在荷载作用下，FFM 试样内部原生裂隙发生了变化，微裂隙逐渐闭合，内部结构被压密，表面无明显损伤。在 25.52s，应力为 0.28MPa，占单轴抗压强度的 16.1%[图 8-9(b)]。随着轴向荷载继续增加，FFM 试样内部结构在弹性变形阶段受到压缩，应力随应变的增大而迅速线性增加，符合胡克定律。在 42.47s，应力为 1.25MPa，占单轴抗压强度的 71.8%[图 8-9(c)]。该应力为屈服应力，其值大约为单轴抗压强度的三分之二。大量裂纹在塑性变形阶段扩展，压力先缓慢上升，最终达到峰值。在塑性变形阶段，FFM 试样的应力-应变曲线呈上凸形，试样损伤应变迅速增大，并且应力的增加速率随着应变的增大而逐渐减小。FFM 试样表面在 80.27s 之前出现一些竖向裂纹，并且竖向裂纹向 FFM 试样上部扩展形成贯通裂缝，应力为 1.74MPa[图 8-9(d)]。FFM 试样达到峰值强度时，试样内部结构遭到破坏，但试样基本保持完整状态。在峰后破坏阶段，随着应变继续增大，应力则缓慢减小。在 119.47s，FFM 试样右上角出现块状脱落现象，应力为 1.54MPa[图 8-9(e)]。在 132.17s，加载结束，FFM 试样残余应力为 1.44MPa[图 8-9(f)]，说明破裂后的 FFM 试样仍具有一定的承载力。

GFRM 试样在灰砂比为 1：6 条件下的单轴抗压强度为 1.49MPa，其破坏过程与 FFM 试样的破坏过程相似。与 FFM 试样相比，GFRM 试样的初始压密阶段明显缩短，这是因为加入的玻璃纤维填充了 GFRM 试样中部分初始孔隙，致使初始压密时间缩短。在 5.37s，应力为 0.28MPa，占单轴抗压强度的 18.8%[图 8-10(b)]。随着轴向荷载继续增加，GFRM 试样进入弹性变形阶段，并在 24.12s，应力为 1.00MPa，占单轴抗压强度的 67.1%[图 8-10(c)]。GFRM 试样弹性变形的时间与 FFM 试样的相比变化不大，但弹性模量有所减小，这是因为水泥含量较多，与尾砂的胶结能力较强，致使玻璃纤维的增强能力没有得到体现。在塑性变形阶段，GFRM 试样体积扩容，轴向应变迅速增大，试样内部出现较多细裂缝，试样塑性变形时间与 FFM 试样相比明显增加。这是因为玻璃纤维的加入在一定程度上阻碍了裂纹的进一步扩展，致使 GFRM 试样内部产生大量细而短的裂纹。在 71.27s，GFRM 试样内部大量微裂纹汇合、扩展和贯通，应力为 1.49MPa[图 8-10(d)]。GFRM 试样达到峰值强度后，内部结构遭到破坏，但试样保持完整状态，没有出现边角剥落现象。在 127.42s，GFRM 试样中下部损伤变形明显增大，应力为 1.28MPa[图 8-10(e)]；在 158.92s，残余应力为 1.14MPa[图 8-10(f)]，说明 GFRM 试样的峰后破坏阶段相较 FFM 试样的明显增长，破裂后的 GFRM 试样残余承载力比 FFM 试样的较大。这是因为玻璃纤维的加入增强了胶结材料的延性，致使 GFRM 试样在峰后仍然会维持较长的延性变形。

图 8-11 是灰砂比为 1：6 的 FFM 试样部分 DIC 原位监测全场应变损伤破坏云图，图中红色代表该区域应变较大或裂纹较为明显，蓝色代表该区域应变较小或裂纹不明显或无裂纹，其他颜色代表在这两者之间过渡。在初始压密阶段和弹性变形阶段[图 8-11(a)、(b)和(c)]，云图表面以蓝色与浅蓝色相间分布，小部分黄

色和红色出现在云图两侧，这说明 FFM 试样表面全场应变在黄色区域(尾砂胶结材料试样四周或者边角)薄弱处逐渐增大。随着轴向荷载的逐渐增大，FFM 试样进入塑性变形阶段[图 8-11(d)、(e)和(f)]，云图的蓝色区域主要出现在中上部，并逐渐被青色包围，云图左侧出现大面积的黄色区域，左下角出现红色区域。这说明 FFM 试样表面左侧应变波动较大，内部薄弱敏感处出现大量裂缝，试样表面损伤大量产生。随着轴向荷载进一步增大，FFM 试样进入峰后破坏阶段[图 8-11(g)、(h)和(i)]，试样两侧出现大面积黄色和红色相间带。此时试样两侧的宏观裂纹明显可见，右上角表面出现块状脱落现象，这说明最后的应力主要由 FFM 试样右上角部位来承担，其他各处应变回缩。

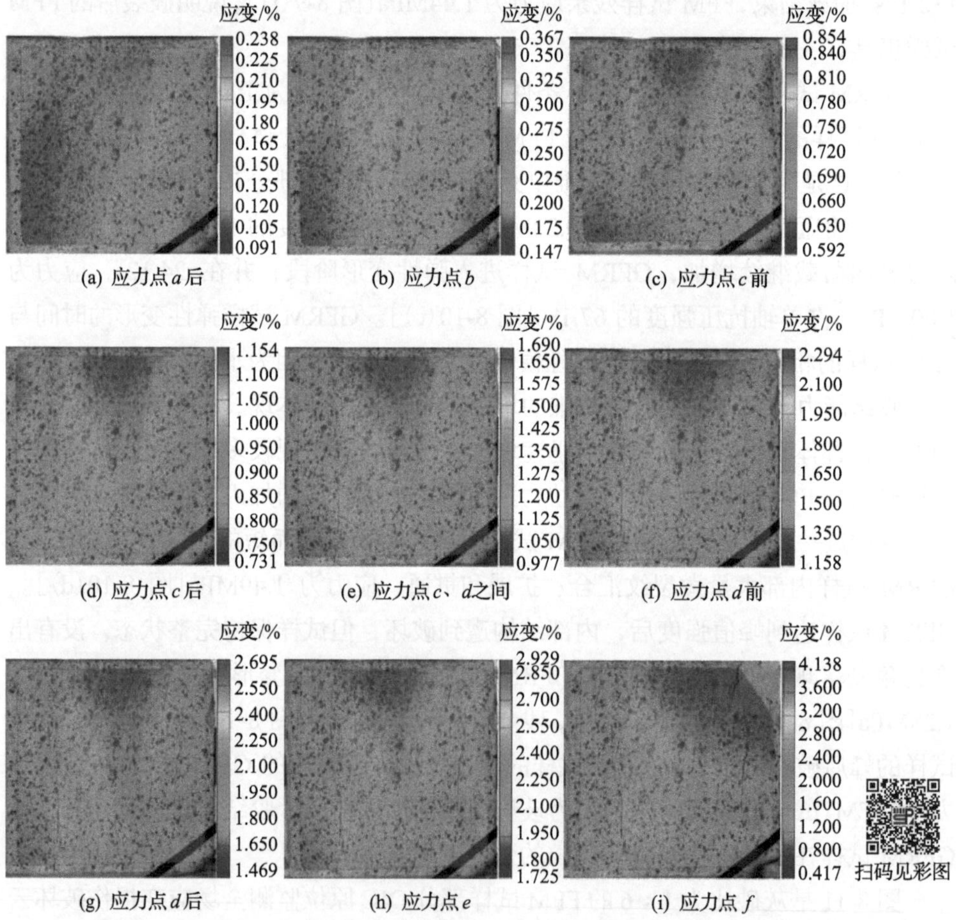

图 8-11　灰砂比为 1∶6 的 FFM 试样部分 DIC 原位监测全场应变损伤破坏云图

点 a～f 为图 8-9 中应力-应变曲线上的点

由图 8-11 可以看出，在图 8-11(a)、(b)中最大全场应变均出现在右下角，最小全场应变均出现在左下角，这意味着小裂纹最初主要出现在 FFM 试样表面的右下角。随着加载时间的增加，最大全场应变出现在左上角和右中部，达到 0.854%，最小全场应变出现在左下角，为 0.592%[图 8-11(c)]，这意味着小裂纹在 FFM 试样表面的右下角向上延伸。在图 8-11(d)、(e)中，最大全场应变出现在左下角，最小全场应变出现在上中部，这意味着小裂纹出现在 FFM 试样左下角的数量大量增加，此时 FFM 试样左下角承受主要荷载作用。在图 8-11(f)中，最大全场应变在左下侧，为 2.294%，最小全场应变在中上部，为 1.158%，即存在一个大裂纹由 FFM 试样表面左下角向左上侧竖向传播，试样产生大量损伤。在图 8-11(g)中，最大全场应变在左下角，为 2.695%，最小全场应变在中上部，为 1.469%，这意味着大裂缝继续延伸，FFM 试样表面出现一些竖向裂纹，试样左侧开始形成竖向连通裂缝，并在左侧形成一个宏观破裂面。同时，试样表面右侧开始出现竖向裂纹，并且向下扩展。在图 8-11(h)中，最大全场应变在左下角，为 2.929%，最小全场应变在中上部，为 1.726%；在图 8-11(i)中，最大全场应变在左下角，为 4.138%，最小全场应变在右上角，为 0.417%。在这一过程中，试样表面右侧出现明显可见的竖向裂纹，这意味着试样的右侧继续压缩，且右上角发生块状脱落现象。

图 8-12 是灰砂比为 1∶6 的 GFRM 试样部分 DIC 原位监测全场应变损伤破坏云图。在初始压密阶段和弹性变形阶段的云图[图 8-12(a)、(b)和(c)]中，可以明显地看见以红色为成核的红、黄、黄、青、蓝色椭圆带，图 8-12(b)中红色椭圆成核较小，黄色和绿色大面积分布在中间区域，图 8-12(c)中红色椭圆成核增大，蓝色区域减少。这说明左下角成核区域有较多的微孔隙被压密。随着荷载增大，GFRM 试样进入塑性变形阶段[图 8-12(d)、(e)和(f)]，发现红色椭圆成核有增大的趋势，GFRM 试样整体变形较为明显，但只出现少许狭小肉眼可见的微裂缝，这说明玻璃纤维的掺入有效阻碍了尾砂胶结材料试样中的裂纹产生。在峰后破坏阶段[图 8-12(g)、(h)和(i)]，红色椭圆成核向右侧移动，GFRM 试样表面在红色成核区域出现明显可见的宏观裂纹，全场应变达到最大，试样整体变形严重，但是没有发生明显的块状脱落和胀裂现象。

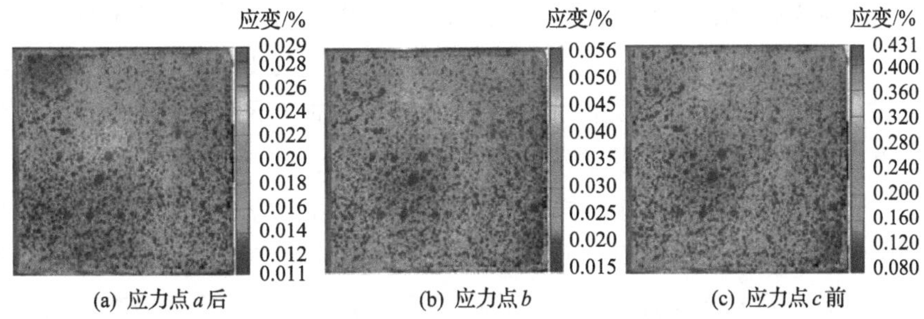

(a) 应力点 a 后　(b) 应力点 b　(c) 应力点 c 前

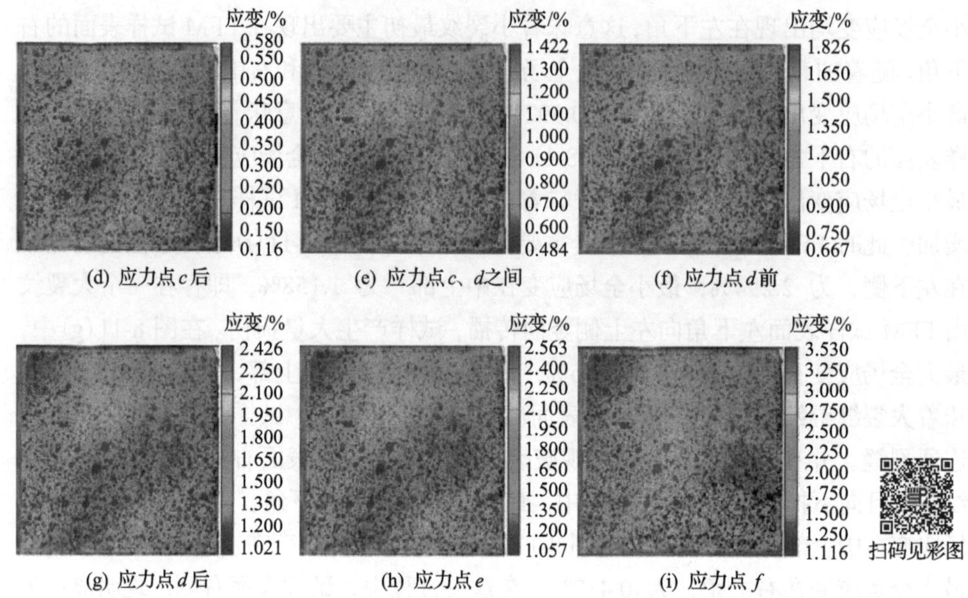

图 8-12　灰砂比为 1∶6 的 GFRM 试样部分 DIC 原位监测全场应变损伤破坏云图

点 a～f 为图 8-10 中应力-应变曲线上的点

由图 8-12 可以看出，在图 8-12(a)中最大全场应变出现在左下角，最小全场应变出现在左上角，这意味着加载初期 GFRM 试样下部承受主要荷载作用，大量微裂纹在试样下部产生。随着加载时间的增加，全场应变集中出现在中部，最小全场应变出现在四周[图 8-12(b)、(c)和(d)]，这意味着 GFRM 试样表面损伤由中部向周围扩散，小裂纹在中部大量产生。在图 8-12(e)、(f)中，最大全场应变出现在左下侧，最小全场应变出现在左上角和右下角，并且最大全场应变明显增大，这意味着存在一个大裂纹由试样表面左下侧向右下侧横向传播，大量表面损伤在左下侧产生。在图 8-12(g)中，最大全场应变在中下部，为 2.426%，最小全场应变在左上角，为 1.021%，这意味着大裂缝继续延伸扩展，GFRM 试样表面出现宏观裂纹，试样中下部开始形成连通裂缝。在图 8-12(h)中，最大全场应变在左下角，为 2.563%，最小全场应变在左上角，为 1.057%；在图 8-12(i)中，最大全场应变在下部，为 3.530%，最小全场应变在左上角，为 1.116%。在这一过程中，GFRM 试样下部出现明显可见的大裂纹，这意味着试样下部继续压缩，试样整体变形严重，但是没有发生块状脱落和胀裂现象。

DIC 原位监测表明，FFM 试样和 GFRM 试样的表面应变变化规律和断裂扩展与单轴压缩下的破坏过程一致。DIC 技术通过云图中颜色的差异，直观地反映了尾砂胶结材料试样在单轴压缩过程中产生的全场表面应变，全场应变越大，表面损伤越严重。通过 DIC 技术获得的全场应变信息，可用于量化尾砂胶结材料试样表面的损伤程度。

8.4.2 尾砂胶结材料表面监测点位移变化

尾砂胶结材料是一种典型的非均质多孔材料，作为工程重要结构单元承受的外部荷载主要为顶板的轴向荷载，其表面位移情况可以揭示尾砂胶结材料内部结构发展与表面损伤演化机理。因此，为了更好地揭示尾砂胶结材料在单轴压缩过程中的表面损伤情况，通过 DIC 技术在 FFM 试样和 GFRM 试样表面宏观主裂隙中设置位移监测点(表 8-1)，对单轴压缩下尾砂胶结材料试样表面位移情况进行全程实时监测，以此讨论尾砂胶结材料在单轴压缩过程中表面主裂隙扩展的损伤演化情况。

料浆浓度为 68%，不同灰砂比的 FFM 和 GFRM 试样表面监测点横向位移变化情况，如图 8-13 所示。由图 8-13(a)和(c)可知，在加载初期，灰砂比为 1∶6 和 1∶8 的 FFM 试样表面监测点横向位移呈负向增长，负横向位移最大可分别达到–0.19mm(监测点 2)和–0.04mm(监测点 2)；随着 DIC 时间的增大，FFM 试样横向位移变化曲线出现了“正-负向转折点”，横向位移迅速正向增加，破坏时监测点的横向位移最大可以分别达到 0.25mm(监测点 1)和 0.30mm(监测点 4)。由图 8-13(e)可知，在加载初期，灰砂比为 1∶10 的 FFM 试样表面监测点横向位移呈负向波动增长，负横向位移最大值可以达到–1.00mm(监测点 3)；随着 DIC 时间的增大，FFM 试样横向位移曲线出现了“正-负向转折点”，横向位移迅速正向增加直至 FFM 试样破坏，破坏时监测点的横向位移最大值可以达到 2.60mm(监测点 4)。在单轴压缩下，FFM 试样内部颗粒分布不均匀等原因产生的原生裂隙被压密闭合，使得 FFM 试样愈加密实，FFM 试样表面监测点横向位移表现为负向增长；在加载时间达到一定水平后，FFM 试样裂隙扩展处于不稳定状态，原生裂纹和新生裂纹相互交织，表面宏观主裂隙迅速扩展，导致 FFM 试样表面监测点的横向位移变化曲线表现出明显的“正-负向转折点”。

由图 8-13(b)可知，灰砂比为 1∶6 的 GFRM 试样表面监测点横向位移与 DIC 时间呈负相关，随着 DIC 时间增大而保持负向增长，横向位移变化曲线未出现上述 FFM 试样的“正-负向转折点”，这说明 GFRM 试样在轴向荷载作用下表面宏观主裂隙的扩展保持在相对稳定的状态。由图 8-13(d)可知，灰砂比为 1∶8 的 GFRM 试样表面监测点横向位移与 DIC 时间呈正相关，随着 DIC 时间增大而保持稳定正向波动增长，横向位移变化曲线未出现上述 FFM 试样的“正-负向转折点”。由图 8-13(f)可知，在加载初期，灰砂比为 1∶10 的 GFRM 试样表面监测点横向位移与 DIC 时间呈正相关，随着 DIC 时间的增大，部分表面监测点的横向位移变化曲线出现负向增长。在灰砂比为 1∶6 的条件下，水泥含量大，水泥与尾砂的胶

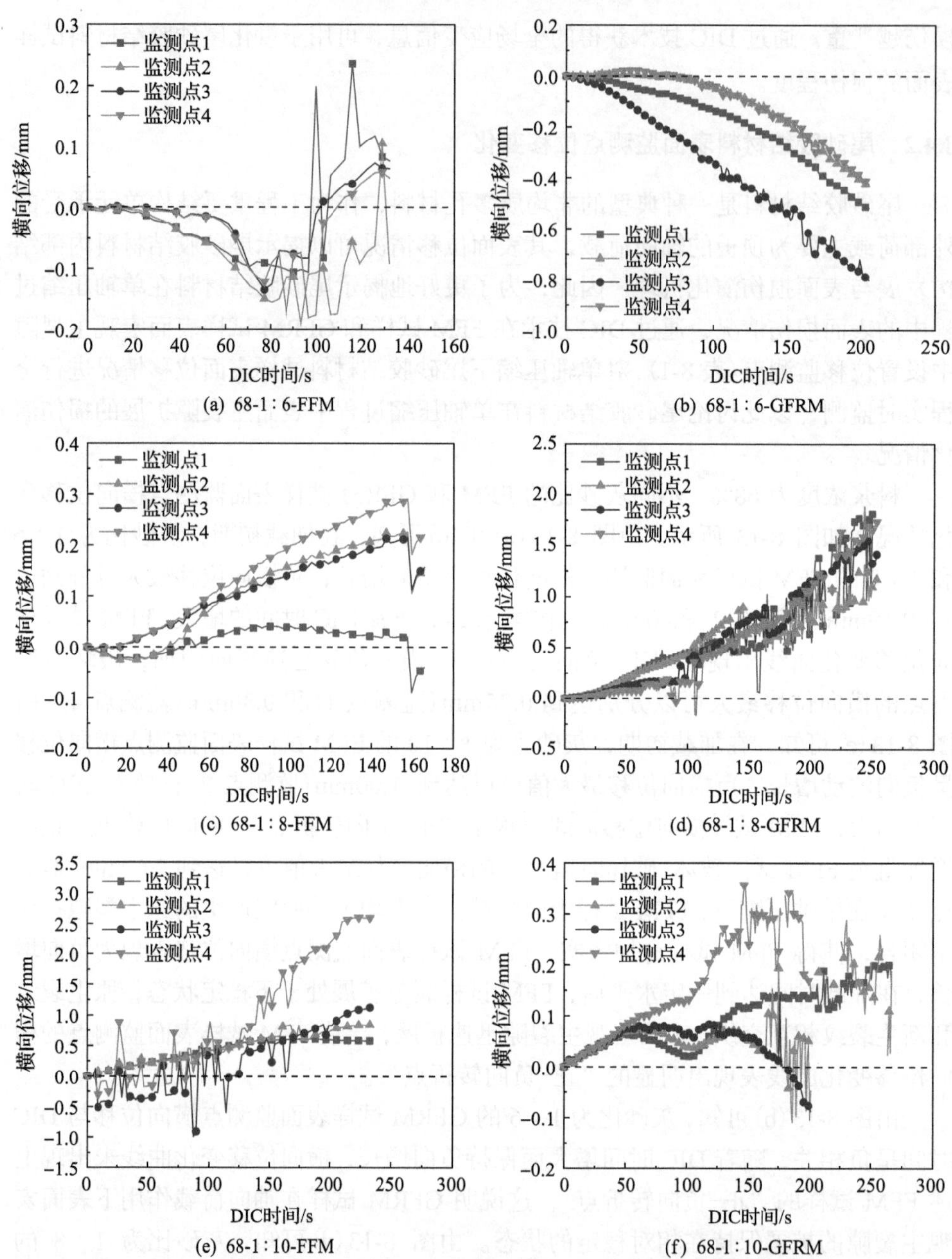

(a) 68-1∶6-FFM (b) 68-1∶6-GFRM

(c) 68-1∶8-FFM (d) 68-1∶8-GFRM

(e) 68-1∶10-FFM (f) 68-1∶10-GFRM

图 8-13 不同灰砂比的 FFM 和 GFRM 试样表面监测点横向位移变化情况(料浆浓度为 68%)

结度强，玻璃纤维优化了 GFRM 试样内部微观结构，对宏观主裂隙的扩展起到阻裂作用，因此，GFRM 试样横向位移与 DIC 时间呈负相关；随着灰砂比的降低，水泥与尾砂的胶结度减弱，玻璃纤维优化效果和阻裂能力减弱，因此，GFRM 试样横向位移与 DIC 时间呈正相关；随着灰砂比的降低，GFRM 试样表面监测点横向位移最大值呈现出先增大后减小的变化趋势。

图 8-14 为料浆浓度为 68%，不同灰砂比的 FFM 和 GFRM 试样表面监测点纵向位移变化情况。由图 8-14(a)、(c)可知，随着 DIC 时间的增大，灰砂比为 1∶6

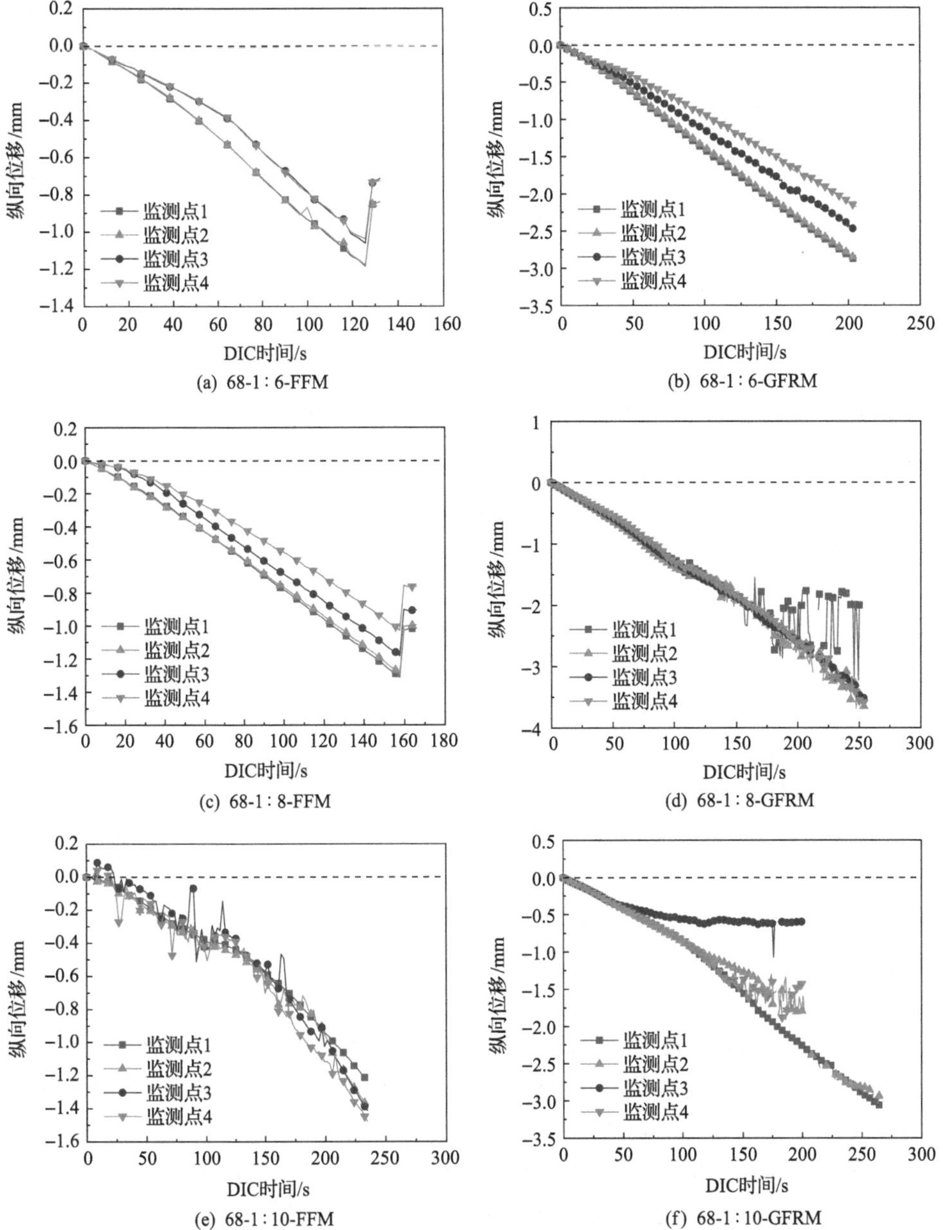

图 8-14　不同灰砂比的 FFM 和 GFRM 试样表面监测点纵向位移变化情况(料浆浓度为 68%)

和 1∶8 的 FFM 试样表面监测点纵向位移呈负向增加，直至 FFM 试样临近破坏时监测点纵向位移出现负向减小，监测点纵向位移最大可以分别达到–1.2mm（监测点 1）和–1.3mm（监测点 1 和监测点 2）。由图 8-14（e）可知，灰砂比为 1∶10 的 FFM 试样表面监测点纵向位移呈负向波动增加，监测点纵向位移最大可以达到–1.5mm（监测点 4）。FFM 试样表面监测点纵向位移主要呈负向增长；当轴向荷载达到一定水平，纵向位移变化曲线出现明显的突变点，导致 FFM 试样表面纵向位移出现负向减小。

由图 8-14（b）可知，灰砂比为 1∶6 的 GFRM 试样表面监测点纵向位移与 DIC 时间呈负相关，并且随着 DIC 时间增大而保持稳定负向增长，临近破坏时监测点纵向位移变化曲线未出现上述 FFM 试样的负向突变点，这一现象说明 GFRM 试样在单轴压缩作用下表面宏观主裂隙的扩展保持在相对稳定的状态。由图 8-14（d）、（f）可知，在加载初期，灰砂比为 1∶8 和 1∶10 的 GFRM 试样表面监测点纵向位移与 DIC 时间总体呈负相关，随着 DIC 时间的增大而保持负向增长，直至临近破坏时 GFRM 试样表面监测点纵向位移变化曲线出现明显负向突变点，导致表面监测点纵向位移出现负向波动。随着 DIC 时间的增大，GFRM 试样表面监测点纵向位移在灰砂比分别为 1∶6、1∶8 和 1∶10 时最大可以分别达到–3.0mm、–3.6mm 和–3.2mm（监测点 1）。此外，GFRM 试样的纵向位移变化曲线并没有出现明显的正纵向位移。

图 8-15 为料浆浓度为 68%，不同灰砂比的 FFM 和 GFRM 试样表面监测点全场应变变化情况。由图 8-15（a）、（c）和（e）可知，灰砂比为 1∶6 的 FFM 试样表面监测点的全场应变呈正向快速增长，最终在临近加载结束时全场应变变化曲线出现了转点，监测点全场应变迅速正向减小，监测点全场应变最大可以达到 2.8%（监测点 4）。随着轴向荷载的增大，灰砂比为 1∶8 的 FFM 试样表面监测点的全场应变呈正向快速增长直至 FFM 试样破坏，破坏时监测点的全场应变最大可以达到 2.8%（监测点 4）。另外，随着轴向荷载的增大，灰砂比为 1∶10 的 FFM 试样表面监测点的全场应变呈正向快速波动增长直至 FFM 试样破坏，破坏时监测点的全场应变最大可以达到 2.7%（监测点 2）。在单轴压缩条件下，FFM 试样表面宏观主裂隙监测点全场应变总体上主要呈正向增长。

由图 8-15（b）、（d）和（f）可知，GFRM 试样表面监测点全场应变与 DIC 时间总体呈正相关，随着 DIC 时间的增大而保持正向增长，最终在临近加载结束时波动增长。这说明在加载初期，GFRM 试样表面保持相对稳定的状态，未出现显著的突变变形，而在临近加载结束时产生大量表面损伤。此外，GFRM 试样的全场应变变化曲线并没有出现明显的负全场应变。随着 DIC 时间的增大，GFRM 试样表面监测点全场应变在灰砂比为 1∶6、1∶8 和 1∶10 时最大可以达到 2.7%、6.4% 和 0.6%（监测点 4）。在单轴压缩条件下，GFRM 试样表面监测点全场应变与 DIC

时间总体呈正相关。

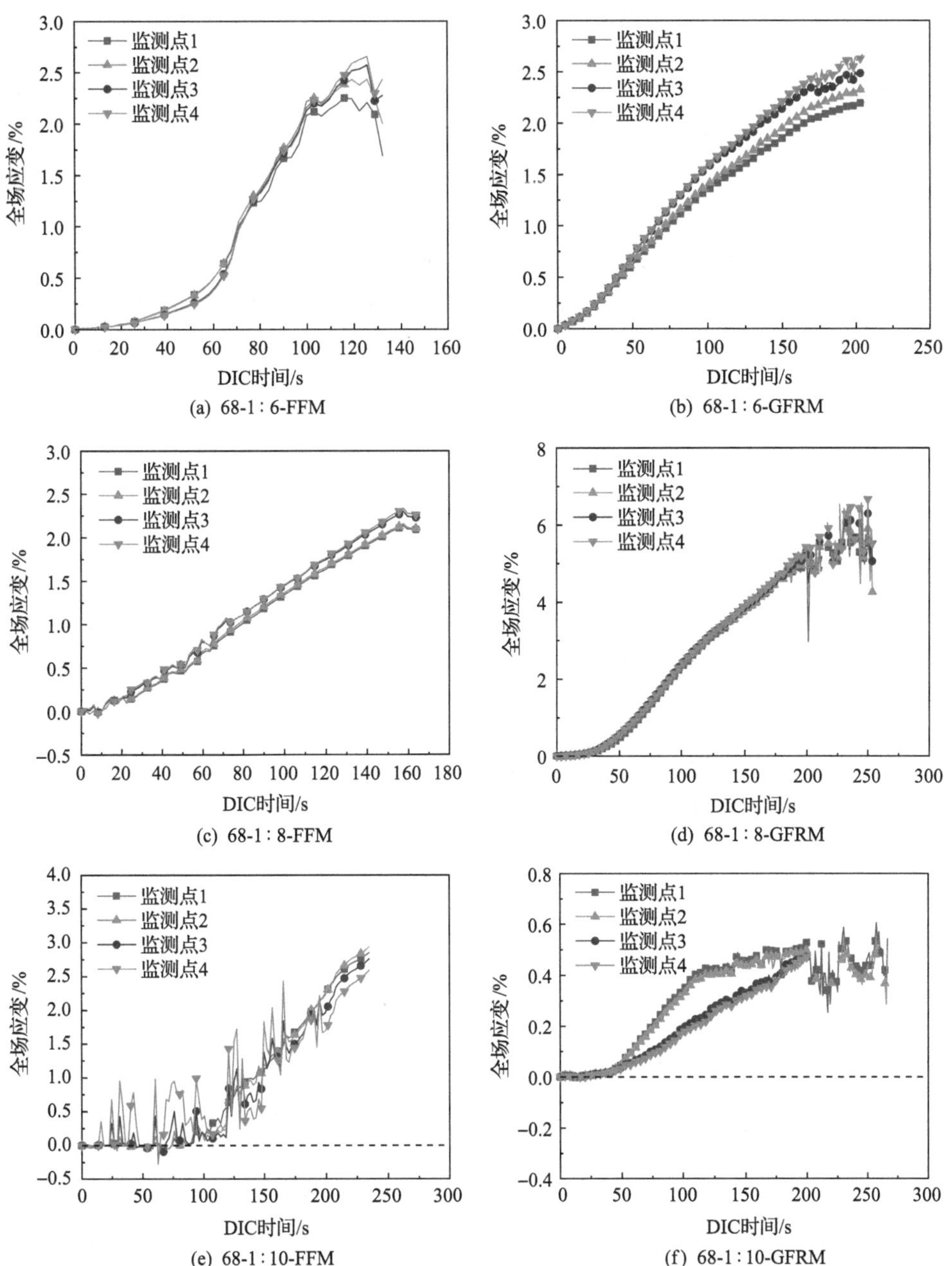

(a) 68-1∶6-FFM　(b) 68-1∶6-GFRM

(c) 68-1∶8-FFM　(d) 68-1∶8-GFRM

(e) 68-1∶10-FFM　(f) 68-1∶10-GFRM

图 8-15　不同灰砂比的 FFM 和 GFRM 试样表面监测点全场应变变化情况(料浆浓度为 68%)

以上分析结果表明，FFM 试样表面宏观主裂隙监测点横向位移变化曲线呈现出明显的“正-负向转折点”，FFM 试样表面监测点最大横向位移和最大纵向位移总体上随着灰砂比的降低而增大，最大全场应变总体上先减小后增大。在灰砂比为 1 : 6 和 1 : 8 的条件下，GFRM 试样表面监测点的最大横向位移、最大纵向位移和最大全场应变显著大于 FFM 试样，这是因为玻璃纤维的加入延长了 GFRM 试样的破坏过程，阻碍了 GFRM 试样的表面损伤变形。在不同灰砂比条件下，FFM 和 GFRM 试样加载初期表面监测点纵向位移与 DIC 时间总体呈负相关，纵向位移变化曲线并没有出现明显的正纵向位移；全场应变与 DIC 时间总体呈正相关，全场应变变化曲线并没有出现明显的负全场应变。在部分灰砂比条件下，FFM 和 GFRM 试样在临近破坏时表面监测点纵向位移和全场应变变化曲线出现了明显负向突变点，导致 FFM 和 GFRM 试样表面监测点纵向位移出现负向波动。GFRM 试样表面监测点最大横向位移、最大纵向位移和最大全场应变总体上随着灰砂比的降低而先增大后减小。

参 考 文 献

[1] 项胜. 基于数字图像相关方法的高温后混凝土力学性能试验研究[D]. 荆州: 长江大学, 2020.

[2] 齐飞飞, 张科, 谢建斌. 基于 DIC 技术的含不同节理密度类岩石试样破裂机制研究[J]. 岩土力学, 2021, 330(6): 1669-1680.

[3] Ostapska K, Malo K. Crack path tracking using DIC and XFEM modelling of mixed-mode fracture in wood[J]. Theoretical and Applied Fracture Mechanics, 2021, 112: 102896.

[4] 张朝阳, 孔祥明, 卢子臣. 用数字图像相关法研究聚合物改性砂浆的力学性能[J]. 硅酸盐学报, 2018, 347(2): 187-192.

[5] 金爱兵, 王树亮, 王本鑫, 等. 基于 DIC 技术的 3D 打印节理试样破裂机制研究[J]. 岩土力学, 2020, 320(10): 3214-3224.

[6] Peters W H, Ranson W F. Digital imaging techniques in experimental stress analysis[J]. Optical Engineering, 1982, 21(3): 213427.

[7] Chu T, Ranson W, Sutton A. Applications of digital-image-correlation techniques to experimental mechanics[J]. Experimental Mechanics, 1985, 25: 232-244.

[8] Luo P F, Chao Y J, Sutton M A, et al. Accurate measurement of three-dimensional deformations in deformable and rigid bodies using computer vision[J]. Experimental Mechanics, 1993, 33: 123-132.

[9] 伍天华, 周喻, 王莉, 等. 单轴压缩条件下岩石孔-隙相互作用机制细观研究[J]. 岩土力学, 2018, 39(S2): 463-472.

[10] 赵程, 鲍冲, 松田浩, 等. 数字图像技术在节理岩体裂纹扩展试验中的应用研究[J]. 岩土工程学报, 2015, 37(5): 944-951.

[11] 高鹏, 陈阳, 黄浩良, 等. 干燥环境下混凝土内部损伤的量化[J]. 硅酸盐学报, 2021, 49(2): 312-322.

[12] 童晶, 金贤玉, 田野, 等. 基于 DIC 技术的锈蚀钢筋混凝土表面开裂[J]. 浙江大学学报(工学版), 2015, 49(2): 193-199,217.

[13] Lakshmi A M, Chaitanya G, Srinivas K, et al. Fatigue testing of continuous GFRP composites using digital image correlation (DIC) technique a review[J]. Materials Today: Proceedings, 2015, 2: 3125-3131.

[14] 施嘉伟, 朱虹, 吴智深, 等. 数字图像相关法测量 FRP 片材与混凝土界面的黏结滑移关系[J]. 土木工程学报, 2012, 45(10): 13-22.

9 不同纤维作用下尾砂胶结材料损伤特征及模型

近年来，随着矿产需求量的增加，浅部矿产资源日渐减少，采矿活动逐渐向深部发展，随之而来的是高地应力问题，加之国家对采矿安全和环保要求的日益提高，尾矿资源化在越来越多的工程中得到了应用[1-8]。同时，由于选矿技术的日益发展，尾砂越磨越细，尾砂也逐渐应用到工程设施、建(构)筑物等中[9-11]。而在地下工程应用中，尾砂胶结材料的力学性能直接决定了地下工程作业的安全性。因此，尾砂胶结材料必须具有高承载能力、高固结速度和高强度的特性。在地下工程中，许多研究人员在支护措施中使用纤维水泥基复合材料[12,13]。其主要目的包括：减少水泥用量，提高尾砂的利用率，提高结构的稳定性。因此，开展纤维增强尾砂胶结材料的力学特性和破坏过程的声发射特征的研究，可以在一定程度上优化废物再次利用和工程应用的安全问题。

由于尾砂胶结材料的力学特性和破坏过程与地下开采的安全性密切相关，近年来，许多学者对此开展了大量研究。Mangane 等[14]研究了高效减水剂对尾砂胶结材料的力学性能和工作性的影响。王明旭[15]利用工业石蜡作为接触带材料模拟了围岩与早强尾砂胶结材料接触区域非均匀受力情况，开展了不同荷载下围岩与早强尾砂胶结材料相互作用的室内试验研究。Nasharuddin 等 [16]使用低场核磁共振弛豫时间测量来描述尾砂胶结材料在 56 天水化过程中的微观结构演变。赵康等[17]开展了不同配比和浓度的钽铌矿胶结材料的单轴压缩试验和巴西劈裂试验。Qin 等[18]开展了尾砂胶结材料收缩特性的试验研究。程爱平等[19]对尾砂胶结材料进行单轴压缩试验，研究了尾砂胶结材料的裂纹扩展和汇集模式。同时，大量学者引进声发射等方法对尾砂胶结材料破坏过程的力学特性开展进一步的研究。Zhao 等[20]通过声发射试验研究了不同配比钽铌尾砂胶结材料声发射相关分形特征与其机械损伤之间的关系。Zhou 等[21,22]对钽铌尾砂胶结材料进行了单轴压缩试验和巴西劈裂试验，并利用基于声发射振铃计数率的损伤模型和能率分形维数，研究了尾砂胶结材料变形破坏过程中损伤变量和分形维数、声发射参数与力学破坏机理之间的关系。He 等[23]研究了尾砂胶结材料岩石组合的力学响应和声发射特性。

在纤维增强材料方面，对混凝土房屋建设、道路桥梁等研究较多[24-27]，而矿山废弃尾矿纤维增强尾砂胶结材料的研究较少。Xu 等[28]运用不同温度的固化纤维增强尾砂胶结材料和聚丙烯的掺和量，研究了温度对纤维增强尾砂胶结材料抗压强度、纤维结构和破坏模式的影响。Chen 等[29]研究了聚丙烯纤维增强尾砂胶结材料的压缩性能和微观结构特征。Yu 等[30]构建了纤维增强尾砂胶结材料无侧限抗压性能人工智能模型，得出了纤维含量和长度对纤维增强尾砂胶结材料的弯曲强度有显著影响的结论。Xue 等[31]通过单轴压缩试验和扫描电镜试验，研究了纤维含量对不同类型纤维增强尾砂胶结材料力学性能和微观结构性能的影响，并发现纤维长度对尾砂胶结材料的强度有一定的影响。Zhou 等[32]开展了对添加不同长度和配比的玻璃纤维增强尾砂胶结材料的力学性能的研究。

综上所述，大量学者对尾砂胶结材料的力学性能和破坏进行了深入研究，也获得了丰富的成果，但对不同纤维增强尾砂胶结材料的损伤演化规律、变形破坏中的声发射特征分析较少。因此，本章对掺玻璃纤维、聚丙烯腈纤维和混合纤维的尾砂胶结材料及无纤维尾砂胶结材料进行单轴压缩声发射试验，旨在研究不同纤维增强尾砂胶结材料单轴压缩过程中的损伤特性和声发射特性，并构建声发射振铃计数与损伤本构之间的耦合关系。在分析纤维增强尾砂胶结材料力学性能的基础上，结合纤维增强尾砂胶结材料的声发射能量计数和振铃计数进一步研究其破坏过程中的声发射特性，并利用声发射累计振铃计数进一步推导其与应力和损伤变量的耦合关系。正确地认识纤维增强尾砂胶结材料的破坏机制、力学性质和损伤演化，可以为矿山地下开采提供良好的工作条件，保护矿山环境。

9.1 损伤变量的定义

1958 年，Kachanov[33]在研究金属蠕变过程中，第一个引入了损伤的概念；Rabotnov[34]在其基础上加以推广，奠定了损伤力学的基础；Lemaitre[35]研究了金属的损伤力学性能；Krajcinovic 和 Fonseka[36]、Sidoroff[37]为损伤理论的最终成形做了重要贡献；后来 Loland[38]、Mazars[39]等建立了各向同性损伤模型，分段表示损伤过程并定义损伤变量为标量。

不同的损伤机制在推导本构时应选择不同的损伤变量，因为尾砂胶结材料在凝固过程中会产生随机分布的微孔洞、微裂隙，这是致使损伤发生的关键因素。通常认为材料内部的损伤分布对材料的力学性能没有重大的影响，不考虑损伤的各向异性，损伤变量都视为标量。Kachanov[33]指出材料力学性能退化的机理是有效承载面积的减小，因此，将损伤变量定义为材料微损伤缺陷所占断面面积与总承载断面面积的比值：

$$D = \frac{A_{\mathrm{d}}}{A_0} \tag{9-1}$$

式中：D 为尾砂胶结材料的损伤变量；A_{d} 为尾砂胶结材料内部产生的微损伤缺陷所占断面面积，如图 9-1 所示；A_0 为尾砂胶结材料初始无损伤时的总承载断面面积。

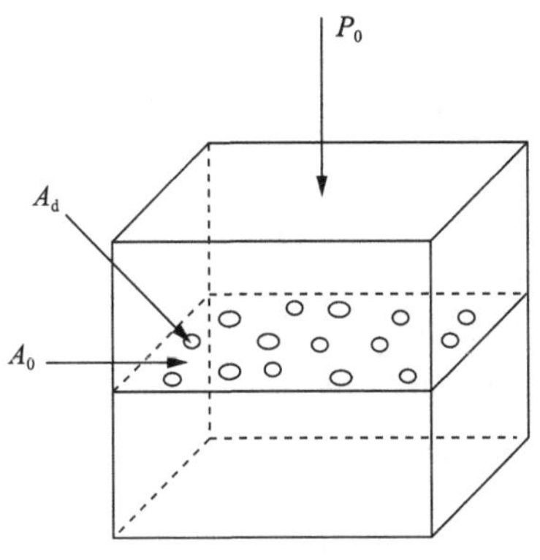

图 9-1 试样损伤示意图

由于在试验中很难准确地确定试样受损破裂时的有效承载面积，因此，Lemaitre[35]基于等价假设提出了应变等效理论，即通过有效应力来间接地测定试样的损伤。在单轴压缩状态下，受损材料的应力-应变本构关系可转变为从无损材料的本构方程推出，仅需要破坏后的有效应力即可替换无损材料本构关系中的名义应力。根据这一假设，可得到：

$$\tilde{\sigma}=\frac{P_0}{\tilde{A}_0} \tag{9-2}$$

式中：$\tilde{\sigma}$ 为有效应力；$\tilde{A}_0$ 为材料的有效面积；P_0 为单轴压缩状态下施加的荷载。显然 $\tilde{A}_0 = A_0 - A_d$，故：

$$\tilde{\sigma}=\frac{P_0}{A_0 - A_d}=\frac{P_0}{A_0(1-D)}=\frac{\sigma}{1-D} \tag{9-3}$$

式中：σ 为单轴压缩状态下尾砂胶结材料的名义应力(即轴向应力)。

基于弹塑性理论，尾砂胶结材料在无损状态下的应变可以表示为

$$\varepsilon = \tilde{\sigma} / E \tag{9-4}$$

式中：E 为尾砂胶结材料的弹性模量；ε 为尾砂胶结材料的应变。

由式(9-3)和式(9-4)联立可得尾砂胶结材料的经典损伤本构方程为

$$\sigma = E\varepsilon(1-D) \tag{9-5}$$

当 D=0 时，尾砂胶结材料处于无损状态，当 D=1 时，尾砂胶结材料处于完全破坏状态。

9.2　不同纤维作用下尾砂胶结材料损伤本构模型

9.2.1　纤维增强尾砂胶结材料损伤本构模型

考虑到纤维增强尾砂胶结材料在峰后破坏时并未完全失去作用，仍继续传递部分压剪应力，本节引入修正损伤系数 α 建立损伤本构模型。在式(9-5)基础上对损伤变量进行修正，由此建立损伤本构方程为

$$\sigma = E\varepsilon(1-\alpha D) \tag{9-6}$$

尾砂胶结材料损伤机制复杂，内部会产生随机分布的微孔洞、微裂隙。假定尾砂胶结材料的微元破坏服从 Weibull 分布，其概率密度表达式为

$$P(x)=\frac{m_0}{\lambda_0}\left(\frac{x}{\lambda_0}\right)^{m_0-1}\exp\left[-\left(\frac{x}{\lambda_0}\right)^{m_0}\right] \tag{9-7}$$

式中：m_0、λ_0 为 Weibull 分布参数；x 为尾砂胶结材料微元体强度分布变量。

由于尾砂胶结材料细观单元损伤破坏不是在短时间内完成的，而是在加载过程中通过累积效应使试样破坏。因此，定义在位移控制加载情况下，尾砂胶结材料细观单元损伤变量 D 为已破坏细观单元个数 S_{D} 与总细观单元个数 S_0 之比。

$$D=\frac{S_{\mathrm{D}}}{S_0} \tag{9-8}$$

那么任意区间 $[x, x+\mathrm{d}x]$ 内已破坏的微元面积数为 $S_0P(x)\mathrm{d}x$，当压力加载到某一水平时，那么已破坏的微元面积数为

$$S_{\mathrm{D}}(x)=\int_0^x S_0P(x)\mathrm{d}(x)=S_0\left\{1-\exp\left[-\left(\frac{x}{\lambda_0}\right)^{m_0}\right]\right\} \tag{9-9}$$

将式(9-9)代入式(9-8)，化简可得损伤变量为

$$D=\frac{S_{\mathrm{D}}}{S_0}=1-\exp\left[-\left(\frac{x}{\lambda_0}\right)^{m_0}\right] \tag{9-10}$$

式(9-10)是由 Weibull 分布统计理论和损伤方程结合推导出来的[40]，x 值是微元体强度分布变量，x 值可以是应变，也可以是应力，当 x 取不同的物理量时就

会得到不同的损伤模型。所以采用应变作为分布变量，损伤变量方程为

$$D=1-\exp\left[-\left(\frac{\varepsilon}{\lambda_0}\right)^{m_0}\right] \tag{9-11}$$

将式(9-11)代入式(9-6)，可得

$$\sigma=E\varepsilon(1-\alpha D)=E\varepsilon\left(1-\alpha\left\{1-\exp\left[-\left(\frac{\varepsilon}{\lambda_0}\right)^{m_0}\right]\right\}\right) \tag{9-12}$$

根据纤维增强尾砂胶结材料应力-应变曲线的几何边界条件，得

$$\begin{cases}\sigma|_{\varepsilon=0}=0\\ \sigma|_{\varepsilon=\varepsilon_f}=\sigma_f\\ \left.\dfrac{d\sigma}{d\varepsilon}\right|_{\varepsilon=\varepsilon_f}=0\\ \left.\dfrac{d\sigma}{d\varepsilon}\right|_{D=0}=E\end{cases} \tag{9-13}$$

式中：ε_f 为峰值应变；σ_f 为峰值应力。

最后，将式(9-13)代入式(9-12)，然后代入式(9-13)进行验算。

令 $\omega=\dfrac{\alpha^2-2\alpha+1+\alpha\dfrac{\sigma_f}{E\varepsilon_f}}{\alpha^2-\alpha+\alpha\dfrac{\sigma_f}{E\varepsilon_f}}$ [41]，联立方程组解出 m_0 和 λ_0：

$$\begin{cases}m_0=-\dfrac{\omega}{\ln\left(\dfrac{\sigma_f}{E\varepsilon_f}+\alpha-1\right)}\\ \lambda_0=\left(\dfrac{m_0\varepsilon_f^{m_0}}{\omega}\right)^{\frac{1}{m_0}}\end{cases} \tag{9-14}$$

将式(9-14)代入式(9-11)和式(9-12)，整理可得

$$\sigma=E\varepsilon\left\{1-\alpha+\alpha\exp\left[-\frac{\omega}{m_0}\left(\frac{\varepsilon}{\varepsilon_f}\right)^{m_0}\right]\right\} \tag{9-15}$$

$$D = 1 - \exp\left[-\frac{\omega}{m_0} \left(\frac{\varepsilon}{\varepsilon_{\mathrm{f}}} \right)^{m_0} \right] \tag{9-16}$$

9.2.2 理论模型曲线与试验曲线

由室内试验应力-应变曲线可得无纤维尾砂胶结材料和纤维增强尾砂胶结材料的峰值应变和峰值应力，并计算各个曲线的弹性模量，再引入修正损伤系数α，即可求得纤维增强尾砂胶结材料的应力-应变曲线和损伤本构方程。表9-1和表9-2是灰砂比1∶8的尾砂胶结材料的损伤本构模型参数及其方程。

表 9-1 尾砂胶结材料损伤本构模型求解参数

试样	峰值应力/MPa	峰值应变/%	弹性模量/MPa	α	m_0
FFM	0.668	1.73	151.706	0.90	0.920
				0.95	0.792
				1	0.731
PFRM	0.999	2.20	128.404	0.90	1.048
				0.95	0.984
				1	0.962
GFRM	1.411	1.82	156.756	0.90	1.378
				0.95	1.379
				1	1.400
HFRM	1.428	1.89	122.041	0.90	1.838
				0.95	1.923
				1	2.067

表 9-2 尾砂胶结材料损伤本构方程

试样	损伤应力方程 σ	损伤变量方程 D
FFM	$\sigma = \varepsilon E\left\{0.05 + 0.95\exp\left[-1.587(\varepsilon/0.0173)^{0.792}\right]\right\}$	$D = 1 - \exp\left[-1.587(\varepsilon/0.0173)^{0.792}\right]$
PFRM	$\sigma = \varepsilon E\left\{0.1 + 0.9\exp\left[-1.372(\varepsilon/0.0213)^{1.048}\right]\right\}$	$D = 1 - \exp\left[-1.372(\varepsilon/0.0213)^{1.048}\right]$
GFRM	$\sigma = \varepsilon E\left\{0.05 + 0.95\exp\left[-0.811(\varepsilon/0.0182)^{1.379}\right]\right\}$	$D = 1 - \exp\left[-0.811(\varepsilon/0.0182)^{1.379}\right]$
HFRM	$\sigma = \varepsilon E\left\{0.1 + 0.9\exp\left[-0.6610(\varepsilon/0.01898)^{1.838}\right]\right\}$	$D = 1 - \exp\left[-0.6610(\varepsilon/0.01898)^{1.838}\right]$

图 9-2 是用六种不同的修正损伤系数α对损伤变量进行修正，得到不同的纤维增强尾砂胶结材料损伤本构模型曲线。各修正损伤系数的模型曲线具有相似性，

修正损伤系数主要表征尾砂胶结材料应力峰值以后的残余强度特性。由图 9-2 可以看出纤维增强尾砂胶结材料应力峰值以后尾砂胶结材料承载能力没有完全失去，现场试验得到纤维增强尾砂胶结材料破坏情况大多是在峰后一小段时间才出现明显宏观裂纹，这表明尾砂胶结材料仍然保持一定的残余强度。

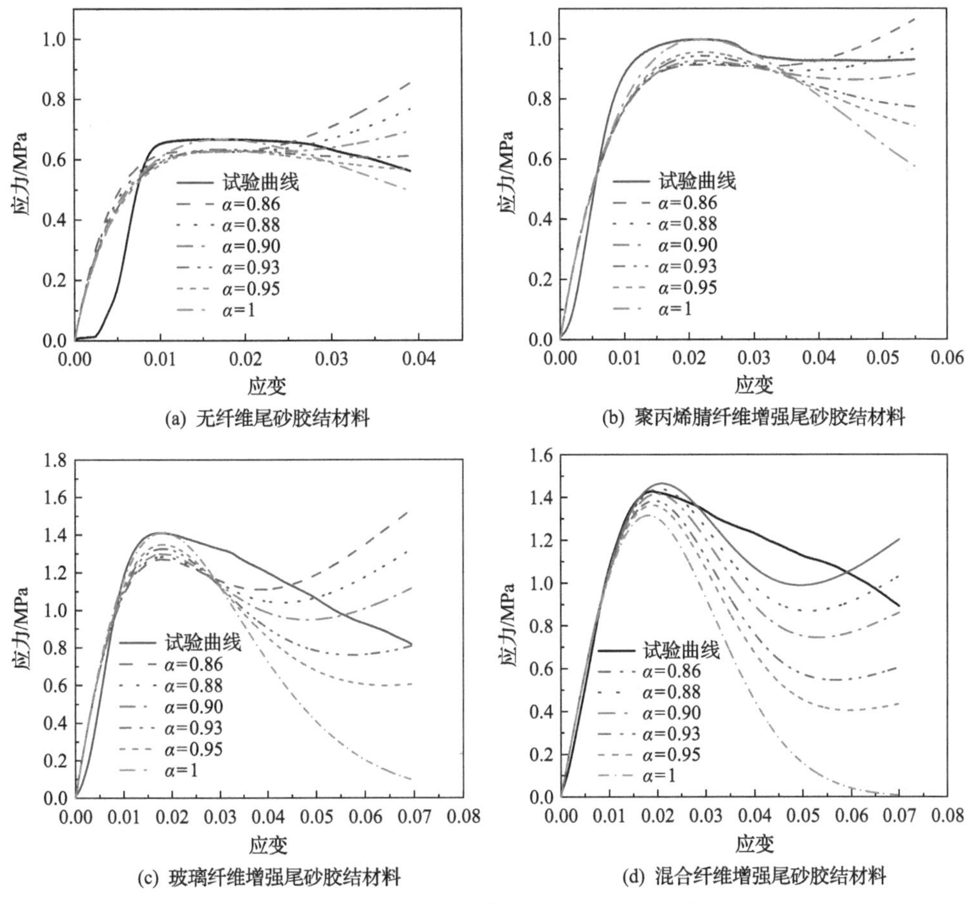

(a) 无纤维尾砂胶结材料　(b) 聚丙烯腈纤维增强尾砂胶结材料

(c) 玻璃纤维增强尾砂胶结材料　(d) 混合纤维增强尾砂胶结材料

图 9-2　单轴压缩试验曲线与理论曲线比较

以混合纤维增强尾砂胶结材料为例，在 m_0=1.38 条件下，混合纤维增强尾砂胶结材料的残余承载力随着修正损伤系数 α 的增加而减小，且 α 越小，残余承载力越大，表现在曲线残余阶段变形末尾“尾巴”翘得高；当修正损伤系数 α=1 时，混合纤维增强尾砂胶结材料残余承载能力近似为 0，不具有残余强度，且与试验所得的应力-应变曲线相差较大。在 α 从 0.86 到 1 的变化范围中，残余强度从 1.2MPa 减少到 0.026MPa，峰值强度从 1.43MPa 减少到 1.411MPa，仅减少了 1.33%；而在线弹性变形阶段未产生显著的变化，说明修正损伤系数 α 主要影响尾砂胶结材料的峰后破坏阶段，对峰值前几乎无影响。

对于不同纤维增强尾砂胶结材料试样，在 m_0 值相同的条件下，图 9-2(a) α = 0.90，图 9-2(b) α =0.86，图 9-2(c) α =0.90，图 9-2(d) α =0.86，由理论推导的损伤本构模型和应力-应变曲线吻合度较高。表明引入修正损伤系数 α 建立的尾砂胶结材料损伤本构模型适用于不同纤维增强尾砂胶结材料损伤本构关系中，此模型对工程设计与分析具有一定的参考价值。

9.2.3　纤维增强尾砂胶结材料损伤发展曲线

图 9-3 是尾砂胶结材料损伤发展曲线，以图 9-3(d)为例，可以看出不同修正损伤系数 α 的混合纤维增强尾砂胶结材料损伤发展趋势相同，均呈近似于 S 形增长。当修正损伤系数 α 从 0.86 增大到 1，损伤发展曲线的整体增长率也逐渐减小，即修正损伤系数 α 越大，尾砂胶结材料整体损伤呈减小的趋势。但整体都是随着应力与应变不断增长，尾砂胶结材料损伤量逐渐缓慢增加最终趋近于 1，即尾砂胶结材料试样基本完全破坏。但图 9-3(a)和图 9-3(b)的整体损伤发展曲线没有表

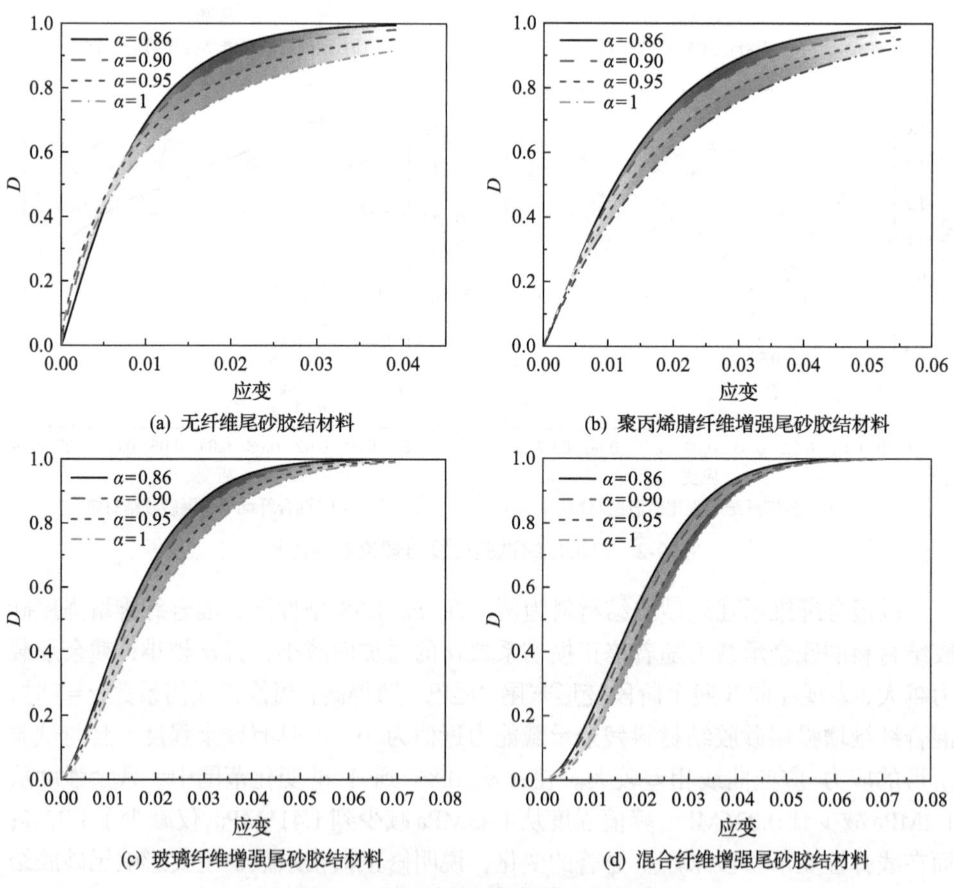

图 9-3　尾砂胶结材料损伤发展曲线

现出 S 形增长，却呈现出抛物线形增加趋势，即它们的损伤在峰值前后都是急剧增加的，直到发生裂纹明显破坏，损伤发展曲线才呈现放缓的趋势[如图 9-3(a)，应变在 0.025 以后这一阶段]，这是因为没有添加纤维或纤维材料的不同，尾砂胶结材料的强度不同。

9.3 声发射累计振铃计数与损伤本构模型的耦合关系

9.3.1 声发射累计振铃计数与应变的耦合关系

在荷载作用下，尾砂胶结材料的破坏不是在短时间内完成的，而是经过内部微裂隙萌生、汇集、扩展和贯通等一系列过程最终形成宏观破裂面完成破坏的。经过上述分析可知，尾砂胶结材料声发射振铃计数与内部结构缺陷的演化有着密切的关系，并随着应力的变化而变化。本试验采用加载系统应变控制和声发射同步监测手段，结合试验结果及前人理论成果，可知在加载过程中，应变和时间的关系为

$$\varepsilon = k_{\varepsilon} t + \varepsilon_0 \tag{9-17}$$

式中：ε 为尾砂胶结材料应变；k_{ε} 为数据拟合斜率；t 为加载过程中的时间；ε_0 为尾砂胶结材料初始应变，可根据试验数据线性拟合得出。

结合声发射累计振铃计数 N 和时间 t 的关系，可以用 S 形增长型函数[玻尔兹曼(Boltzmann)函数]进行表示，即：

$$N = \frac{A_1 - A_2}{1 + \exp\left(\dfrac{t - B_1}{B_2}\right)} + A_2 \tag{9-18}$$

式中，A_1、A_2、B_1 和 B_2 均在拟合曲线时确定。

用式(9-18)对试验结果进行拟合，如图 9-4 所示，无纤维尾砂胶结材料、玻璃纤维增强尾砂胶结材料、聚丙烯腈纤维增强尾砂胶结材料和混合纤维增强尾砂胶结材料的相关系数分别为 0.9958、0.9983、0.9980 和 0.9993，试验结果和拟合曲线拟合程度较高。因此，可以用 S 形曲线表示尾砂胶结材料声发射累计振铃计数随时间的变化规律。

联立式(9-17)和式(9-18)，可得尾砂胶结材料声发射累计振铃计数与应变的耦合关系：

$$N = \frac{A_1 - A_2}{1 + \exp\left(\dfrac{\varepsilon - \varepsilon_0 - k_{\varepsilon} B_1}{k_{\varepsilon} B_2}\right)} + A_2 \tag{9-19}$$

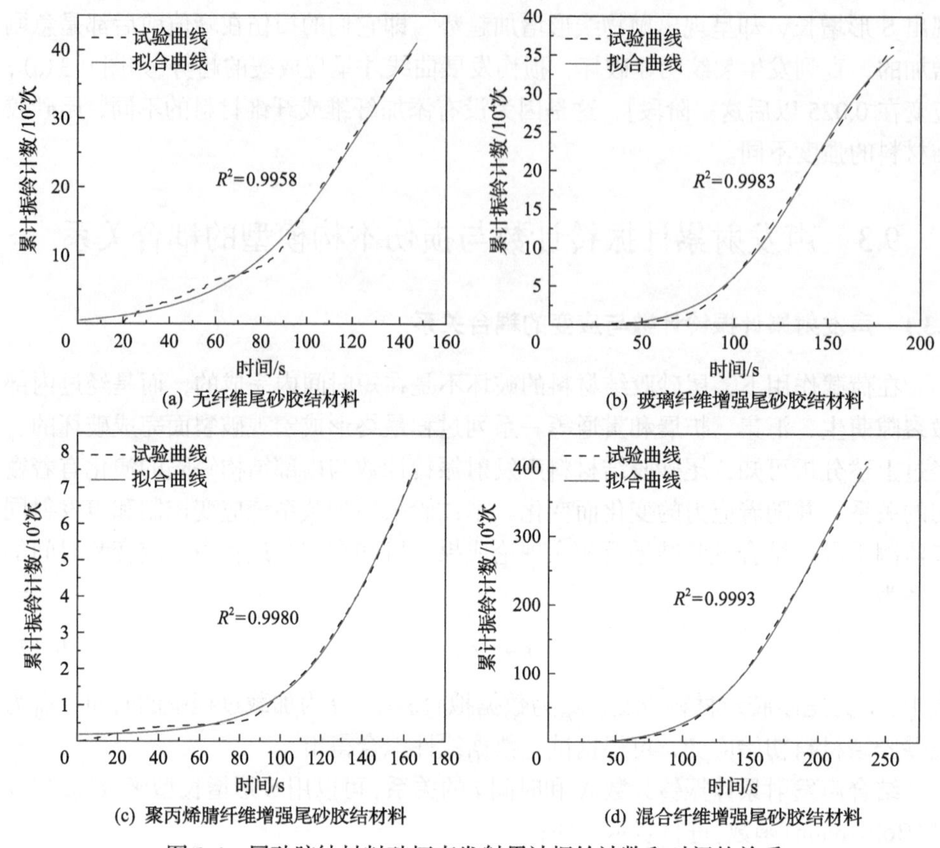

图 9-4　尾砂胶结材料破坏声发射累计振铃计数和时间的关系

9.3.2　声发射累计振铃计数与应力的耦合关系

在 9.1 节和 9.2 节中，可以得到尾砂胶结材料的经典损伤本构方程式(9-5)和由 Weibull 分布统计理论和损伤方程结合推导出来的损伤变量方程式(9-11)，因此，联立式(9-5)和式(9-11)可得基于 Weibull 分布统计理论的尾砂胶结材料一般损伤本构方程为[42]

$$\sigma=E\varepsilon\exp\left[-\left(\frac{\varepsilon}{\lambda_0}\right)^{m_0}\right] \tag{9-20}$$

在式(9-19)的基础上对其进行变换，可得应变的表达式为

$$\varepsilon=k_\varepsilon B_2\ln\left(\frac{A_1-N}{N-A_2}\right)+k_\varepsilon B_1+\varepsilon_0 \tag{9-21}$$

将式(9-21)代入式(9-11)和式(9-20)，整理可得单轴压缩条件下尾砂胶结材料

声发射累计振铃计数 N 与应力 σ 、损伤变量 D 的耦合关系为

$$\sigma = E\varepsilon \exp\left[-\left(\frac{k_\varepsilon B_2 \ln\left(\frac{A_1 - N}{N - A_2}\right) + k_\varepsilon B_1 + \varepsilon_0}{\lambda_0}\right)^{m_0}\right] \tag{9-22}$$

$$D = 1 - \exp\left[-\left(\frac{k_\varepsilon B_2 \ln\left(\frac{A_1 - N}{N - A_2}\right) + k_\varepsilon B_1 + \varepsilon_0}{\lambda_0}\right)^{m_0}\right] \tag{9-23}$$

9.3.3　耦合关系模型验证

为验证上述耦合关系的正确性，结合试验数据，对尾砂胶结材料的应变-时间和声发射累计振铃计数-时间曲线进行拟合，拟合参数见表 9-3。将拟合参数代入所得耦合关系式中，画出尾砂胶结材料的应力-累计振铃计数和损伤变量-累计振铃计数的试验曲线和拟合曲线进行比较分析，如图 9-5 和图 9-6 所示。由图 9-5 和图 9-6 可知，尾砂胶结材料应力和损伤变量与累计振铃计数的试验曲线和拟合曲线有着较高的吻合度。

表 9-3　尾砂胶结材料耦合关系参数

试样	σ_f /MPa	ε_f /10^{-2}	E /MPa	k_ε /10^{-4}	ε_0 /10^{-6}	α	m_0	λ_0	A_1	A_2	B_1	B_2
FFM	0.979	1.69	106.254	2.35755	−3.84517	0.9	1.546	0.019	−20.873	6401.74	129.97	29.11
GFRM	1.023	2.14	94.214	2.35749	−3.5335	0.9	1.421	0.023	−6404.80	405977.20	139.33	24.53
PFRM	1.265	1.41	166.924	2.35738	−2.86077	0.95	1.544	0.017	11652.49	136313.25	160.66	25.21
HFRM	1.041	5.58	74.202	2.35752	3800	1	0.724	0.036	−6968.16	529880.45	194.59	35.36

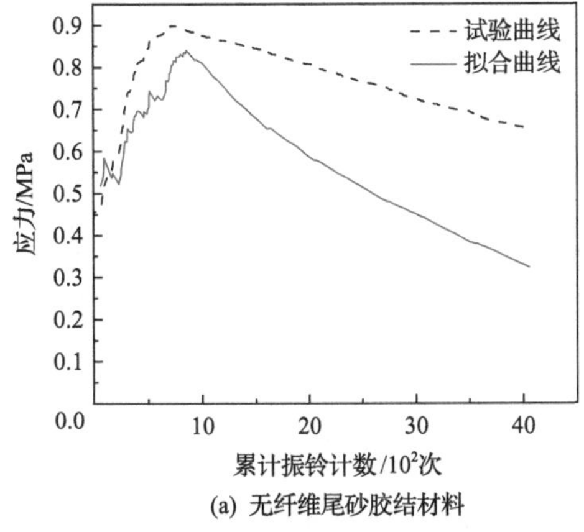

(a) 无纤维尾砂胶结材料

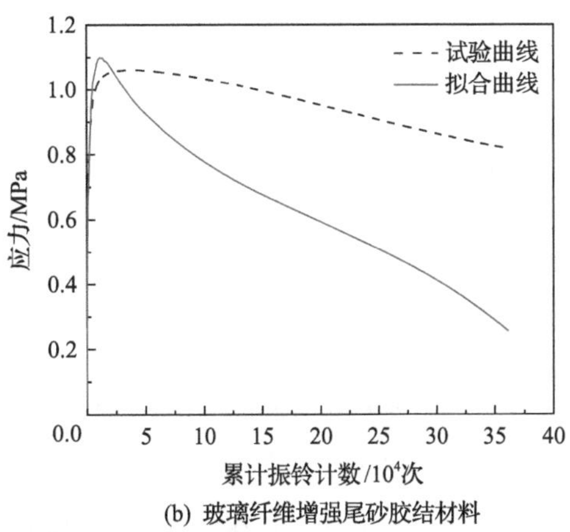

(b) 玻璃纤维增强尾砂胶结材料

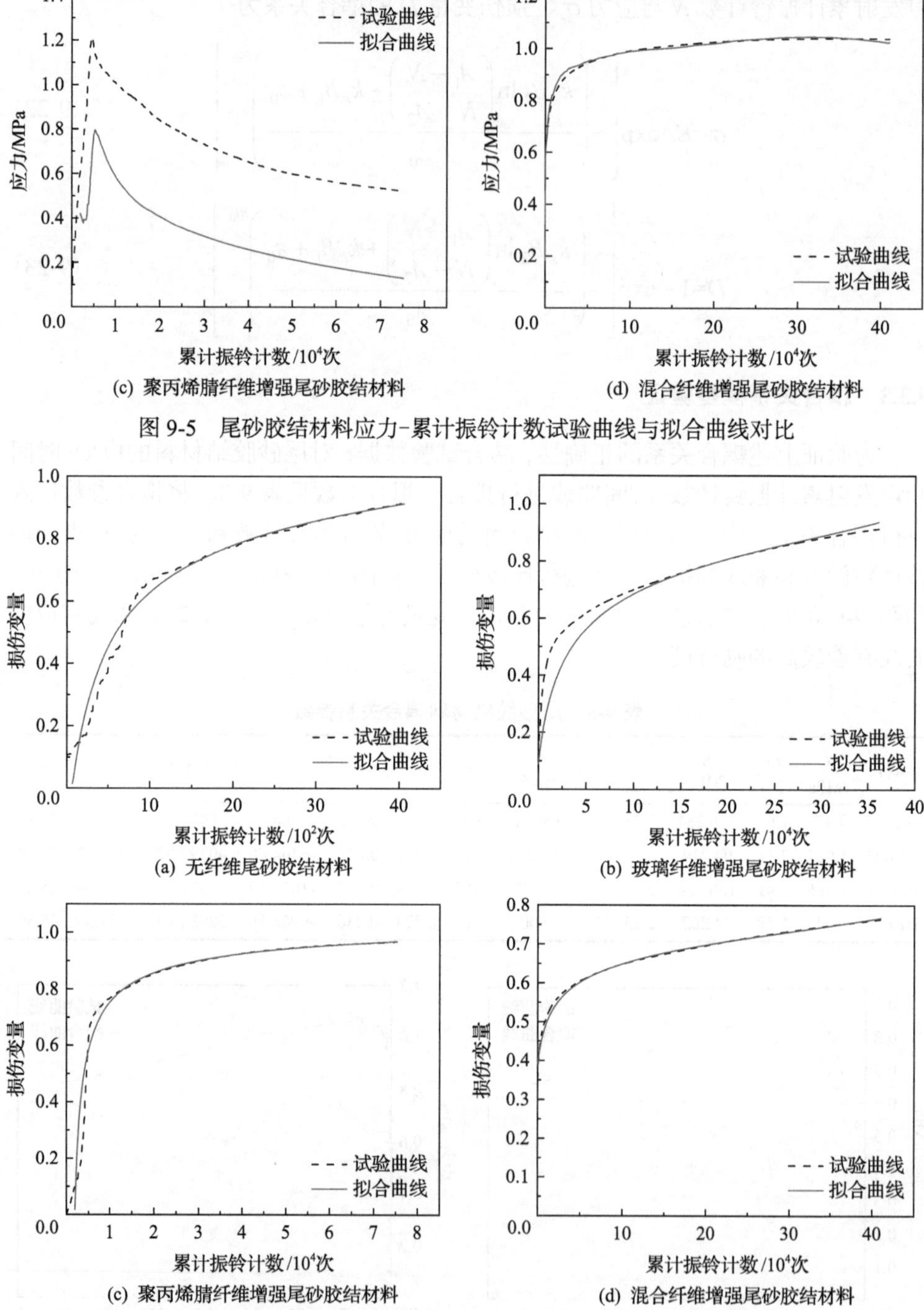

(c) 聚丙烯腈纤维增强尾砂胶结材料　　(d) 混合纤维增强尾砂胶结材料

图 9-5　尾砂胶结材料应力-累计振铃计数试验曲线与拟合曲线对比

(a) 无纤维尾砂胶结材料　　(b) 玻璃纤维增强尾砂胶结材料

(c) 聚丙烯腈纤维增强尾砂胶结材料　　(d) 混合纤维增强尾砂胶结材料

图 9-6　尾砂胶结材料损伤变量-累计振铃计数试验曲线与拟合曲线对比

由图 9-5 可知，混合纤维增强尾砂胶结材料的应力-累计振铃计数试验曲线与拟合曲线吻合度很高，而无纤维尾砂胶结材料和玻璃纤维增强尾砂胶结材料的应力-累计振铃计数试验曲线在应力峰值之前与拟合曲线具有较高的吻合度，在峰后破坏阶段有一定的差异。聚丙烯腈纤维增强尾砂胶结材料的应力-累计振铃计数试验曲线在初始压密阶段与拟合曲线有些许差异。这可能是因为尾砂胶结材料在单轴压缩条件下，在达到屈服极限之前，尾砂胶结材料变形特征包括压密和弹性变形两个阶段。这两个阶段的尾砂胶结材料在受压后产生微裂纹的情况比较稳定，同时声发射活动也比较规律，具备一定的可预测性。但当尾砂胶结材料达到应力极限后，微裂纹的破坏出现了质的变化，声发射活动随机离散性被放大。因此，此时的应力、应变与声发射之间的关系模拟结果与实测情况有一定的差异。由图 9-6 可知，不同纤维增强尾砂胶结材料的损伤变量-累计振铃计数试验曲线与拟合曲线都有较好的一致性。不同纤维增强尾砂胶结材料试样的损伤变量随着声发射活动的增加斜率逐渐减小，这是因为纤维增强尾砂胶结材料试样随着应力的增加，内部的微裂纹萌生、汇集、扩展和贯通形成破坏结构面，在应力达到峰值时出现宏观破坏，所以损伤变量增加的幅度越来越小，最后直至纤维增强尾砂胶结材料试样完全破坏，损伤变量趋于 1。

9.4 声发射累计能量与损伤变量的关系

9.4.1 考虑损伤能量耗散率的修正损伤本构模型

尾砂胶结材料在不同加载条件下，其初始变形始终都是一个非线性过程，对其应力、应变进行拟合，发现应力、应变之间存在一个二次式的关系，假设尾砂胶结材料应力、应变之间存在以下二次非线性关系：

$$\sigma = \left(A_e \varepsilon + B_e \varepsilon^2\right) \tag{9-24}$$

式中：A_e 和 B_e 为材料参数，可以通过尾砂胶结材料应力-应变曲线的非线性拟合得到。

根据热力学第一定律，对于单位体积的材料可以得到以下能量平衡方程：

$$\mathrm{d}U_r = \mathrm{d}U_{re} + \mathrm{d}U_{rd} \tag{9-25}$$

式中：U_r 为外界对单位体积材料所做的功，即总比能；U_{re} 为单位体积材料内储存的弹性能，即弹性比能；U_{rd} 为单位体积材料由于损伤所消耗的能量，即耗散比能。

在不考虑材料破坏后残余应力的条件下，研究的试样可以看作热力学系统，利用等效应力假设，分析试验应力并对其进行非线性拟合，可将含损伤尾砂胶结

材料的应力本构方程表示为

$$\sigma=\left(A_{\mathrm{e}}\varepsilon+B_{\mathrm{e}}\varepsilon^{2}\right)\varphi_{\mathrm{e}}{}^{m_{\mathrm{e}}} \tag{9-26}$$

式中：φ_{e} 为连续损伤因子；m_{e} 为材料参数。

连续损伤因子与损伤变量之间存在以下关系[43]：

$$\varphi_{\mathrm{e}}=1-D^{\frac{1}{n_{\mathrm{e}}}} \tag{9-27}$$

式中：D 为损伤变量；n_{e} 为材料参数。

对于能量平衡方程式(9-25)，单位体积材料的损伤耗散能变化为

$$\mathrm{d}U_{\mathrm{rd}}=\lambda_{\mathrm{e}}\mathrm{d}D \tag{9-28}$$

式中：λ_{e} 为尾砂胶结材料的损伤能量耗散率，在尾砂胶结材料损伤演化过程中为常数。

单位体积材料的外力功变化为

$$\mathrm{d}U_{\mathrm{r}}=\left(A_{\mathrm{e}}\varepsilon+B_{\mathrm{e}}\varepsilon^{2}\right)\varphi_{\mathrm{e}}{}^{m_{\mathrm{e}}}\mathrm{d}\varepsilon \tag{9-29}$$

单位体积材料的弹性比能为

$$U_{\mathrm{re}}=\int_{0}^{\varepsilon}\sigma\mathrm{d}\varepsilon=\left(\frac{1}{2}A_{\mathrm{e}}\varepsilon^{2}+\frac{1}{3}B_{\mathrm{e}}\varepsilon^{3}\right)\varphi_{\mathrm{e}}{}^{m_{\mathrm{e}}} \tag{9-30}$$

单位体积材料的弹性比能变化为

$$\mathrm{d}U_{\mathrm{re}}=\left(A_{\mathrm{e}}\varepsilon+B_{\mathrm{e}}\varepsilon^{2}\right)\varphi_{\mathrm{e}}{}^{m_{\mathrm{e}}}\mathrm{d}\varepsilon+m_{\mathrm{e}}\left(\frac{1}{2}A_{\mathrm{e}}\varepsilon^{2}+\frac{1}{3}B_{\mathrm{e}}\varepsilon^{3}\right)\varphi_{\mathrm{e}}{}^{m_{\mathrm{e}}-1}\mathrm{d}\varphi_{\mathrm{e}} \tag{9-31}$$

将式(9-28)、式(9-29)和式(9-31)代入式(9-25)，可得到损伤应变微分方程：

$$m_{\mathrm{e}}\left(\frac{1}{2}A_{\mathrm{e}}\varepsilon^{2}+\frac{1}{3}B_{\mathrm{e}}\varepsilon^{3}\right)\varphi_{\mathrm{e}}{}^{m_{\mathrm{e}}-1}\mathrm{d}\varphi_{\mathrm{e}}+\lambda_{\mathrm{e}}\mathrm{d}D=\lambda_{\mathrm{e}} \tag{9-32}$$

由式(9-27)和式(9-32)可得

$$m_{\mathrm{e}}\left(\frac{1}{2}A_{\mathrm{e}}\varepsilon^{2}+\frac{1}{3}B_{\mathrm{e}}\varepsilon^{3}\right)\left(1-D^{\frac{1}{n_{\mathrm{e}}}}\right)^{m_{\mathrm{e}}-1}\frac{1}{n_{\mathrm{e}}}D^{\frac{1}{n_{\mathrm{e}}}-1}=\lambda_{\mathrm{e}} \tag{9-33}$$

考虑一种简单情况，即当 m_e=1 时，可得到尾砂胶结材料损伤演化方程和损伤本构方程：

$$D=\left[\frac{1}{n_e\lambda_e}\left(\frac{1}{2}A_e\varepsilon^2+\frac{1}{3}B_e\varepsilon^3\right)\right]^{\frac{n_e}{n_e-1}} \tag{9-34}$$

$$\sigma=\left(A_e\varepsilon+B_e\varepsilon^2\right)\left\{1-\left[\frac{1}{n_e\lambda_e}\left(\frac{1}{2}A_e\varepsilon^2+\frac{1}{3}B_e\varepsilon^3\right)\right]^{\frac{1}{n_e-1}}\right\} \tag{9-35}$$

本次试验研究的是纤维增强尾砂胶结材料，其破坏特征如第 2 章所述，即在达到峰值破坏后并没有完全失去作用，还具有一定的承载力。在应力峰值前后引入修正损伤系数所建立的损伤本构方程，对纤维增强尾砂胶结材料更加适用。故在峰值前引入修正损伤系数 α_e 、峰后引入修正损伤系数 β_e 来修正损伤本构方程，修正后的损伤本构方程为

$$\sigma=\begin{cases}\alpha_e\left(A_e\varepsilon+B_e\varepsilon^2\right)\left\{1-\left[\frac{1}{n_e\lambda_e}\left(\frac{1}{2}A_e\varepsilon^2+\frac{1}{3}B_e\varepsilon^3\right)\right]^{\frac{n_e}{n_e-1}}\right\} & (\sigma<\sigma_f)\\ \left(A_e\varepsilon+B_e\varepsilon^2\right)\left\{1-\left[\frac{1}{n_e\lambda_e}\left(\frac{1}{2}A_e\varepsilon^2+\frac{1}{3}B_e\varepsilon^3\right)\right]^{\frac{1}{n_e-1}}\right\}+\beta_e^{\ 2} & (\sigma>\sigma_f)\end{cases} \tag{9-36}$$

9.4.2 损伤变量与应变的关系曲线

用式(9-36)对试验数据进行拟合，尾砂胶结材料的理论与试验应力-应变曲线的对比图如图 9-7 所示，拟合参数见表 9-4。

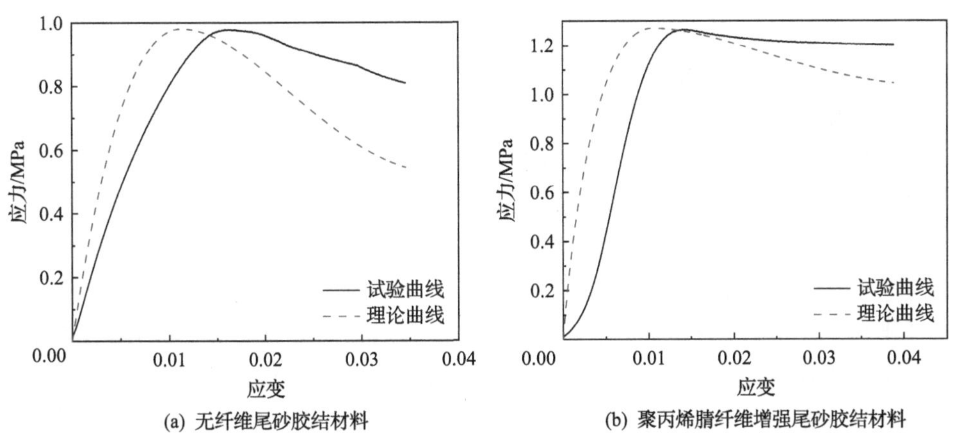

(a) 无纤维尾砂胶结材料 (b) 聚丙烯腈纤维增强尾砂胶结材料

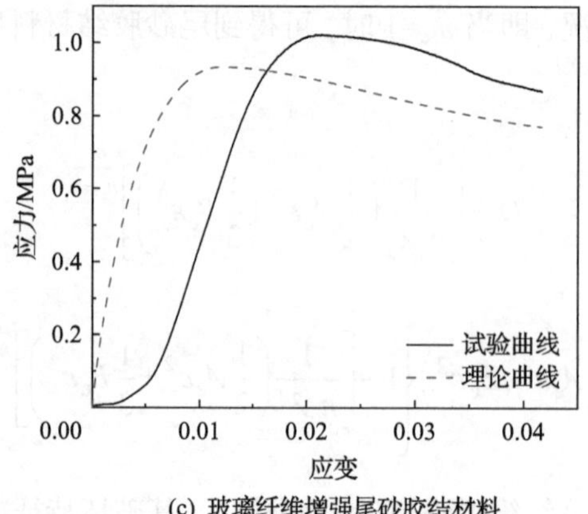

(c) 玻璃纤维增强尾砂胶结材料

图 9-7　尾砂胶结材料应力-应变试验曲线与理论曲线对比

表 9-4　尾砂胶结材料损伤本构方程参数

试样	A_e	B_e	n_e	λ_e	α_e	β_e
FFM	95.2898	–2220.5668	3.0	0.0095	2.13	0.7213
PFRM	109.4041	–2187.8125	8.0	0.0055	5.32	1.0158
GFRM	68.0562	–1153.6700	7.7	0.0045	5.33	0.8709

通过表 9-4 的参数对尾砂胶结材料的损伤变量进行拟合，可以得到如图 9-8 所示的损伤变量与应变的关系曲线。由图 9-8 可知，尾砂胶结材料的损伤可分为 4 个阶段：在初始加载阶段，尾砂胶结材料存在初始微裂隙、裂纹，在压缩过程中裂隙闭合，与此同时，试样产生应变和损伤，但此时的损伤很小，几乎接近于零，即初始损伤阶段；随着试样的继续压缩，初始裂隙闭合，试样中开始萌生新的裂隙、裂纹，此时尾砂胶结材料的损伤均小幅度增加，损伤平稳且缓慢增加，即损伤稳定发展阶段；当压缩达到一定程度时，试样中产生的新裂纹开始汇聚、贯通和扩展，应力达到峰值，尾砂胶结材料达到了极限抗压强度，且损伤变量的斜率均大幅度增大，损伤速率加快，即损伤快速发展阶段；由第 2 章所述，尾砂胶结材料在达到应力峰值后并不会完全破坏，还具有一定的承载能力，尾砂胶结材料内的裂纹快速发育形成宏观主裂纹，最终产生宏观破坏，此时，损伤变量的斜率达到最大值，损伤变量快速增加并逐渐趋近于 1，试样产生失稳破坏，此时为尾砂胶结材料的损伤失稳破坏点，即损伤破坏后阶段。值得注意的是，从损伤快速发展阶段开始，无纤维尾砂胶结材料的斜率最大，玻璃纤维增强尾砂胶结材料的斜率最小，这说明从该阶段开始无纤维尾砂胶结材料内部的损伤开始激增，并在相对短的时间内产生宏观破坏，而纤维增强尾砂胶结材料的损伤增加相对较慢，在一段时间后才逐渐趋近于 1，产生失稳破坏。

这是由于纤维的加入在一定程度上填充了尾砂胶结材料内部的初始微裂隙和裂纹，同时，纤维的阻裂效应和桥接作用能在一定程度上提高尾砂胶结材料的抗拉强度，阻止尾砂胶结材料内部缺陷的扩展，并延缓新裂隙的产生，从而提高了尾砂胶结材料抵抗变形的能力和韧性。这与第 4 章由声发射参数推导的损伤变量所得的结论有较好的一致性。

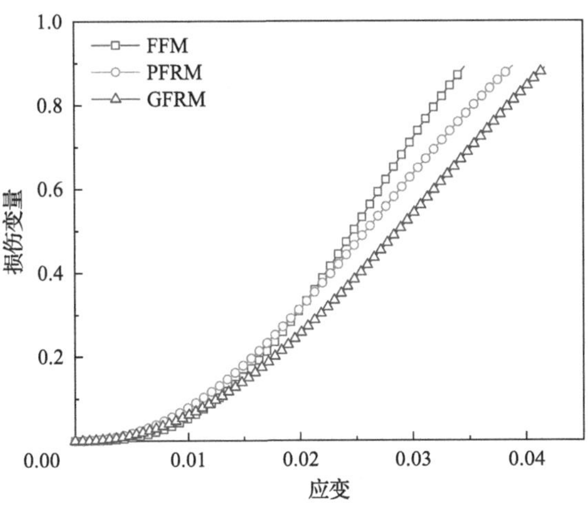

图 9-8 损伤变量与应变的关系曲线

9.4.3 声发射累计能量与损伤变量的关系曲线

通过试验所得的应变与声发射累计能量之间的关系和理论推导的应变与损伤变量之间的关系可以得到损伤变量和声发射累计能量之间的关系，如图 9-9 所示。通过对声发射累计能量和损伤变量关系曲线进行拟合，发现声发射累计能量和损伤变量之间存在指数函数关系，如图 9-9 所示。

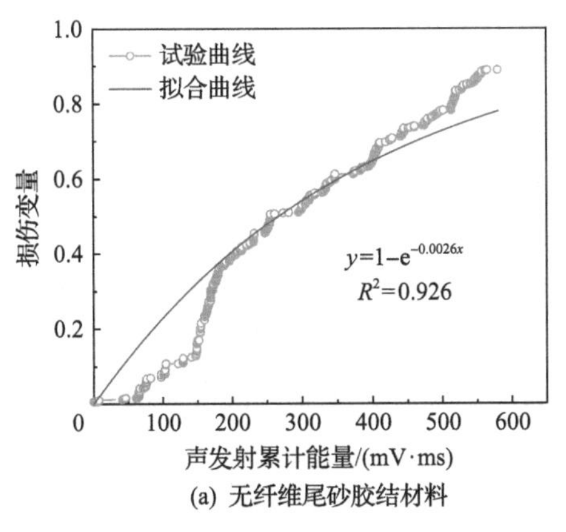

(a) 无纤维尾砂胶结材料

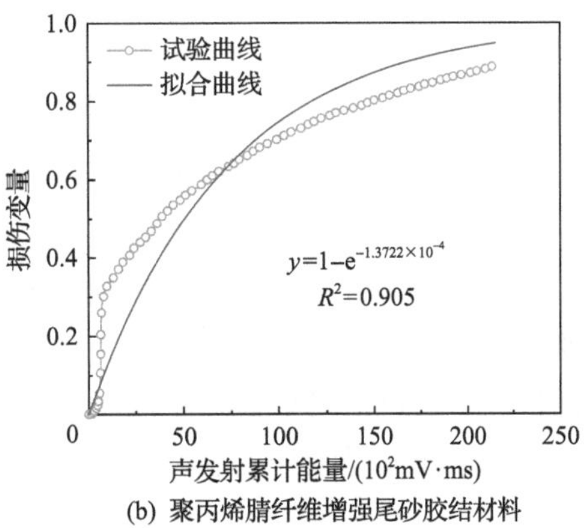

(b) 聚丙烯腈纤维增强尾砂胶结材料

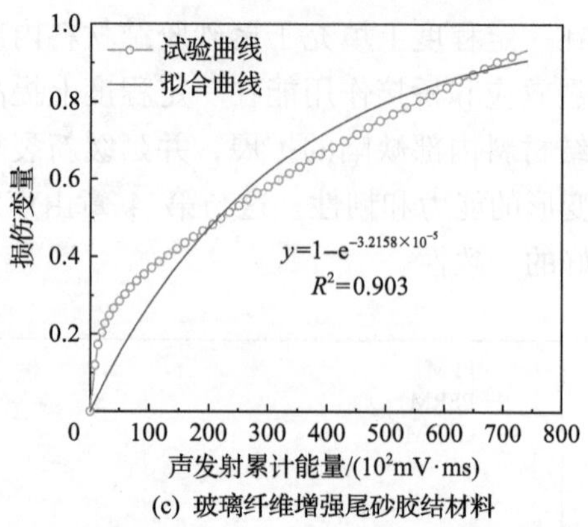

(c) 玻璃纤维增强尾砂胶结材料

图 9-9　尾砂胶结材料声发射累计能量与损伤变量的关系曲线

尾砂胶结材料声发射累计能量与损伤变量之间的函数关系可以表示为

$$D = 1 - \exp\left(-A_{\mathrm{es}} E_{\mathrm{s}}\right) \tag{9-37}$$

式中：E_{s}为声发射累计能量；A_{es}为常数。

将式(9-37)代入式(9-34)、式(9-36)，最终得到声发射累计能量和应力、应变的关系式：

$$E_{\mathrm{s}} = -\frac{1}{A_{\mathrm{es}}}\left(\ln\left(\left[\frac{1}{n_{\mathrm{e}}\lambda_{\mathrm{e}}}\left(\frac{1}{2}A_{\mathrm{e}}\varepsilon^2+\frac{1}{3}B_{\mathrm{e}}\varepsilon^3\right)\right]^{\frac{n_{\mathrm{e}}}{n_{\mathrm{e}}-1}}-1\right)\right) \tag{9-38}$$

$$\sigma = \begin{cases} \alpha_{\mathrm{e}}\left(A_{\mathrm{e}}\varepsilon + B_{\mathrm{e}}\varepsilon^2\right)\left\{\exp\left(-A_{\mathrm{es}}E_{\mathrm{s}}\right)^{\frac{1}{n_{\mathrm{e}}}}\right\} & (\sigma < \sigma_{\mathrm{f}}) \\ \left(A_{\mathrm{e}}\varepsilon + B_{\mathrm{e}}\varepsilon^2\right)\left\{\exp\left(-A_{\mathrm{es}}E_{\mathrm{s}}\right)^{\frac{1}{n_{\mathrm{e}}}}\right\}+\beta_{\mathrm{e}}^2 & (\sigma > \sigma_{\mathrm{f}}) \end{cases}$$

根据上述推导得到的声发射累计能量与应变之间的关系式(9-38)绘制理论曲线，并结合试验数据绘制试验曲线，如图 9-10 所示。

由图 9-10 可知，通过理论得到的尾砂胶结材料的声发射累计能量与应变的理论曲线与试验曲线有较好的一致性，这可以说明上述的理论假设是合理和可行的，从而进一步通过声发射检测手段研究不同纤维增强尾砂胶结材料损伤演化规律，为矿山开采作业提供一定的参考。

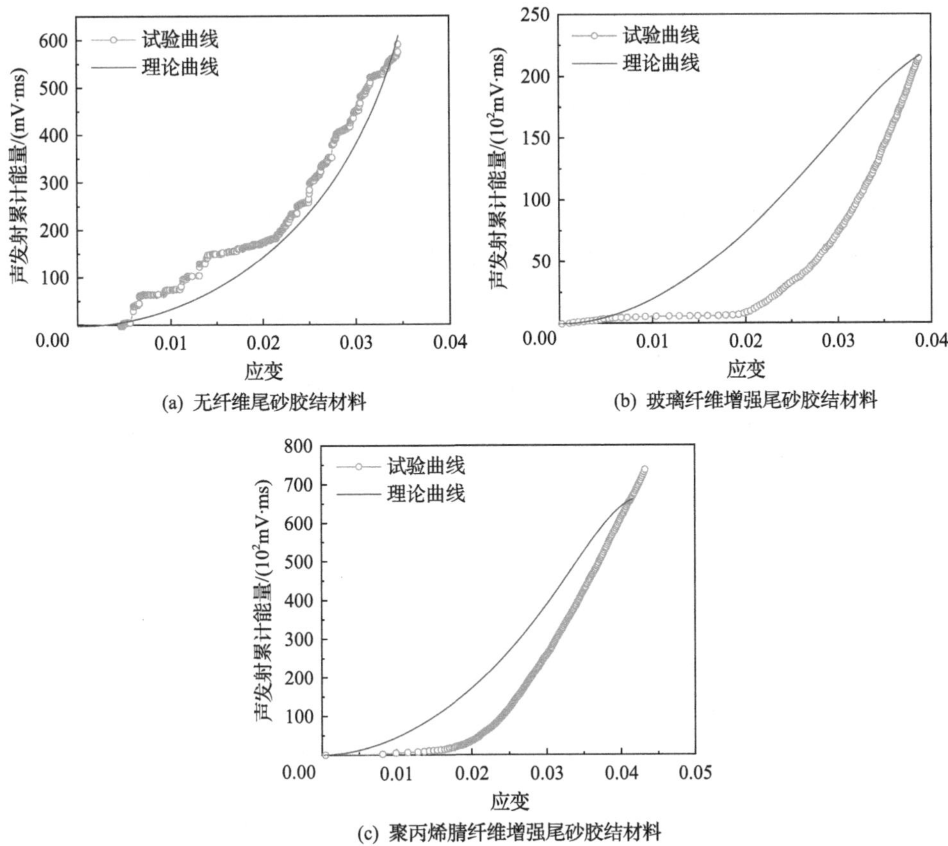

(a) 无纤维尾砂胶结材料

(b) 玻璃纤维增强尾砂胶结材料

(c) 聚丙烯腈纤维增强尾砂胶结材料

图 9-10 尾砂胶结材料声发射累计能量与应变的理论曲线与试验曲线对比

参 考 文 献

[1] 蔡美峰, 薛鼎龙, 任奋华. 金属矿深部开采现状与发展战略[J]. 工程科学学报, 2019, 41(4): 417-426.

[2] Qi C C, Fourie A. Cemented paste backfill for mineral tailings management: review and future perspectives[J]. Minerals Engineering, 2019, 144: 106025.

[3] Argane R, Benzaazoua M, Hakkou R, et al. Reuse of base-metal tailings as aggregates for rendering mortars: assessment of immobilization performances and environmental behavior[J]. Construction and Building Materials, 2015, 96: 296-306.

[4] 谢和平. 深部岩体力学与开采理论研究进展[J]. 煤炭学报, 2019(5): 1283-1305.

[5] Ngô V T M, Nadeau S, Hallé S. Validation of ergonomic criteria of a cooling vest for deep and ultra-deep mining[J]. International Journal of Industrial Ergonomics, 2020, 78: 102980.

[6] Assi L, Soltangharaei V, Anay R, et al. Unsupervised and supervised pattern recognition of acoustic emission signals during early hydration of Portland cement paste[J]. Cement and Concrete Research, 2018, 103: 216-225.

[7] Liu L, Xin J, Qi C, et al. Experimental investigation of mechanical, hydration, microstructure and electrical properties of cemented paste backfill[J]. Construction and Building Materials, 2020, 263: 120137.

[8] Araya N, Kraslawski A, Cisternas L A. Towards mine tailings valorization: recovery of critical materials from Chilean mine tailings[J]. Journal of Cleaner Production, 2020, 263: 121555.

[9] Liu B, Gao Y T, Jin A B, et al. Influence of water loss on mechanical properties of superfine tailing-blast-furnace slag backfill[J]. Construction and Building Materials, 2020, 246: 118482.

[10] Guo Z, Qiu J, Jiang H, et al. Flowability of ultrafine-tailings cemented paste backfill incorporating superplasticizer: insight from water film thickness theory[J]. Powder Technology, 2021, 381: 509-517.

[11] Xue Z, Gan D, Zhang Y, et al. Rheological behavior of ultrafine-tailings cemented paste backfill in high-temperature mining conditions[J]. Construction and Building Materials, 2020, 253: 119212.

[12] Kwan A K H, Chu S H. Direct tension behaviour of steel fibre reinforced concrete measured by a new test method[J]. Engineering Structures, 2018, 176: 324-336.

[13] Cristelo N, Cunha V M C F, Dias M, et al. Influence of discrete fibre reinforcement on the uniaxial compression response and seismic wave velocity of a cement-stabilised sandy-clay[J]. Geotextiles and Geomembranes, 2015, 43(1): 1-13.

[14] Mangane M B C, Argane R, Trauchessec R, et al. Influence of superplasticizers on mechanical properties and workability of cemented paste backfill[J]. Minerals Engineering, 2018, 116: 3-14.

[15] 王明旭. 胶结充填体与围岩复合体的力学特性[J]. 煤炭学报, 2019, 93: 101-109.

[16] Nasharuddin R, Luo G, Robinson N, et al. Understanding the microstructural evolution of hypersaline cemented paste backfill with low-field NMR relaxation[J]. Cement and Concrete Research, 2021, 147: 106516.

[17] 赵康, 朱胜唐, 周科平, 等. 不同配比及浓度条件下钽铌矿尾砂胶结充填体力学性能研究[J]. 应用基础与工程科学学报 2019, 36(2): 413-419.

[18] Qin J, Zheng J, Li L. Experimental study of the shrinkage behavior of cemented paste backfill[J]. Journal of Rock Mechanics and Geotechnical Engineering, 2021, 13(3): 545-554.

[19] 程爱平, 董福松, 张玉山, 等. 单轴压缩胶结充填体裂纹扩展及汇集模式[J]. 中国矿业大学学报, 2021, 50(1): 50-59.

[20] Zhao K, Yu X, Zhu S T, et al. Acoustic emission fractal characteristics and mechanical damage mechanism of cemented paste backfill prepared with tantalum niobium mine tailings[J]. Construction and Building Materials, 2020, 258: 119720.

[21] Zhou Y, Yu X, Guo Z Q, et al. On acoustic emission characteristics, initiation crack intensity, and damage evolution of cement-paste backfill under uniaxial compression[J]. Construction and Building Materials, 2020, 269: 121261.

[22] Zhou Y, Yan Y J, Zhao K, et al. Study of the effect of loading modes on the acoustic emission fractal and damage characteristics of cemented paste backfill[J]. Construction and Building Materials, 2021, 277(11): 122311.

[23] He Z W, Zhao K, Yan Y J, et al. Mechanical response and acoustic emission characteristics of cement paste backfill and rock combination[J]. Construction and Building Materials, 2021, 288(1): 123119.

[24] Consoli N C, Nierwinski H P, Da Silva A P, et al. Durability and strength of fiber-reinforced compacted gold tailings-cement blends[J]. Geotextiles and Geomembranes, 2017, 45(2): 98-102.

[25] Festugato L, Menger E, Benezra F, et al. Fibre-reinforced cemented soils compressive and tensile strength assessment as a function of filament length[J]. Geotextiles & Geomembranes, 2017, 45(1): 77-82.

[26] Cristelo N, Cunha V, Gomes A T, et al. Influence of fibre reinforcement on the post-cracking behaviour of a cement-stabilised sandy-clay subjected to indirect tensile stress[J]. Construction and Building Materials, 2017, 138(1): 163-173

[27] Dashti J, Nematzadeh M. Compressive and direct tensile behavior of concrete containing Forta-Ferro fiber and

calcium aluminate cement subjected to sulfuric acid attack with optimized design[J]. Construction and Building Materials, 2020, 253(6): 118999.

[28] Xu W, Li Q, Zhang Y. Influence of temperature on compressive strength, microstructure properties and failure pattern of fiber-reinforced cemented tailings backfill[J]. Construction and Building Materials, 2019, 222: 776-785.

[29] Chen X, Shi X, Zhou J, et al. Compressive behavior and microstructural properties of tailings polypropylene fibre-reinforced cemented paste backfill[J]. Construction and Building Materials, 2018, 190: 211-221.

[30] Yu Z, Shi X Z, Chen X, et al. Artificial intelligence model for studying unconfined compressive performance of fiber-reinforced cemented paste backfill[J]. Transactions of Nonferrous Metals Society of China, 2021, 31(4): 1087-1102.

[31] Xue G, Yilmaz E, Song W, et al. Fiber length effect on strength properties of polypropylene fiber reinforced cemented tailings backfill specimens with different sizes[J]. Construction and Building Materials, 2020, 241: 118113.

[32] Zhou N, Du E, Zhang J, et al. Mechanical properties improvement of Sand-Based cemented backfill body by adding glass fibers of different lengths and ratios[J]. Construction and Building Materials, 2021, 280(1): 122408.

[33] Kachanov L M. Time rupture process under creep conditions[J]. Izvestia Akademii Nauk SSSR, Otdelenie Tekhnicheskich Nauk, 1958, 8: 26-31.

[34] Rabotnov Y N. On the equations of state for creep[J]. Progress in Applied Mechanics. 1963, 178(3): 307-315.

[35] Lemaitre J. A continuous damage mechanics model for ductile fracture[J]. Journal of Engineering Materials & Technology, 1985, 107(1): 83-89.

[36] Krajcinovic D, Fonseka G U. Cont inuum damage theory of brittle materials, Part 1: general theory[J]. Journal of Applied Mechanics. 1981, 48(4): 809-824.

[37] Sidoroff F. Discription of anisotropic damage application to elasticity[R]. IUTAM Colloquium, Physic Nonlinearities in Structural Analysis, 1981.

[38] Loland K E. Continuous damage model for load-response estimation of concrete[J]. Cement and Concrete Research, 1980, 10(3): 395-402.

[39] Mazars J. Application de la mécanique de l'endommagement au comportement non linéaire et à la rupture du béton de structure[D].Paris: Université Paris VI, 1984.

[40] Mazars J, Gilles P-C. Continuum damage theory-application to concrete[J]. Journal of Engineering Mechanics, 1989, 115(2): 345-365.

[41] 刘志祥, 刘青灵, 党文刚. 尾砂胶结充填体损伤软-硬化本构模型[J]. 山东科技大学学报(自然科学版), 2012, 31(2): 36-41.

[42] 赵康, 宋宇峰, 于祥, 等. 不同纤维作用下尾砂胶结充填体早期力学特性及损伤本构模型研究[J]. 岩石力学与工程学报, 2022, 41(2): 282-291.

[43] 秦跃平. 岩石损伤力学模型及其本构方程的探讨[J]. 岩石力学与工程学报, 2001, 20(4): 560-562.

10 不同灰砂比尾砂胶结材料损伤特征及模型

近几十年来，浅部矿产资源逐渐枯竭，采矿活动逐步向深部发展，引起了大量的安全生产问题，如采空区坍塌和深部开采岩爆，以及一些生态环境问题，如固废(尾砂、废石)污染地下水环境和占用耕地。为了合理有效地解决这些问题，越来越多的矿山企业重视尾矿资源化利用，将选矿产生的固废料与胶结材料(水泥)结合，制成尾砂胶结材料，不仅可以控制尾砂堆积，还能降低生态环境污染。尾砂胶结材料作为地下工程的支撑材料，其力学损伤性能受到了学者的广泛关注。此外，充分认识尾砂胶结材料的强度性能对工程安全生产具有重要意义，因此，矿业科技工作者为了合理设计尾砂胶结材料的配比情况，对尾砂胶结材料的损伤性能及其损伤模型开展了大量的探索研究。

许多学者在单轴压缩试验的基础上建立了尾砂胶结材料的损伤演化及本构模型，为尾砂胶结材料领域的研究提供了丰富的力学理论参考。在损伤演化规律方面，赵康等[1,2]研究了不同质量分数的尾砂胶结材料的损伤演化规律，从能量角度研究了不同加载速率下尾砂胶结材料的破坏演化特征；程爱平等[3]分析了尾砂胶结材料-围岩组合体在荷载作用下的损伤演化特征；Zhou 等[4]通过利用声发射参数建立的损伤演化模型研究了不同应力状态下尾砂胶结材料在变形破坏过程中的损伤变化规律。在损伤模型方面，Yu 等[5]构建了考虑单轴压缩时损伤传递应力情况下的损伤演化本构方程；Gao 等[6]和邓代强等[7]在损伤力学的基础上提出了不同灰砂比下尾砂胶结材料的损伤本构方程并进行了验证；Wang 等[8]构建了考虑不同结构特征条件下尾砂胶结材料的损伤本构方程。尾砂资源化的成功应用不仅基于尾砂胶结材料的安全性和稳定性，还取决于尾砂胶结材料合理的经济效益。在稳定性方面，尾砂胶结材料的灰砂比越高，强度越高，但由此带来的水泥成本也大大增加。因此，为了合理控制成本，有必要在不同的工程应用中采用不同配比的尾砂胶结材料。尾砂胶结材料可以定义为以尾砂为骨料的多相复合非均质材料，不同配比的多相复合材料具有不同的力学损伤性能，因此有必要深入研究不同灰砂比的尾砂胶结材料在轴向应力作用下的损伤演化规律。

因此，为了建立更准确的尾砂胶结材料单轴压缩下的损伤模型，对料浆浓度为 68%条件下不同灰砂比(1：6、1：8 和 1：10)的 FFM 和 GFRM 试样进行研究。通过对不同灰砂比的尾砂胶结材料单轴压缩破坏过程进行声发射监测，获得尾砂胶结材料的应力-应变曲线和声发射参数。基于 Weibull 分布理论和应变等效假说，建立以弹性变形阶段与塑性变形阶段交界点为分段点的修正损伤模型，并以时间为中间变量建立声发射参数与损伤模型的耦合关系。将建立的理论模型与试验数据进行分析，验证损伤模型的可靠性，并对其模型参数进行详细讨论。

10.1 不同灰砂比尾砂胶结材料损伤模型建立

10.1.1 传统损伤本构模型推导

在外部荷载作用下，尾砂胶结材料内部产生由微元体变形破坏而引起的损伤，视其损伤服从 Weibull 分布，概率密度函数如下：

$$P(F)=\frac{m}{F_0}\left(\frac{F}{F_0}\right)^{m-1}\exp\left[-\left(\frac{F}{F_0}\right)^{m}\right] \tag{10-1}$$

式中：m 、F_0 为 Weibull 分布参数；F 为分布变量，本节以应变 ε 为变量。

通过损伤力学来表征尾砂胶结材料内部损伤演化，引入式(9-1)的损伤变量。设当尾砂胶结材料试样应变增加 $\mathrm{d}\varepsilon$ 时，相应的损伤破坏截面增量增加 $\mathrm{d}A$ ，则新的增量损伤可表示为

$$P(\varepsilon)\mathrm{d}\varepsilon=\frac{\mathrm{d}A}{A_0} \tag{10-2}$$

尾砂胶结材料试样的整个损伤破坏截面在单轴压缩过程中产生的新损伤可以通过积分式(10-2)的两端来获得，如下：

$$\int_0^{\varepsilon}P(x)\mathrm{d}x=\frac{1}{A_0}\int\mathrm{d}A \tag{10-3}$$

因此，根据式(10-3)可得出尾砂胶结材料试样在单轴压缩过程中基于应变统计分布的损伤演化模型为

$$D=1-\exp\left[-\left(\frac{\varepsilon}{F_0}\right)^{m}\right] \tag{10-4}$$

再联立式(9-5)和式(10-4)，就可以得出尾砂胶结材料试样在单轴压缩过程中基于应变统计分布的损伤本构模型为

$$\sigma = E\varepsilon(1-D) = E\varepsilon \exp\left[-\left(\frac{\varepsilon}{F_0}\right)^m\right] \tag{10-5}$$

由尾砂胶结材料试样的应力-应变曲线可知边界条件为

$$\begin{cases} \sigma|_{\varepsilon=0} = 0 \\ \sigma|_{\varepsilon=\varepsilon_{\mathrm{f}}} = \sigma_{\mathrm{f}} \\ \left.\dfrac{\mathrm{d}\sigma}{\mathrm{d}\varepsilon}\right|_{\varepsilon=\varepsilon_{\mathrm{f}}} = 0 \\ \left.\dfrac{\mathrm{d}\sigma}{\mathrm{d}\varepsilon}\right|_{D=0} = E \end{cases} \tag{10-6}$$

式中：σ_{f} 为尾砂胶结材料试样的应力峰值；ε_{f} 为尾砂胶结材料试样的应力峰值对应的应变。

联立边界条件式(10-6)和损伤本构模型式(10-4)，整理可得

$$\begin{cases} E\varepsilon_{\mathrm{f}} \exp\left[-\left(\dfrac{\varepsilon_{\mathrm{f}}}{F_0}\right)^m\right] = \sigma_{\mathrm{f}} \\ E\exp\left[-\left(\dfrac{\varepsilon_{\mathrm{f}}}{F_0}\right)^m\right]\left[1-m\left(\dfrac{\varepsilon_{\mathrm{f}}}{F_0}\right)^m\right] = 0 \end{cases} \tag{10-7}$$

解得参数 m 和 F_0 为

$$\begin{cases} m = \dfrac{1}{\ln\left(E\varepsilon_{\mathrm{f}} / \sigma_{\mathrm{f}}\right)} \\ F_0 = \dfrac{\varepsilon_{\mathrm{f}}}{(1/m)^{1/m}} \end{cases} \tag{10-8}$$

但是，在试验加载结束后，尾砂胶结材料试样仍具有一定的峰后承载能力。式(10-5)的损伤本构模型并不能很好地模拟尾砂胶结材料试样应力峰值后的破坏过程，理论应力-应变曲线与试验应力-应变曲线吻合度并不高。因此，引入修正损伤系数 α 来表征尾砂胶结材料试样的峰后承载能力，在式(10-5)的基础上，引入修正损伤系数 α，可得

$$\sigma=E\varepsilon(1-\alpha D) \tag{10-9}$$

式中：α 为修正损伤系数，且 $0<\alpha\leqslant 1$。

同理，根据 Weibull 分布概率密度函数，得出尾砂胶结材料试样的损伤演化模型同式(10-4)，联立式(10-5)和式(10-9)可得传统损伤本构模型为

$$\sigma = E\varepsilon\left(1-\alpha\left\{1-\exp\left[-\left(\frac{\varepsilon}{F_0'}\right)^{m'}\right]\right\}\right) \tag{10-10}$$

式中：参数 m'、F_0' 同前文参数 m、F_0。

联立边界条件式(10-6)和损伤本构方程式(10-10)，整理可得

$$\begin{cases} E\varepsilon_{\mathrm{f}}\left\{1-\alpha+\alpha\exp\left[-\left(\dfrac{\varepsilon_{\mathrm{f}}}{F_0'}\right)^{m'}\right]\right\}=\sigma_{\mathrm{f}} \\ E\left\{1-\alpha+\alpha\exp\left[-\left(\dfrac{\varepsilon_{\mathrm{f}}}{F_0'}\right)^{m'}\right]\right\}-\mathrm{n}\alpha E\exp\left[-\left(\dfrac{\varepsilon_{\mathrm{f}}}{F_0'}\right)^{m'}\right]\left(\dfrac{\varepsilon_{\mathrm{f}}}{F_0'}\right)^{m'}=0 \end{cases} \tag{10-11}$$

为方便运算，可令常数 $a=\dfrac{\sigma_{\mathrm{f}}}{E\varepsilon_{\mathrm{f}}}$，进而令 $b=\dfrac{a}{a+\alpha-1}$ 可得出参数 m' 和 F_0' 为

$$\begin{cases} m'=\dfrac{b}{\ln\alpha-\ln(a+\alpha-1)} \\ F_0'=\dfrac{\varepsilon_{\mathrm{f}}}{\exp\left\{\dfrac{\ln[\ln\alpha-\ln(a+\alpha-1)]}{m'}\right\}} \end{cases} \tag{10-12}$$

结合式(10-10)和式(10-12)，求出不同修正损伤系数下 Weibull 分布参数 m' 和 F_0'，并得到尾砂胶结材料试样在单轴压缩条件下的传统损伤演化及本构模型。

10.1.2　传统损伤本构模型修正

由式(10-10)和式(10-12)得出不同灰砂比条件下尾砂胶结材料试样的传统损伤本构模型曲线，发现部分尾砂胶结材料试样在塑性变形阶段前的理论应力-应变曲线与试验应力-应变曲线的吻合度并不高，主要原因是忽略了尾砂胶结材料试样的初始压密阶段。在初始压密阶段，尾砂胶结材料试样在荷载作用下只是内部孔隙发生变化，内部结构得到压密，材料基本上没有遭到破坏，因此在该阶段没有

损伤产生[9]。同时，在弹性变形阶段，尾砂胶结材料通常呈弹性性质，结构并无大的改变。所以，尾砂胶结材料的损伤并不是一开始就产生，只有当尾砂胶结材料所受应力或变形达到一定程度时才会产生损伤，而这个损伤阈值点应该是弹性极限点 σ_{cd} [10-12]。为解决传统损伤本构模型曲线在塑性变形阶段前吻合度不高的问题，故考虑建立以弹性变形阶段与塑性变形阶段交界点(弹性极限点 σ_{cd})为分段点的修正损伤本构模型，以期能够较好地描述不同灰砂比尾砂胶结材料的应力-应变曲线特征。

10.1.2.1 弹性极限点 σ_{cd} 前

假设在弹性极限点 σ_{cd} 前，损伤变量 $D=0$，同时，引入压密因子 D_{n} 来替代损伤变量 D。根据式(10-9)和式(10-10)可得出尾砂胶结材料试样弹性极限点 σ_{cd} 前的损伤本构模型为

$$D_{\mathrm{n}}=1-\exp\left[-\left(\frac{\varepsilon}{F_1}\right)^n\right] \tag{10-13}$$

$$\sigma=E\varepsilon\left\{1-\beta+\beta\exp\left[-\left(\frac{\varepsilon}{F_1}\right)^n\right]\right\} \tag{10-14}$$

式中：参数 n、F_1 和 β 同前文参数 m'、F_0' 和 α。

由尾砂胶结材料试样弹性极限点 σ_{cd} 前的应力-应变曲线可知边界条件为

$$\begin{cases}\sigma\big|_{\varepsilon=0}=0\\ \sigma\big|_{\varepsilon=\varepsilon_{\mathrm{cd}}}=\sigma_{\mathrm{cd}}\\ \left.\dfrac{\mathrm{d}\sigma}{\mathrm{d}\varepsilon}\right|_{\varepsilon=\varepsilon_{\mathrm{cd}}}=E\\ \left.\dfrac{\mathrm{d}\sigma}{\mathrm{d}\varepsilon}\right|_{D=0}=E\end{cases} \tag{10-15}$$

联立边界条件式(10-15)和损伤本构模型式(10-14)，整理可得

$$\begin{cases}E\varepsilon_{\mathrm{cd}}\left\{1-\beta+\beta\exp\left[-\left(\dfrac{\varepsilon_{\mathrm{cd}}}{F_1}\right)^n\right]\right\}=\sigma_{\mathrm{cd}}\\ E\left\{1-\beta+\beta\exp\left[-\left(\dfrac{\varepsilon_{\mathrm{cd}}}{F_1}\right)^n\right]\right\}-n\beta E\exp\left[-\left(\dfrac{\varepsilon_{\mathrm{cd}}}{F_1}\right)^n\right]\left(\dfrac{\varepsilon_{\mathrm{cd}}}{F_1}\right)^n=E\end{cases} \tag{10-16}$$

为方便运算，可令常数 $q=\dfrac{\sigma_{\rm cd}}{E\varepsilon_{\rm cd}}$，进而令 $h=\dfrac{q}{q+\beta-1}$ 可得出参数 n 和 F_1 为

$$\begin{cases} n=\dfrac{h-1/(q+\beta-1)}{\ln\beta-\ln(q+\beta-1)} \\ F_1=\dfrac{\varepsilon_{\rm cd}}{\exp\left\{\dfrac{\ln\left[\ln\beta-\ln(q+\beta-1)\right]}{n}\right\}} \end{cases} \tag{10-17}$$

10.1.2.2 弹性极限点 $\sigma_{\rm cd}$ 后

尾砂胶结材料微元体的破坏具有随机性，为了考虑尾砂胶结材料损伤阈值对其力学特性的影响，假定尾砂胶结材料损伤破坏服从三参数 Weibull 分布，从统计学角度建立尾砂胶结材料的损伤模型。在加载过程中，当尾砂胶结材料试样的应变达到 $\varepsilon_{\rm cd}$ 后，其损伤变量函数为

$$D=1-\exp\left[-\left(\frac{\varepsilon-\varepsilon_{\rm cd}}{F_1'}\right)^{n'}\right] \tag{10-18}$$

由式(9-5)和式(10-18)可得尾砂胶结材料弹性极限点 $\sigma_{\rm cd}$ 后阶段的损伤本构模型为

$$\sigma=E(\varepsilon-\varepsilon_{\rm cd})\left\{1-\beta'+\beta'\exp\left[-\left(\frac{\varepsilon-\varepsilon_{\rm cd}}{F_1'}\right)^{n'}\right]\right\}+\sigma_{\rm cd} \tag{10-19}$$

式中：参数 n' 、F_1' 和 β' 同前文参数 m' 、F_0' 和 α 。

联立边界条件式(10-6)和损伤本构模型式(10-19)，整理可得

$$\begin{cases} E(\varepsilon_{\rm f}-\varepsilon_{\rm cd})\left\{1-\beta'+\beta'\exp\left[-\left(\dfrac{\varepsilon_{\rm f}-\varepsilon_{\rm cd}}{F_1'}\right)^{n'}\right]\right\}+\sigma_{\rm cd}=\sigma_{\rm f} \\ E\left\{1-\beta'+\beta'\exp\left[-\left(\dfrac{\varepsilon_{\rm f}-\varepsilon_{\rm cd}}{F_1'}\right)^{n'}\right]\right\}-n\beta'E\exp\left[-\left(\dfrac{\varepsilon_{\rm f}-\varepsilon_{\rm cd}}{F_1'}\right)^{n'}\right]\left(\dfrac{\varepsilon_{\rm f}-\varepsilon_{\rm cd}}{F_1'}\right)^{n'}=0 \end{cases} \tag{10-20}$$

为方便运算，可令常数 $q' = \dfrac{\sigma_{\mathrm{f}} - \sigma_{\mathrm{cd}}}{E\left(\varepsilon_{\mathrm{f}} - \varepsilon_{\mathrm{cd}}\right)}$，进而令 $h' = \dfrac{q'}{q' + \beta' - 1}$，可得出参数 n' 和 F_1'：

$$\begin{cases} n' = \dfrac{h'}{\ln \beta' - \ln\left(q' + \beta' - 1\right)} \\ F_1' = \dfrac{\varepsilon_{\mathrm{f}} - \varepsilon_{\mathrm{cd}}}{\exp\left\{\dfrac{\ln\left[\ln \beta' - \ln\left(q' + \beta' - 1\right)\right]}{n'}\right\}} \end{cases} \tag{10-21}$$

联立式(10-14)和式(10-21)，可得尾砂胶结材料试样在单轴压缩条件下弹性极限点 σ_{cd} 前后的修正损伤本构模型为

$$\sigma=\begin{cases} E\varepsilon\left\{1-\beta+\beta\exp\left[-\left(\dfrac{\varepsilon}{F_1}\right)^n\right]\right\} & \left(\varepsilon \leqslant \varepsilon_{\mathrm{cd}}\right) \\ E\left(\varepsilon-\varepsilon_{\mathrm{cd}}\right)\left\{1-\beta'+\beta'\exp\left[-\left(\dfrac{\varepsilon-\varepsilon_{\mathrm{cd}}}{F_1'}\right)^{n'}\right]\right\}+\sigma_{\mathrm{cd}} & \left(\varepsilon > \varepsilon_{\mathrm{cd}}\right) \end{cases} \tag{10-22}$$

10.1.3　声发射参数与损伤本构模型的耦合关系模型

采用声发射技术对尾砂胶结材料的损伤破坏过程进行研究，通过对比分析诸多声发射参数的表征效果，结果发现[4,5]：振铃计数与材料内部结构产生损伤所释放的应变能成比例，它是声发射参数中能够较准确地反映材料力学性能和结构变化的特征参量之一。所以，以振铃计数和累计振铃计数作为表征参数，可以较好地对尾砂胶结材料的损伤演化规律进行研究。

通过单轴压缩试验和声发射试验对尾砂胶结材料试样同步监测，以时间为中间变量建立累计振铃计数和尾砂胶结材料应变的耦合关系。尾砂胶结材料应变和时间的关系，如图 10-1 所示。通过对试验数据进行拟合得到应变 ε 和时间 t 之间的线性函数关系为

$$\varepsilon = kt + \varepsilon_0 \tag{10-23}$$

式中：k 为加载应变率；ε_0 为初始应变，即材料在成型过程中产生的应变。

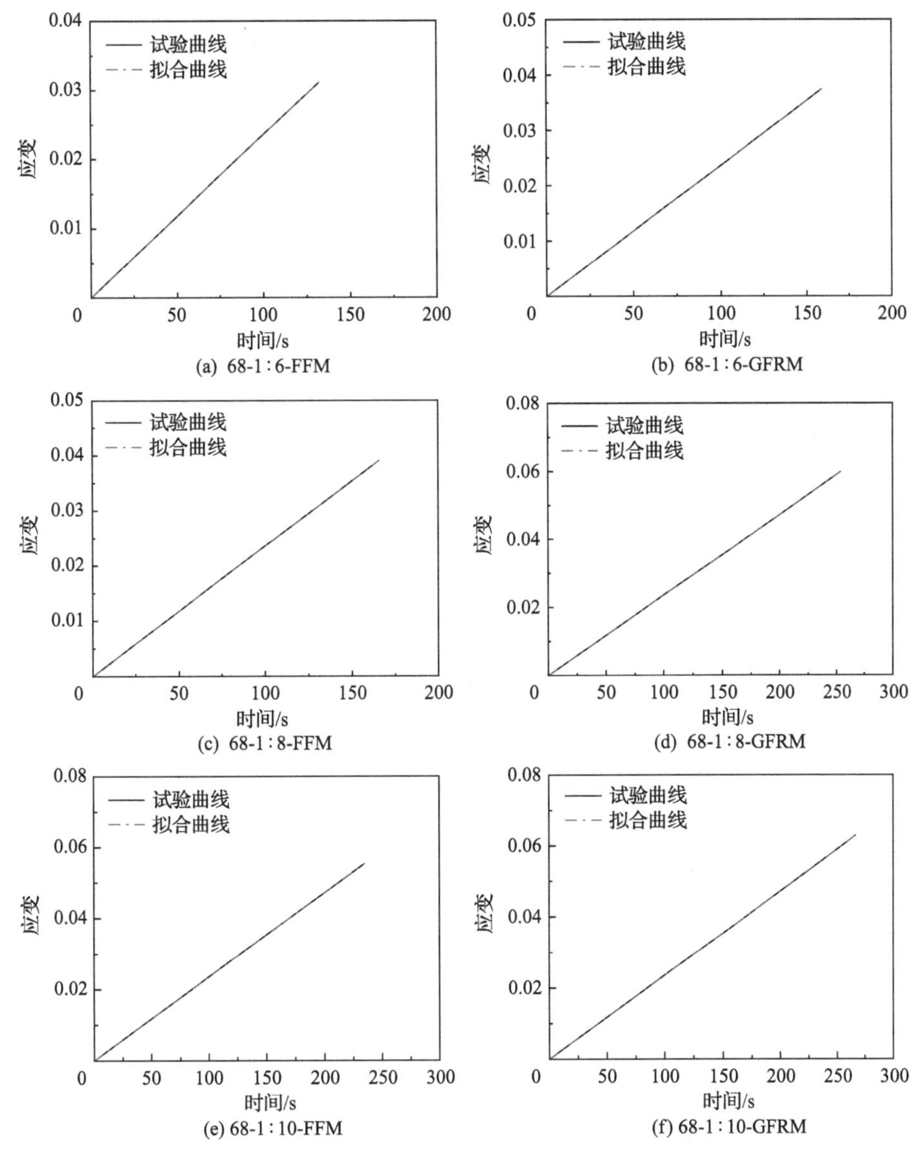

图 10-1　尾砂胶结材料试样应变和时间的关系曲线

根据累计振铃计数与时间关系曲线(图 10-2)，尾砂胶结材料试样在单轴压缩条件下累计振铃计数与时间存在逻辑斯蒂(Logistic)函数关系。引入相关函数并加以改进，如下：

$$N_{\mathrm{d}}=\frac{k_1-k_2}{1+(t/c)^p}+k_2 \tag{10-24}$$

式中：N_{d} 为累计振铃计数；k_1、k_2、c、p 为常数，可由试验数据拟合获得。

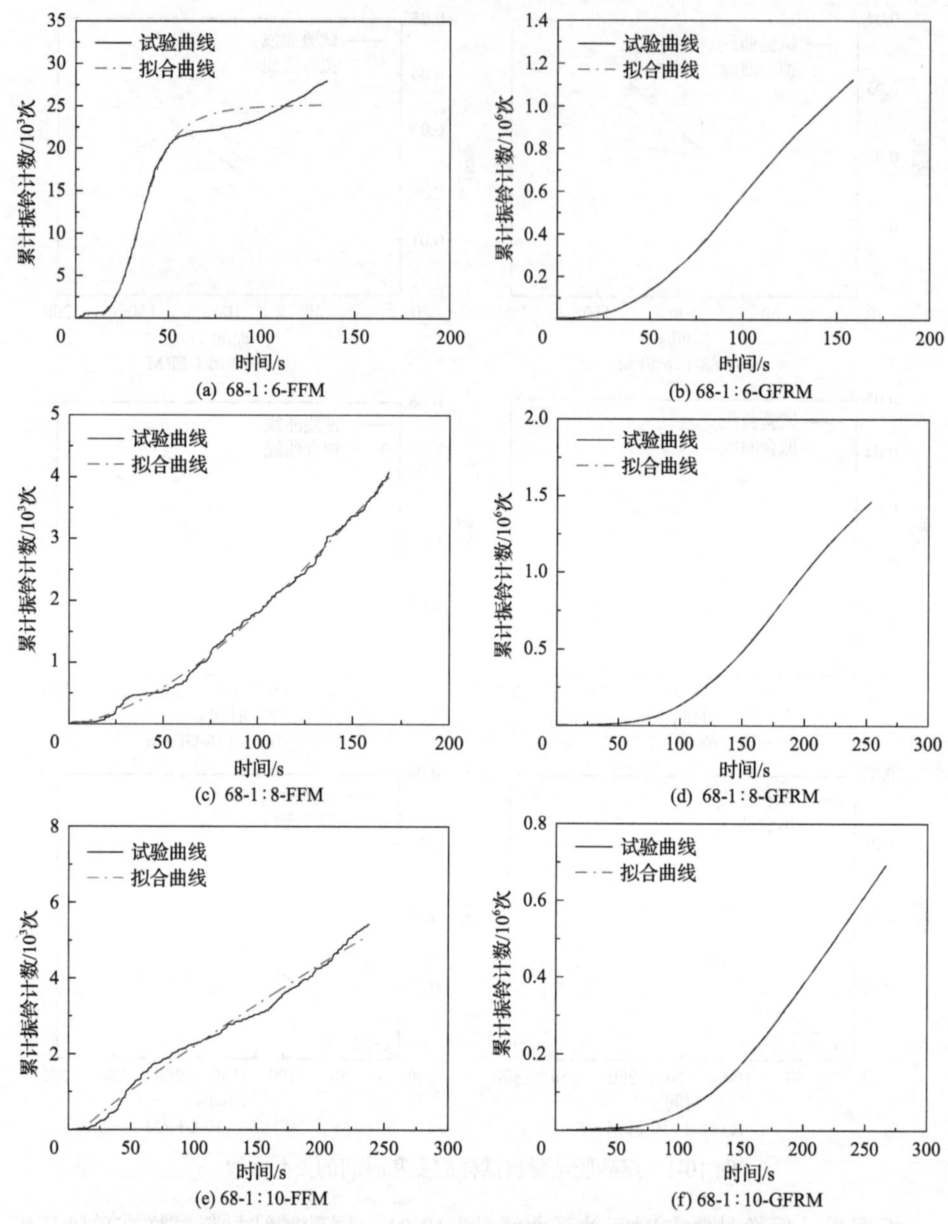

图 10-2　尾砂胶结材料试样累计振铃计数和时间的关系曲线

将式(10-23)代入式(10-24)得到累计振铃计数和尾砂胶结材料应变的耦合关系：

$$N_{\mathrm{d}} = \frac{k_1 - k_2}{1 + \left(\dfrac{\varepsilon - \varepsilon_0}{kc}\right)^p} + k_2 \tag{10-25}$$

在式(10-25)的基础上可以得到：

$$\varepsilon = kc\left(\frac{k_1 - k_2}{N_{\mathrm{d}} - k_2} - 1\right)^{\frac{1}{p}} + \varepsilon_0 \tag{10-26}$$

联立式(10-13)、式(10-18)和式(10-26)可以得出尾砂胶结材料试样在单轴压缩条件下累计振铃计数和尾砂胶结材料损伤变量之间的耦合关系为

$$D=\begin{cases} 0 & (\varepsilon \leqslant \varepsilon_{\mathrm{cd}}) \\ 1-\exp\left\{-\left\{\dfrac{1}{F_1'}\left[kc\left(\dfrac{k_1-k_2}{N_{\mathrm{d}}-k_2}-1\right)^{\frac{1}{p}}+\varepsilon_0-\varepsilon_{\mathrm{cd}}\right]\right\}^{n'}\right\} & (\varepsilon > \varepsilon_{\mathrm{cd}}) \end{cases} \tag{10-27}$$

结合式(10-22)、式(10-26)和式(10-27)，可以得出尾砂胶结材料试样单轴压缩下累计振铃计数和尾砂胶结材料应力之间的耦合关系为

$$\sigma=\begin{cases} E\varepsilon\left\{1-\beta\left\{1-\exp\left\{-\left\{\dfrac{1}{F_1}\left[kc\left(\dfrac{k_1-k_2}{N_{\mathrm{d}}-k_2}-1\right)^{\frac{1}{p}}+\varepsilon_0\right]\right\}^{n}\right\}\right\}\right\} & (\varepsilon \leqslant \varepsilon_{\mathrm{cd}}) \\ E(\varepsilon-\varepsilon_{\mathrm{cd}})\left\{1-\beta'\left\{1-\exp\left\{-\left\{\dfrac{1}{F_1'}\left[kc\left(\dfrac{k_1-k_2}{N_{\mathrm{d}}-k_2}-1\right)^{\frac{1}{p}}+\varepsilon_0-\varepsilon_{\mathrm{cd}}\right]\right\}^{n'}\right\}\right\}\right\}+\sigma_{\mathrm{cd}} & (\varepsilon > \varepsilon_{\mathrm{cd}}) \end{cases} \tag{10-28}$$

10.2　不同灰砂比尾砂胶结材料损伤模型验证

10.2.1　传统损伤本构模型验证

为了验证所建立的损伤本构模型的合理性，结合应力-应变曲线和传统损伤本构模型，得出力学参数及吻合度最高时的 Weibull 分布参数，见表 10-1。根据式(10-10)和式(10-12)，采用不同的修正损伤系数对损伤变量进行修正，获得不同灰砂比尾砂胶结材料试样的传统损伤本构模型曲线，各尾砂胶结材料试样的理论应力-应变曲线具有相似性，如图 10-3 所示。对于不同灰砂比的尾砂胶结材料试样理论应力-应变曲线具有相似形态，图 10-3(a)～图 10-3(f)中修正损伤系

数 α 分别为 1.000、0.900、0.950、0.900、0.900 和 0.900 时，由 Weibull 分布理论推导的传统损伤本构模型曲线与试验应力-应变曲线吻合度最高。

表 10-1　传统损伤本构模型的力学参数及吻合度最高时的 Weibull 分布参数

试样	灰砂比	力学参数			Weibull 分布参数				
		σ_f /MPa	ε_f	E /MPa	a	α	b	m'	F_0'
FFM	1∶6	1.738	0.019	268.271	0.342	1.000	1.000	0.933	0.018
	1∶8	0.668	0.017	151.706	0.255	0.950	1.244	0.811	1.010
	1∶10	0.761	0.035	41.261	0.524	0.900	1.236	1.644	0.042
GFRM	1∶6	1.491	0.017	199.195	0.446	0.900	1.289	1.347	0.017
	1∶8	1.178	0.041	112.115	0.254	0.900	1.648	0.935	0.023
	1∶10	0.926	0.059	78.366	0.201	0.900	1.993	0.910	0.025

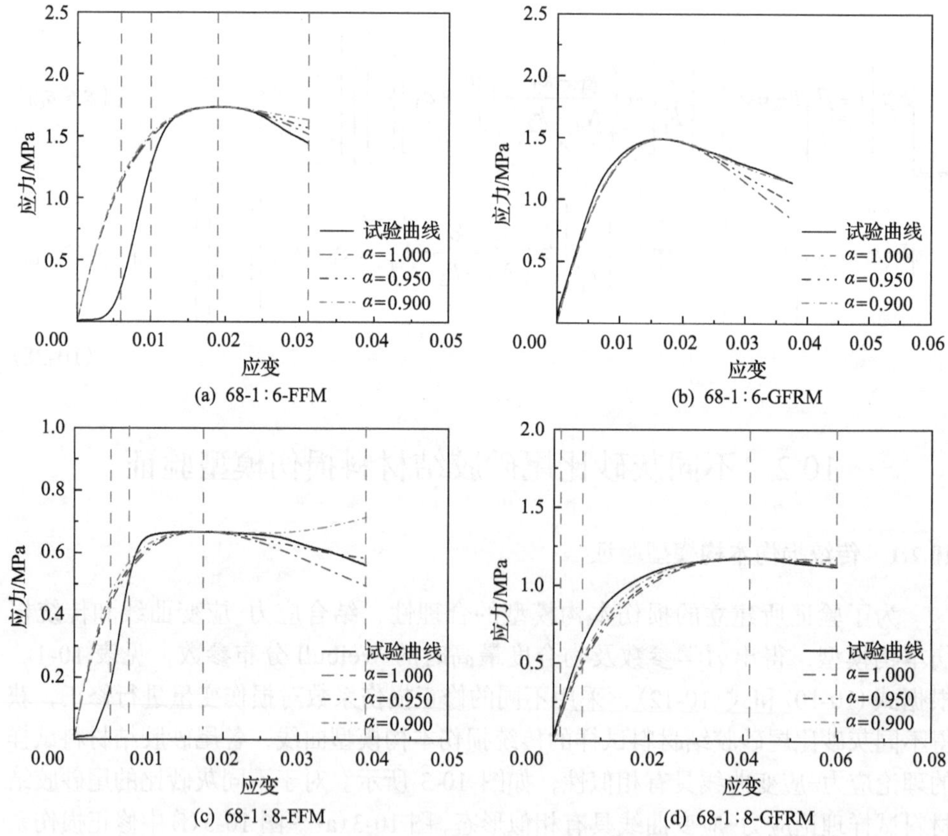

(a) 68-1∶6-FFM　(b) 68-1∶6-GFRM

(c) 68-1∶8-FFM　(d) 68-1∶8-GFRM

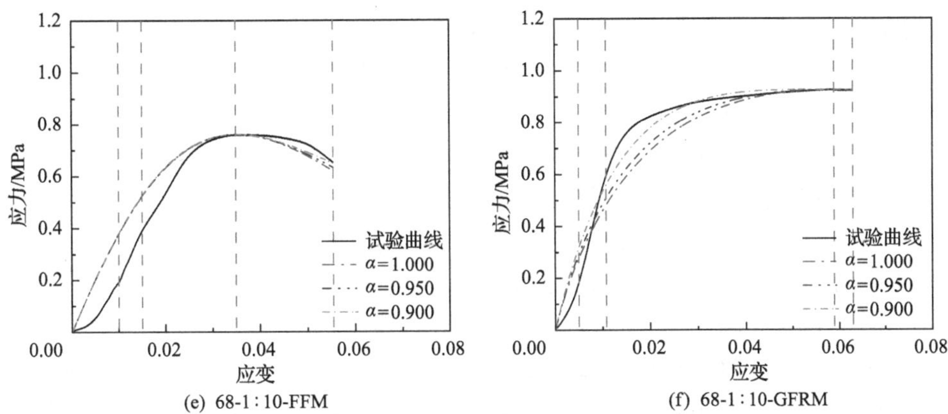

(e) 68-1∶10-FFM　(f) 68-1∶10-GFRM

图 10-3　基于应变统计分布的尾砂胶结材料试样试验曲线与传统理论应力-应变曲线

由图 10-3 对比分析发现，不同灰砂比尾砂胶结材料试样应力峰值后的理论应力-应变曲线与试验应力-应变曲线的变化趋势有较高的一致性，在应力峰值后几乎重合。并且，对于几乎不含初始压密阶段的灰砂比为 1∶6 和 1∶8 的 GFRM 试样来说，理论曲线与试验曲线几乎重合，变化趋势基本一致。因此，可以说明所定义的损伤变量用于表征尾砂胶结材料应力峰值后或不含初始压密阶段尾砂胶结材料的单轴压缩过程是比较合理的，传统损伤本构模型是比较可靠的。

以灰砂比为 1∶6 的 FFM 和 GRFB 理论曲线为例，在 $\alpha=0.900$ 条件下，FFM 试样的 $m'=1.077$, $F_0'=0.015$，GFRM 试样的 $m'=1.347$, $F_0'=0.017$。在 Weibull 分布参数 m'、F_0' 不变的情况下，探讨不同修正损伤系数 α 对应力-应变曲线的影响，如图 10-4 所示。在 α 从 0.900 到 1.000 的变化范围中，FFM 试样残余强度从 1.633MPa 减小到 0.886MPa，减小量高达 45.74%，峰值强度从 1.738MPa 减小到

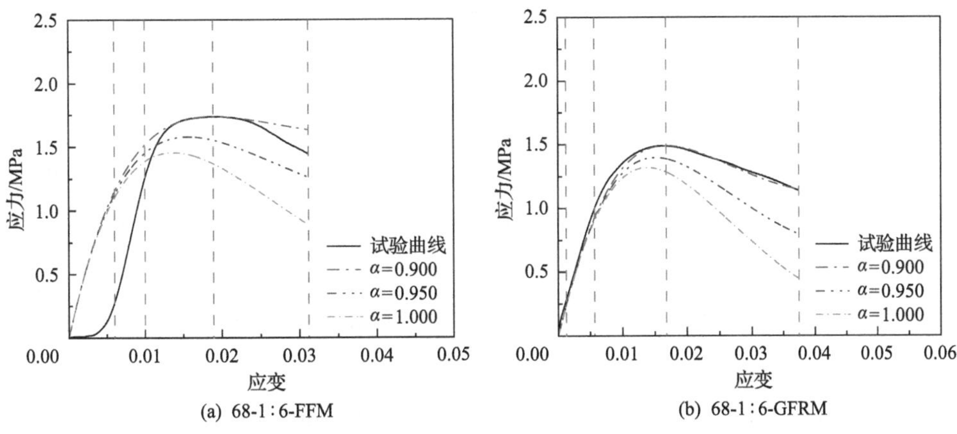

(a) 68-1∶6-FFM　(b) 68-1∶6-GFRM

图 10-4　不同修正损伤系数（m'、F_0' 不变）下的理论应力-应变曲线

1.455MPa,仅减小了 16.04%;GFRM 试样残余强度从 1.147MPa 减小到 0.445MPa，减小量高达 61.18%，峰值强度从 1.491MPa 减小到 1.319MPa，仅减小了 11.53%。这两种试样的初始压密阶段和弹性变形阶段未产生显著变化，说明修正损伤系数 α 主要影响尾砂胶结材料的峰后破坏阶段。

由图 10-3 对比分析发现，部分尾砂胶结材料试样(主要是 FFM 试样及灰砂比为 1 : 10 的 GFRM 试样)在塑性变形阶段前的理论曲线与试验曲线吻合度较低，主要原因是部分尾砂胶结材料的试验曲线在初始压密阶段呈上凹形，所建立的传统损伤本构模型忽略了尾砂胶结材料的初始压密阶段对模型的影响，同时引入修正损伤系数 α 对尾砂胶结材料的峰后破坏阶段修正效果显著，而对初始压密阶段和弹性变形阶段未产生显著变化。因此，需要考虑初始压密阶段的影响对传统损伤本构模型进行修正，建立考虑初始压密阶段的修正损伤本构模型，以期能够较好地描述尾砂胶结材料单轴压缩破坏全过程的应力-应变曲线特征。

10.2.2 修正损伤本构模型验证

结合应力-应变曲线和修正损伤本构模型得出力学参数及吻合度最高时的 Weibull 分布参数，见表 10-2。根据式(10-22)获得各不同灰砂比尾砂胶结材料试样的修正理论应力-应变曲线，如图 10-5 所示。由图 10-5 对比分析可以发现，当修正损伤系数 β=1 和 β'=1 时，各尾砂胶结材料试样的修正理论应力-应变曲线与试验应力-应变曲线的变化趋势基本一致，修正理论曲线与试验曲线几乎重合，吻合度较高。与传统损伤本构模型相比，修正损伤本构模型可以较好地模拟尾砂胶结材料试样在单轴压缩下应力-应变曲线变化的整个过程。建立的修正损伤演化及本构模型可为尾砂胶结材料的强度设计分析和工程应用提供科学参考依据。

表 10-2 修正损伤本构模型的力学参数及吻合度最高时的 Weibull 分布参数

试样	灰砂比	力学参数		σ_{cd} 前 Weibull 分布参数					σ_{cd} 后 Weibull 分布参数				
		σ_{cd} /MPa	ε_{cd}	q	β	h	n	F_1	q'	β'	h'	n'	F_1'
FFM	1 : 6	1.254	0.010	0.467	1.000	1.000	−1.498	0.008	0.202	1.000	1.000	0.626	0.004
	1 : 8	0.521	0.008	0.457	1.000	1.000	−1.517	0.006	0.099	1.000	1.000	0.433	0.001
	1 : 10	0.391	0.015	0.628	1.000	1.000	−1.273	0.008	0.446	1.000	1.000	1.239	0.024
GFRM	1 : 6	1.002	0.006	0.885	1.000	1.000	−1.063	0.001	0.221	1.000	1.000	0.662	0.006
	1 : 8	0.614	0.006	0.899	1.000	1.000	−1.055	0.001	0.143	1.000	1.000	0.514	0.010
	1 : 10	0.594	0.011	0.706	1.000	1.000	−1.196	0.004	0.088	1.000	1.000	0.412	0.006

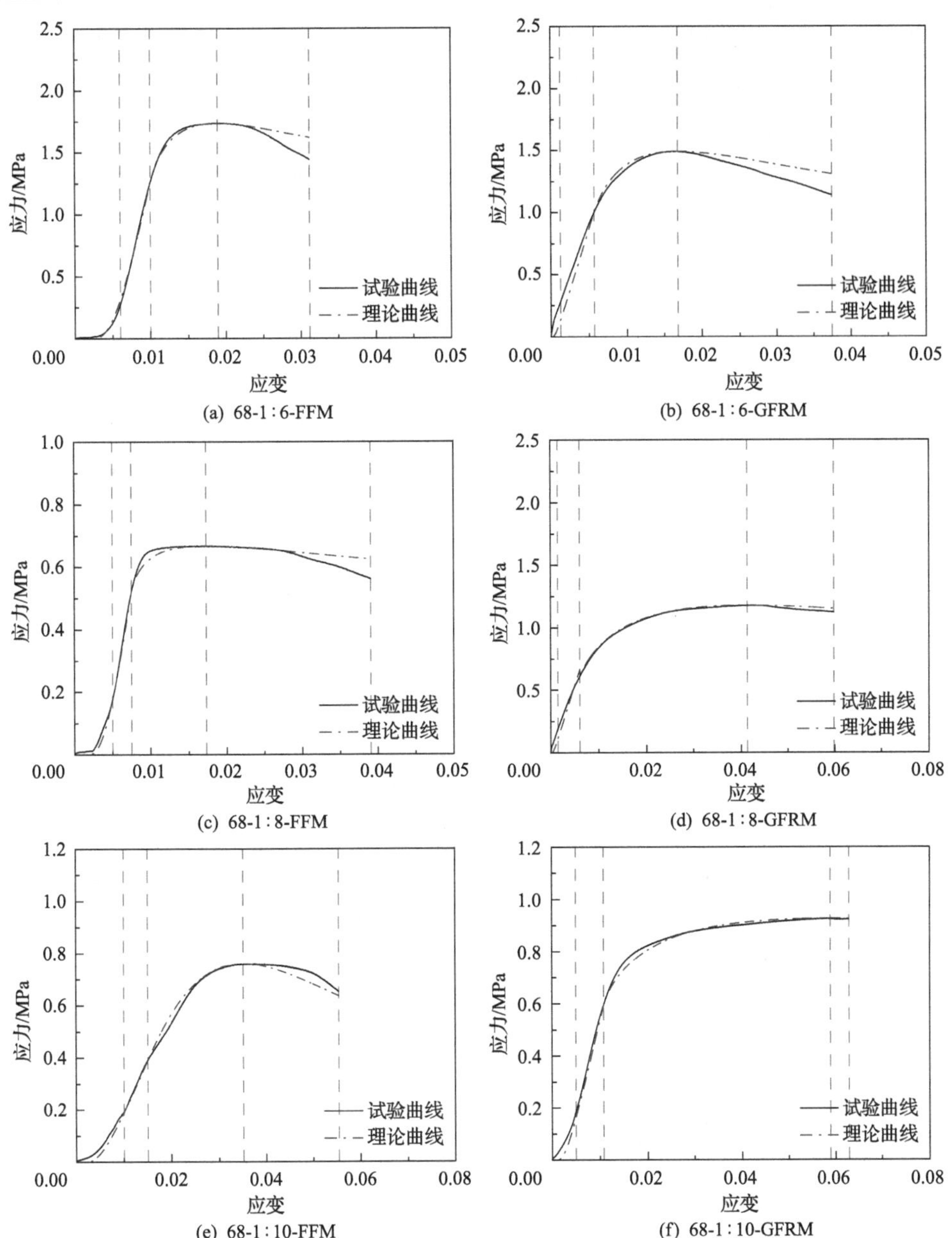

图 10-5 基于应变统计分布的尾砂胶结材料试样试验曲线与修正的理论曲线

10.2.3 声发射参数与损伤本构模型的耦合关系验证

为了对累计振铃计数和损伤本构模型的耦合关系进行验证，对单轴压缩试验采集到的数据进行分析，得到累计振铃计数与尾砂胶结材料应变、应力的试验曲线和耦合关系模型曲线，如图 10-6 和图 10-7 所示。相关耦合关系模型的拟合参数，见表 10-3。通过对比试验曲线和耦合关系模型曲线可以看出，累计振铃计数与应变、应力之间的耦合关系模型曲线与试验曲线整体上具有相同的变化趋势，吻合度较高，说明建立的累计振铃计数与应变、应力之间的耦合关系模型

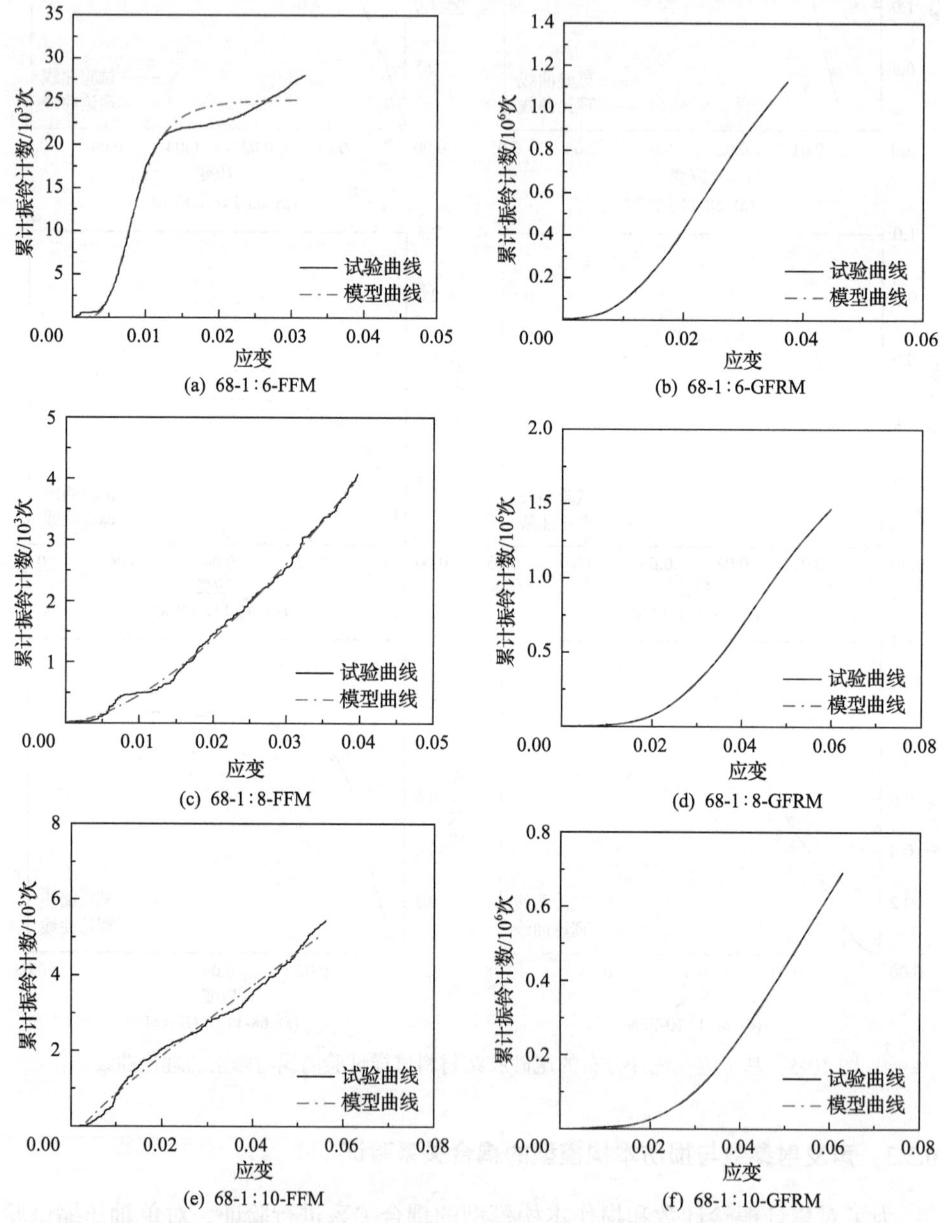

图 10-6　尾砂胶结材料试样累计振铃计数与应变的试验曲线及耦合关系模型曲线

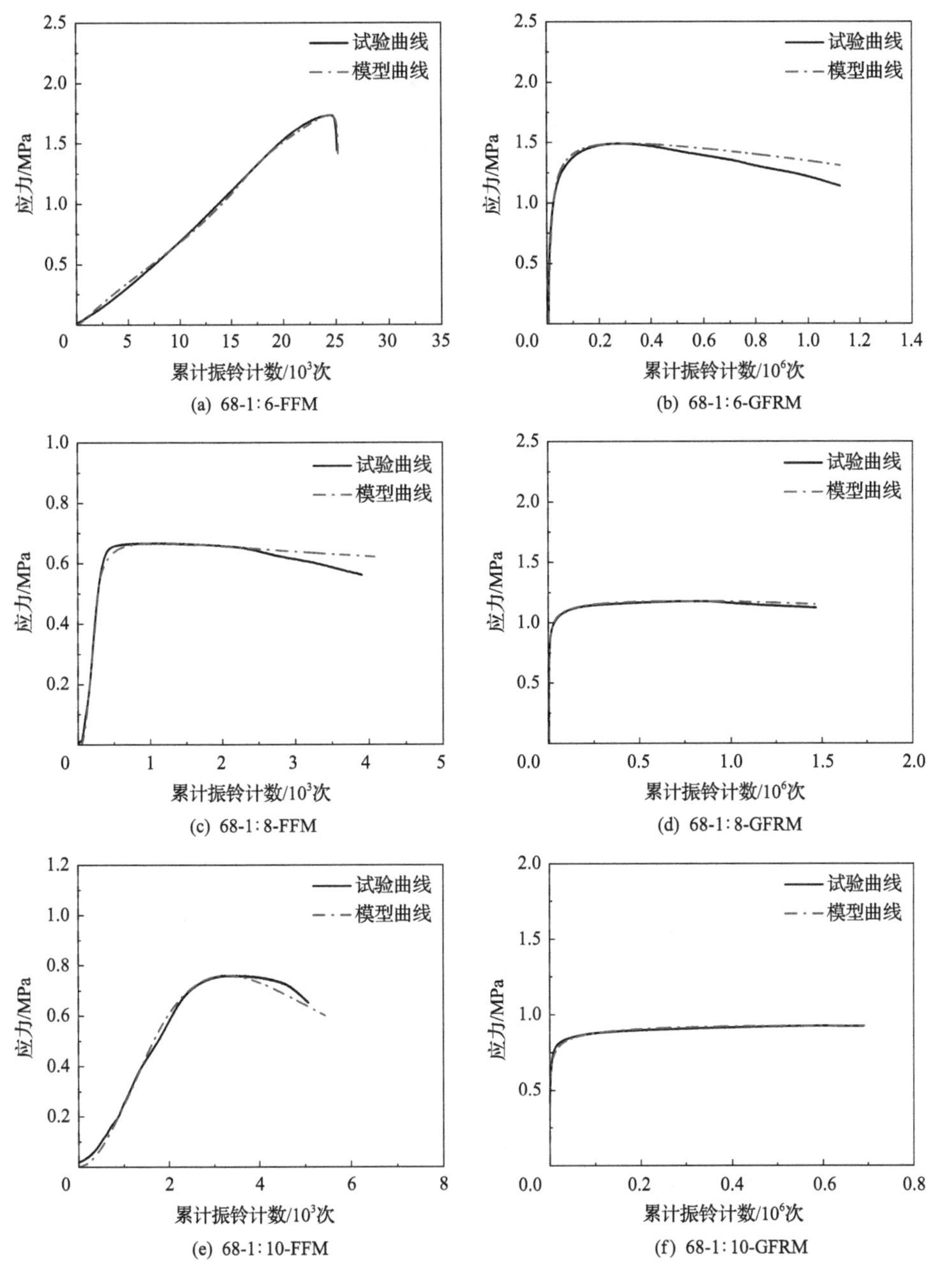

图 10-7　尾砂胶结材料试样累计振铃计数与应力的试验曲线及耦合关系模型曲线

是合理的，具有可预测性。另外，建立的声发射累计振铃计数和损伤变量之间的耦合模型给出了声发射累计振铃计数和损伤变量之间的定量关系，为以后通过声发射参数的变化来预测尾砂胶结材料在实际受力过程中的损伤程度具有重要的指导作用。

表 10-3　拟合参数表

试样	灰砂比	拟合参数							
		k /10^{-4}	ε_0 /10^{-6}	R^2	k_1	k_2 /10^6	c	p	R^2
FFM	1：6	2.358	−4.753	1.000	−61.100	0.025	36.277	4.31669	0.989
	1：8	2.358	−3.570	1.000	10.794	0.039	621.121	1.662	0.998
	1：10	2.357	−2.866	1.000	−349.287	39.963	5649691.940	0.883	0.986
GFRM	1：6	2.358	−4.261	1.000	6879.47065	1.844	134.447	2.644	0.999
	1：8	2.357	−2.559	1.000	4790.627	2.203	211.074	3.722	0.999
	1：10	2.357	−3.562	1.000	−1199.120	1.135	259.181	3.455	0.999

10.3　不同灰砂比尾砂胶结材料损伤模型讨论

10.3.1　模型参数影响

采用不同的修正损伤系数对损伤变量进行修正，考虑初始压密阶段的影响对损伤本构模型进行修正，得到不同的修正损伤本构模型曲线，各不同灰砂比尾砂胶结材料的理论曲线具有相似性。尾砂胶结材料试样在单轴压缩条件下弹性极限点 σ_{cd} 前后的修正损伤本构模型为

$$\sigma=\begin{cases} E\varepsilon\left\{1-\beta+\beta\exp\left[-\left(\dfrac{\varepsilon}{F_1}\right)^n\right]\right\} & (\varepsilon\leqslant\varepsilon_{cd}) \\ E\left(\varepsilon-\varepsilon_{cd}\right)\left\{1-\beta'+\beta'\exp\left[-\left(\dfrac{\varepsilon-\varepsilon_{cd}}{F_1'}\right)^{n'}\right]\right\}+\sigma_{cd} & (\varepsilon>\varepsilon_{cd}) \end{cases} \tag{10-29}$$

在尾砂胶结材料损伤本构模型中，修正损伤系数 β 和 β' 、形状参数 n 和 n' 、尺度参数 F_1 和 F_1' 直接影响着理论曲线的几何尺度和形状，参数的准确性对尾砂胶结材料损伤本构模型在单轴压缩条件下的适用性具有重要意义。以灰砂比为 1：6 的 FFM 和 GRFB 试样的理论曲线为例，采用控制变量法分析参数变化对理论曲线形状的影响。

(1) 参数 β 。FFM 试样保持参数 $n(-1.498)$ 、$F_1(0.008)$ 、$\beta'(1.000)$ 、$n'(0.626)$ 和 $F_1'(0.004)$ 的值不变，GFRM 试样保持参数 $n(-1.063)$ 、$F_1(0.001)$ 、$\beta'(1.000)$ 、$n'(0.662)$ 和 $F_1'(0.006)$ 的值不变，参数 β 分别取 0.850、0.900、0.950 和 1.000 对理论曲线的影响，如图 10-8 所示。从图 10-8 可以看出，FFM 和 GFRM 试样应力-应变曲线的上凹程度都随着 β 值的减小而减小，且应力随着 β 值的减小而增大。但

是，当β值在一定范围内减小时，GFRM 试样弹性极限点σ_{cd}前应力-应变曲线的变化不明显。

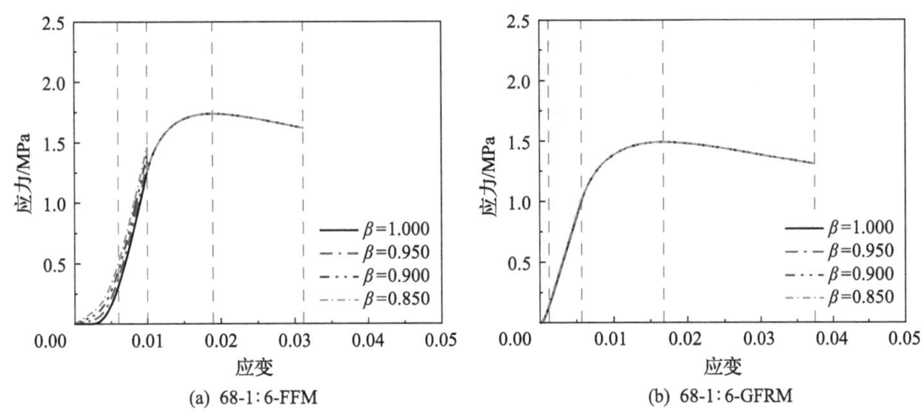

(a) 68-1∶6-FFM　(b) 68-1∶6-GFRM

图 10-8　参数β对理论曲线几何尺度和形状的影响

(2)参数n。FFM 试样保持参数$\beta(1.000)$、$F_1(0.008)$、$\beta'(1.000)$、$n'(0.626)$和$F_1'(0.004)$的值不变，n值分别取–4.498、–3.498、–2.498 和–1.498；GFRM 试样保持参数$\beta(1.000)$、$F_1(0.001)$、$\beta'(1.000)$、$n'(0.662)$和$F_1'(0.006)$的值不变，n值分别取–4.063、–3.063、–2.063 和–1.063，参数n对理论曲线的影响，如图 10-9 所示。从图 10-9 可以看出，FFM 和 GFRM 试样应力-应变曲线的上凹程度都随着n值的减小而增大，且应力变化速率都随着n值的减小而增大。当参数n值减小时，FFM 试样应力-应变曲线变化显著，并且当n值减小一定值后，FFM 和 GFRM 试样的弹性极限应力都有所增加。

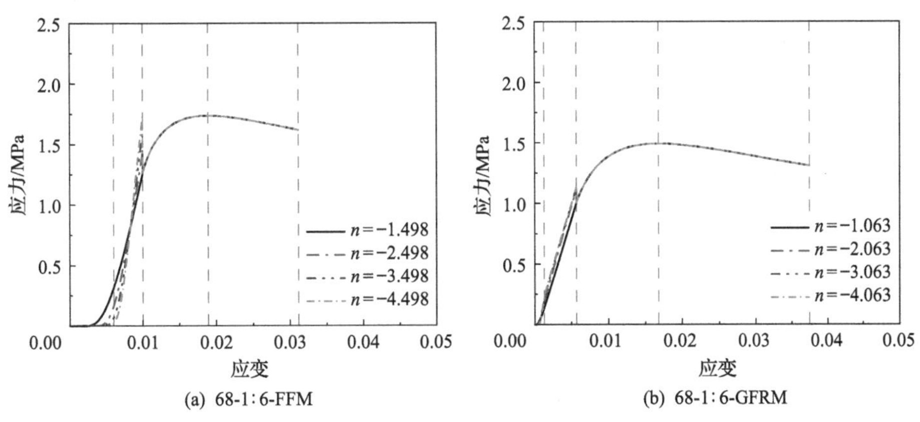

(a) 68-1∶6-FFM　(b) 68-1∶6-GFRM

图 10-9　参数n对理论曲线几何尺度和形状的影响

(3)参数F_1。FFM 试样保持参数$\beta(1.000)$、$n(-1.498)$、$\beta'(1.000)$、$n'(0.626)$

和 $F_1'(0.004)$ 的值不变，F_1 值分别取 0.008、0.010、0.012 和 0.014；GFRM 试样保持参数 $\beta(1.000)$ 、$n(-1.063)$ 、$\beta'(1.000)$ 、$n'(0.662)$ 和 $F_1'(0.006)$ 的值不变，F_1 值分别取 0.001、0.003、0.005 和 0.007，参数 F_1 对理论曲线的影响，如图 10-10 所示。由图 10-10 可知，FFM 和 GFRM 试样应力-应变曲线的上凹程度都随着 F_1 值的增大而减小，且应力变化速率都随着 F_1 值的增大而减小。当参数 F_1 值增大时，FFM 和 GFRM 试样应力-应变曲线变化显著，并且 FFM 和 GFRM 试样的弹性极限应力随着 F_1 值的增大都有明显降低。

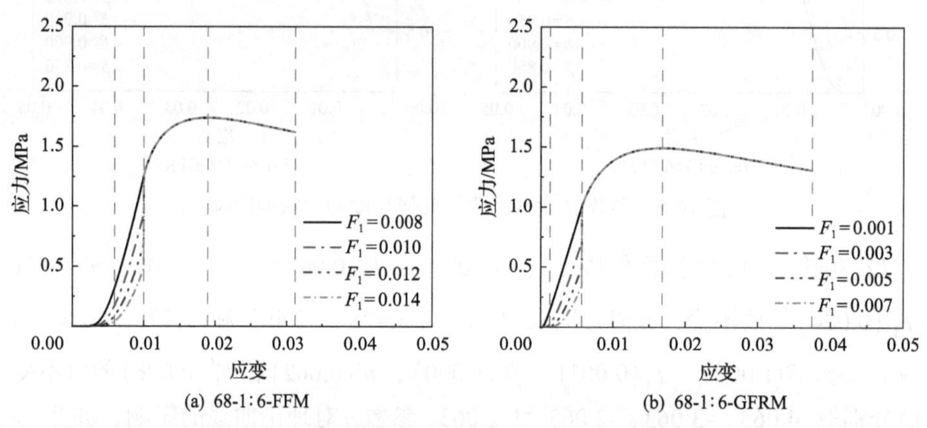

(a) 68-1∶6-FFM　　(b) 68-1∶6-GFRM

图 10-10　参数 F_1 对理论曲线几何尺度和形状的影响

(4) 参数 β' 。FFM 试样保持参数 $\beta(1.000)$ 、$n(-1.498)$、$F_1(0.008)$、$n'(0.626)$ 和 $F_1'(0.004)$ 的值不变，GFRM 试样保持参数 $\beta(1.000)$ 、$n(-1.063)$ 、$F_1(0.001)$、$n'(0.662)$ 和 $F_1'(0.006)$ 的值不变，参数 β' 都分别取 0.850、0.900、0.950 和 1.000 对理论曲线的影响，如图 10-11 所示。从图 10-11 可以看出，修正损伤系数 β' 同

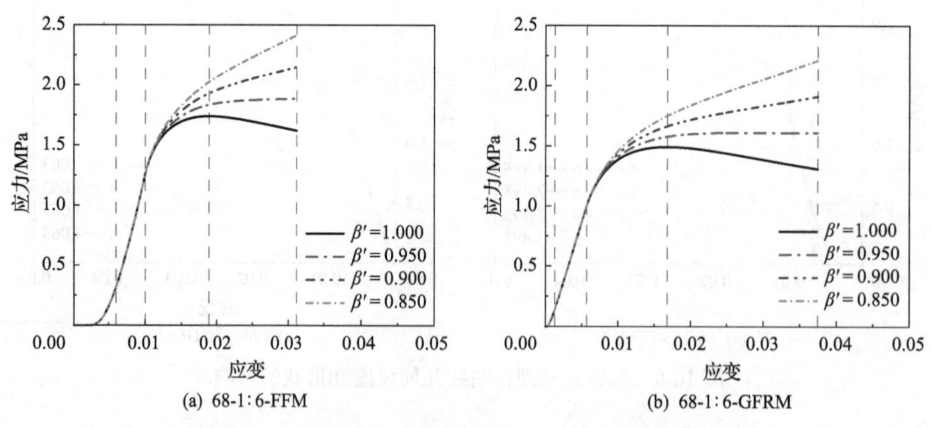

(a) 68-1∶6-FFM　　(b) 68-1∶6-GFRM

图 10-11　参数 β' 对理论曲线几何尺度和形状的影响

修正损伤系数α对 FFM 和 GFRM 试样应力-应变曲线的影响一致，主要影响尾砂胶结材料的峰后破坏阶段。FFM 和 GFRM 试样应力-应变曲线在弹性极限点之后逐渐分离，曲线的应力随着β'值的减小而增大。FFM 和 GFRM 试样的峰值应力和残余应力都有所增加，但残余应力的增加率更大。

(5) 参数n'。FFM 试样保持参数$\beta(1.000)$、$n(-1.498)$、$\beta'(1.000)$、$F_1(0.008)$和$F_1'(0.004)$的值不变，n'值分别取 0.476、0.526、0.576 和 0.626；GFRM 试样保持参数$\beta(1.000)$、$n(-1.063)$、$\beta'(1.000)$、$F_1(0.001)$和$F_1'(0.006)$的值不变，n'值分别取 0.512、0.562、0.612 和 0.662，参数n'对理论曲线的影响，如图 10-12 所示。由图 10-12 可知，不同n'值对应的 4 条应力-应变曲线在塑性变形阶段初期几乎重合，在峰后破坏阶段变化明显。FFM 和 GFRM 试样应力-应变曲线在接近峰值应力时逐渐分离，应力降低速率随着n'值的减小而减小，且曲线的应力随着n'值的减小而增大。FFM 和 GFRM 试样的峰值应力和残余应力都有所增加，但残余应力的增加率更大，表明n'值对残余应力的影响更大。

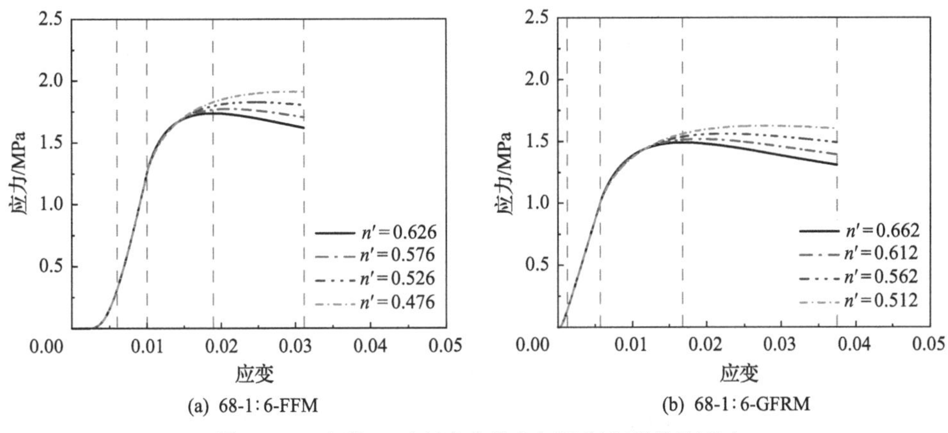

(a) 68-1∶6-FFM　(b) 68-1∶6-GFRM

图 10-12　参数n'对理论曲线几何尺度和形状的影响

(6) 参数F_1'。FFM 试样保持参数$\beta(1.000)$、$n(-1.498)$、$\beta'(1.000)$、$F_1(0.008)$和$n'(0.626)$的值不变，F_1'值分别取 0.001、0.002、0.003 和 0.004；GFRM 试样保持参数$\beta(1.000)$、$n(-1.063)$、$\beta'(1.000)$、$F_1(0.001)$和$n'(0.662)$的值不变，F_1'值分别取 0.003、0.004、0.005 和 0.006，参数F_1'对理论曲线的影响，如图 10-13 所示。由图 10-13 可知，FFM 和 GFRM 试样应力-应变曲线在弹性极限点之后逐渐分离，变化趋势基本相似，且应力随着F_1'值的减小而减小，即 FFM 和 GFRM 试样的峰值应力和残余应力都有所减小。

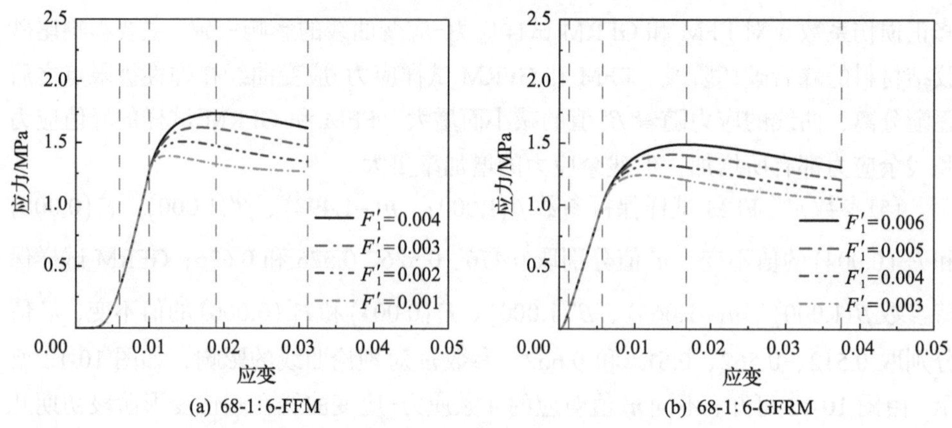

(a) 68-1∶6-FFM　(b) 68-1∶6-GFRM

图 10-13　参数 F_1' 对理论曲线几何尺度和形状的影响

10.3.2　损伤演化特征

在荷载作用下，尾砂胶结材料内部会产生大量的裂纹，同时部分裂纹不断地发育，并呈现持续扩展的趋势，在此过程中尾砂胶结材料内部结构的损伤不断累积。尾砂胶结材料试样在单轴压缩条件下弹性极限点 σ_{cd} 前后的修正损伤演化模型为

$$D=\begin{cases}0 & (\varepsilon \leqslant \varepsilon_{cd}) \\ 1-\exp\left[-\left(\dfrac{\varepsilon-\varepsilon_{cd}}{F_1'}\right)^{n'}\right] & (\varepsilon > \varepsilon_{cd})\end{cases} \tag{10-30}$$

根据式(10-30)可以得到不同灰砂比尾砂胶结材料试样的损伤演化曲线，如图 10-14 所示。由图 10-14 可以看出，在损伤扩展之后，随着应变的增加，不同灰砂比尾砂胶结材料试样的损伤变量呈单调递增最后趋于平缓的趋势，其演化过程可以划分为三个阶段。①无损伤阶段：损伤变量为 0，尾砂胶结材料试样处于初始压密阶段和弹性变形阶段，损伤变量-应变曲线在应变轴上呈直线。②非稳定损伤发展阶段：尾砂胶结材料试样内部损伤不断发展，损伤变量从 0 开始先快速增加后缓慢增加，损伤变量-应变曲线呈凸形。③损伤破坏阶段：尾砂胶结材料试样内部损伤变量增长速率减慢，损伤变量最终趋于稳定，损伤变量-应变曲线由凸形转变为直线。尾砂胶结材料试样损伤的三个阶段表明，随着应变的增加，尾砂胶结材料试样内部损伤逐渐积累并不断增大；当尾砂胶结材料试样进入非稳定损伤发展阶段时，尾砂胶结材料试样内部的微破裂出现了急剧变化，内部损伤持续扩展。从图 10-14 中可以看出，玻璃纤维的掺入和灰砂比的减小对尾砂胶结材

料试样内部损伤演化过程产生了类似的影响。随着玻璃纤维的掺入，尾砂胶结材料试样内部的损伤劣化速度减慢，说明玻璃纤维抑制了损伤的扩展，使得尾砂胶结材料试样的损伤演化过程延长；随着灰砂比的减小，尾砂胶结材料试样内部损伤累积发展的趋势变缓，表现为尾砂胶结材料试样内部损伤演化过程延长，说明尾砂胶结材料试样的脆性在减弱，延性在增强。

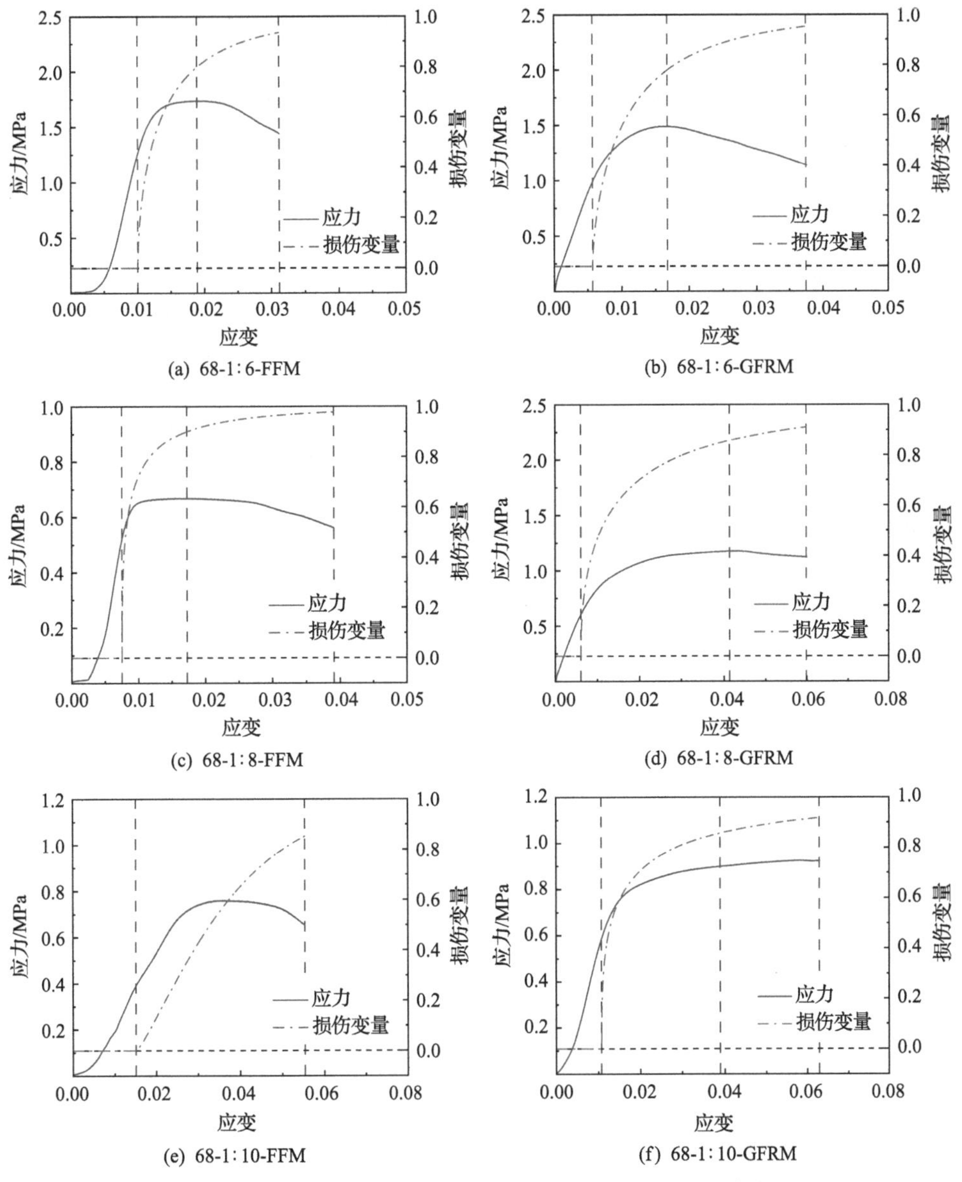

(a) 68-1∶6-FFM

(b) 68-1∶6-GFRM

(c) 68-1∶8-FFM

(d) 68-1∶8-GFRM

(e) 68-1∶10-FFM

(f) 68-1∶10-GFRM

图 10-14 不同灰砂比尾砂胶结材料试样的损伤演化曲线

参 考 文 献

[1] 赵康, 朱胜唐, 周科平, 等. 钽铌矿尾砂胶结充填体力学特性及损伤规律研究[J]. 采矿与安全工程学报, 2019, 36(2): 413-419.

[2] 赵康, 赵康奇, 严雅静, 等. 不同含量玻璃纤维尾砂充填体损伤规律与围岩匹配关系[J]. 岩石力学与工程学报, 2023, 42(1): 144-153.

[3] 程爱平, 舒鹏飞, 张玉山, 等. 充填体-围岩组合体声发射特征与损伤本构研究[J]. 采矿与安全工程学报, 2020, 37(6): 1238-1245.

[4] Zhou Y, Yan Y J, Zhao K, et al. Study of the effect of loading modes on the acoustic emission fractal and damage characteristics of cemented paste backfill[J]. Construction and Building Materials, 2021, 277: 122311.

[5] Yu G B, Yang P, Chen Y Z. Study on damage constitutive model of cemented tailings backfill under uniaxial compression[J]. Applied Mechanics and Materials, 2013, 353-356: 379-383.

[6] Gao R, Zhou K, Yang C. Damage mechanism of composite cemented backfill based on complex defects influcnce[J]. Materials Science & Engineering Technology, 2017, 48(9): 893-904.

[7] 邓代强, 姚中亮, 唐绍辉, 等. 单轴压缩作用下充填体损伤本构模型研究[J]. 土工基础, 2006, 20(3): 53-55.

[8] Wang J, Fu J X, Song W D, et al. Mechanical behavior, acoustic emission properties and damage evolution of cemented paste backfill considering structural feature[J]. Construction and Building Materials, 2020, 261: 119958.

[9] Liu W Z, Chen J T, Guo Z P, et al. Mechanical properties and damage evolution of cemented coal gangue-fly ash backfill under uniaxial compression: effects of different curing temperatures[J]. Construction and Building Materials, 2021, 305: 124820.

[10] 曹文贵, 赵衡, 张玲, 等. 考虑损伤阀值影响的岩石损伤统计软化本构模型及其参数确定方法[J]. 岩石力学与工程学报, 2008(6): 1148-1154.

[11] 曹文贵, 赵衡, 李翔, 等. 基于残余强度变形阶段特征的岩石变形全过程统计损伤模拟方法[J]. 土木工程学报, 2012, 45(6): 139-145.

[12] 李海潮, 张升. 基于修正 Lemaitre 应变等价性假设的岩石损伤模型[J]. 岩土力学, 2017, 38(5): 1321-1326, 1334.

11 单轴压缩下不同纤维增强尾砂胶结材料数值模拟

由于在试验中对尾砂胶结材料承载全过程的内部结构进行实时捕捉较为困难，大量研究人员通过数值模拟软件模拟尾砂胶结材料破坏过程，研究其破坏机理，取得了较为丰富的成果。吴疆宇等[1]建立了考虑骨料粒径分布和多种颗粒介质及接触面的尾砂胶结材料颗粒流模型，探讨了尾砂胶结材料承载全程能量、裂纹、力链和颗粒破坏的演化规律。Fu 等[2]采用三维颗粒流程序进行了尾砂胶结材料的压缩试验和数值模拟。Liu 等[3]开展了尾砂胶结材料三轴压缩应力、应变特性的数值模拟。Yan 等[4]基于连续损伤力学方法建立了考虑尾矿粒度分布的尾砂胶结材料硬化过程、已知确定的成分强度特征以及对水泥水化机理的现有认识的一个数值模型。而对纤维增强尾砂胶结材料进行数值模拟的研究较少。因此，有必要开展对不同纤维增强尾砂胶结材料的数值模拟研究，对揭示其变形破坏的细观机理具有重要意义。

11.1 不同纤维增强尾砂胶结材料数值模型

FLAC 是快速拉格朗日差分分析(fast Lagrangian analysis of continua)的简写，源于立体动力学，最早在固体力学领域得到运用。FLAC^{3D} 是在 FLAC 的基础上进一步发展得到的，是进行三位数值计算分析的软件。软件以拉格朗日差分理论为基础，能模拟岩土体在强度极限或屈服状态下逐渐失稳破坏过程中所受的力学状态与塑性流动的力学行为，特别适用于模拟施工过程、大变形分析以及弹塑性流动的力学行为，目前已在采矿工程、岩土工程中得到广泛利用并取得不错的成果。

FLAC^{3D} 采用的是快速拉格朗日显式有限差分法，因此，可以解决多种其他有限元程序无法模拟的复杂工程问题。例如，分布开挖、大应变及大变形、非线性及非稳定系统，甚至是大面积屈服、失稳或完全塌方等问题。相比于常用的有限元法，FLAC^{3D} 数值模拟软件具有几个优点。

(1) FLAC^{3D} 模拟材料的屈服或塑性流动特性采用的是混合离散法，这种方法相较于有限元法常采用的降阶积分来说更为合理。

(2) FLAC^{3D} 即使对静力问题采用的都是动态运动方程进行求解，从而使得 FLAC^{3D} 可以模拟动态问题(振动、大变形、大应变和失稳等)。

(3) FLAC^{3D} 采用的是显式方法进行求解，这使得非线性和线性本构关系在算法上并无区别，在已知应变增量的条件下，可以迅捷地求出应力增量，并得到平衡力，这个过程就像实际中的物理过程一样，可以追踪系统的演化过程。同时，它不需要去储存刚度矩阵，求解多单元结构模拟大变形问题仅需要采用中等容量的内存。

FLAC^{3D} 具有丰富多样的本构模型，并具有强大的内嵌 FISH 语言。这使得使用者可以定义材料的分布规律及变量，在数值模拟试验中可以进行伺服控制。同时，使用者可以使用内部定义的 FISH 变量和函数来获取计算过程中的位移、材料参数、不平衡力等节点和单元参数。

11.1.1 模型尺寸及网格划分

为了研究单轴作用下不同纤维增强尾砂胶结材料的力学性能和破坏规律，并与室内力学试验比较分析，选取与第 2 章试验试样相同的模型尺寸，即 70.7mm×70.7mm×70.7mm 的立方体试样。

有限差分网格涵盖了所建立模型试样的所有需要分析的物理区域，最小的网格可以只由一个单元构成。然而，大部分模型的网格通常都由成千上万个单元构成。通常来说，所建立模型的网格划分得越细，单元的尺寸就越小，同时，模拟的精度也就越高，但这也意味着模型计算所花费的时间也会越长。因此，综合多方面因素的考虑，将构建模型单元划分为 50×50×50，共有 125000 个单元，试样模型及网格划分示意图如图 11-1 所示。

图 11-1　试样模型及网格划分示意图

11.1.2 模型材料参数

材料特性主要是由材料本身的物理特性决定，考虑到室内力学试验所采用的尾砂胶结材料试样与实际工程尾砂胶结材料存在一定的差别，所以需要在一定程度上对试验所得的数据进行折减。常用的力学参数折减方法有经验法、模糊数学评判法等。本次模拟使用的是经验法，通过经验公式对力学参数进行一定程度的折减。尾砂胶结材料的物理力学参数见表 11-1，其中弹性模量、体积模量、剪切模量和抗拉强度按经验公式取值，经验公式如下：

$$E = 0.2 \times 138 \times \sigma_c \tag{11-1}$$

$$K = \frac{E}{3(1-2\mu)} \tag{11-2}$$

$$G = \frac{E}{2(1+\mu)} \tag{11-3}$$

$$\sigma_t = 0.1\sigma_c \tag{11-4}$$

式中：K 为尾砂胶结材料体积模量；G 为剪切模量；σ_t 为抗拉强度；σ_c 为抗压强度；E 为弹性模量；μ 为泊松比，按经验取值。

表 11-1　尾砂胶结材料的物理力学参数

试样	弹性模量 E/MPa	抗压强度 σ_c /MPa	抗拉强度 σ_t /MPa	体积模量 K/MPa	剪切模量 G/MPa	黏聚力 c/MPa	泊松比 μ	内摩擦角 φ/(°)
FFM	13.80	0.50	0.050	7.67	5.75	0.12	0.20	30
PFRM	20.15	0.80	0.080	14.72	8.83	0.12	0.25	30
GFRM	20.08	0.73	0.073	11.90	8.40	0.125	0.20	30

11.1.3　模型本构关系的选择及加载方式

由第 2 章可知，尾砂胶结材料在达到极限抗压强度产生破坏后还具有一定的承载能力，这符合应变软化的特征。因此，模型的本构关系选择应变软化模型。FLAC^{3D} 中的应变软化模型是在剪切流动法则不相关联而拉力流动法则相关联的莫尔-库仑(Mohr-Coulomb)屈服准则的基础上建立的一种本构模型。该模型与理想弹塑性本构模型的差别在于塑性屈服开始后，黏聚力、摩擦角、剪胀扩容和抗压强度都可能会发生变化，在数值模拟计算过程中通过这些参数的变化来反映材料的应变软化特性。加载方式采用位移加载的方式控制，试样破坏时停止。

11.1.4　单轴数值模型

根据上述内容编写 FLAC^{3D} 内置 FISH 语言，建立尾砂胶结材料的应变软化模型。值得注意的是，在模型建立过程中通过采用锚杆单元来模拟聚丙烯腈和玻璃纤维在尾砂胶结材料中的作用。将锚杆单元的长度、屈服强度等参数与聚丙烯腈纤维和玻璃纤维保持一致，并将锚杆单元在所建立的立方体模型中随机分布，以确保更精确地模拟纤维在尾砂胶结材料中的分布情况。所建立的尾砂胶结材料三维模型如图 11-2 所示。

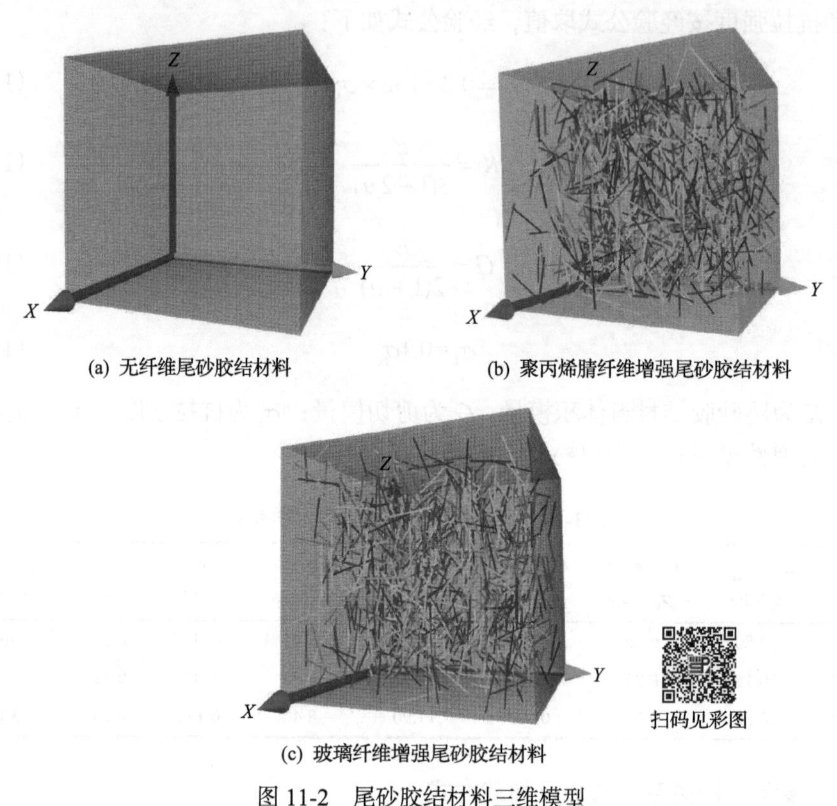

(a) 无纤维尾砂胶结材料　(b) 聚丙烯腈纤维增强尾砂胶结材料

(c) 玻璃纤维增强尾砂胶结材料

图 11-2　尾砂胶结材料三维模型

11.2　单轴压缩下纤维增强尾砂胶结材料数值模拟结果

11.2.1　单轴压缩过程中应力分布特征

探究单轴压缩下尾砂胶结材料裂纹扩展情况及裂隙周边的应力分布情况，提取数据和图形的平面为主破坏面(y=0，xz 平面)，尾砂胶结材料最大、最小主应力图如图 11-3 所示。由图 11-3 可知，尾砂胶结材料裂纹在开裂时裂纹处会出现最大应力和最小应力集中，其中无纤维尾砂胶结材料、聚丙烯腈纤维增强尾砂胶结材料和玻璃纤维增强尾砂胶结材料的最大、最小主应力分别为 5.68×10^4、-2.5×10^5，2.3×10^4、-6.75×10^5，2.08×10^4、-6.5×10^5。值得注意的是无纤维尾砂胶结材料最大、最小主应力均在试样中部集中，且形成 X 形，与无纤维尾砂胶结材料出现明显的 X 共轭斜面剪切形状破坏有较好的一致性。而聚丙烯腈纤维增强尾砂胶结材料和玻璃纤维增强尾砂胶结材料的最大、最小主应力集中较为分散，且大多都是沿着加载的方向，这与尾砂胶结材料宏观破坏的方式相符合。

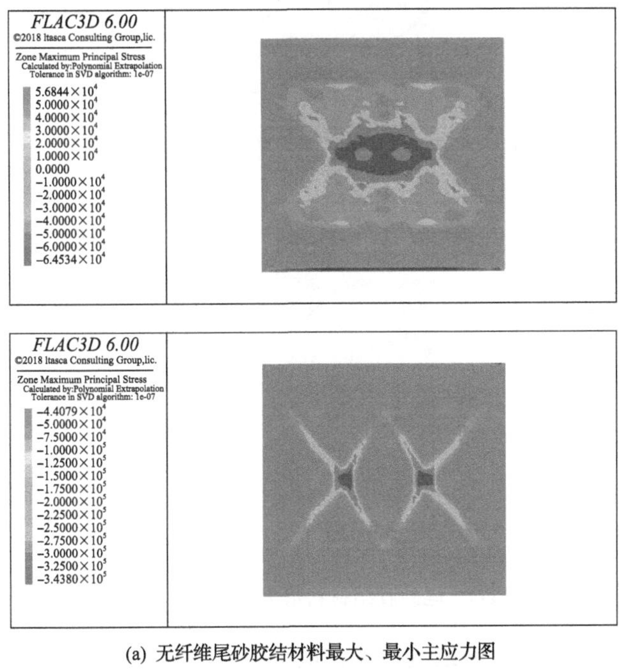

(a) 无纤维尾砂胶结材料最大、最小主应力图

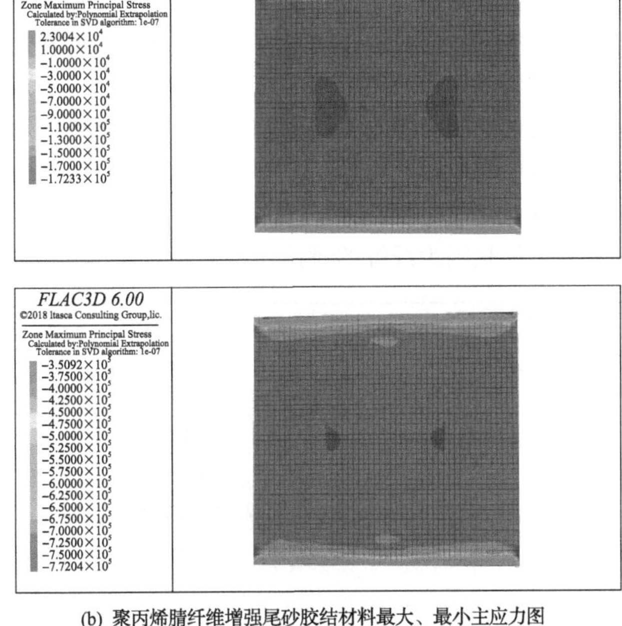

(b) 聚丙烯腈纤维增强尾砂胶结材料最大、最小主应力图

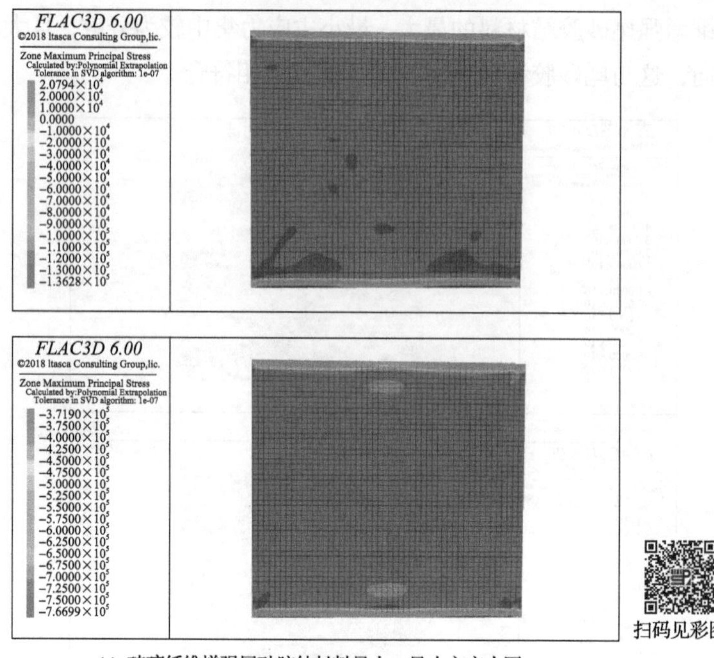

(c) 玻璃纤维增强尾砂胶结材料最大、最小主应力图

图 11-3　尾砂胶结材料最大、最小主应力图

图 11-4 为尾砂胶结材料顶端最大、最小主应力图，在 FLAC^{3D} 中，受拉代数值为正，受压代数值为负。如图 11-4 所示，尾砂胶结材料的最大、最小主应力均为负值，尾砂胶结材料试样加载处表面区域产生受压区，受压区下方产生一片受拉应力集中区域。裂纹开始扩展时，随着微裂纹的汇集、延伸和贯通，荷载下方的受拉区逐渐减小。无纤维尾砂胶结材料的顶部最大、最小应力从靠近中心的部分向四个角扩散，而聚丙烯腈纤维增强尾砂胶结材料和玻璃纤维增强尾砂胶结材料的顶端最大主应力从中间向四个角蔓延，呈一个中间大的 X 形，并在四个角点和中间应力集中；最小主应力从中间向四边扩散，形成一个+，并在中间和四边的中点上应力集中。这可能是因为纤维的桥接作用使尾砂胶结材料的强度有一定的

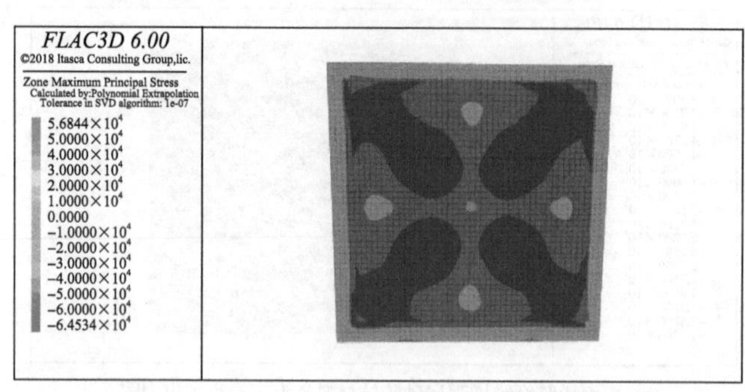

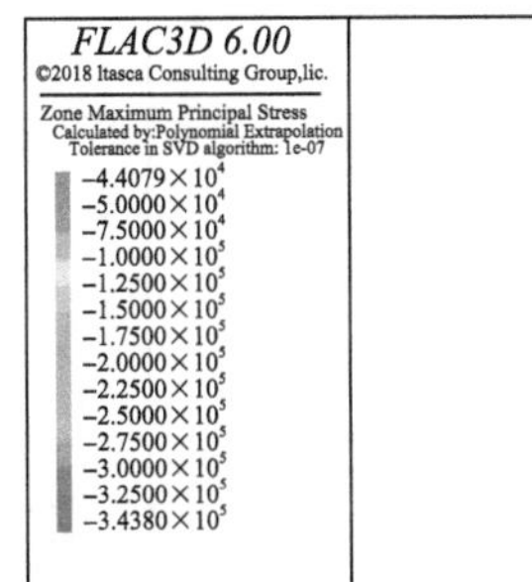

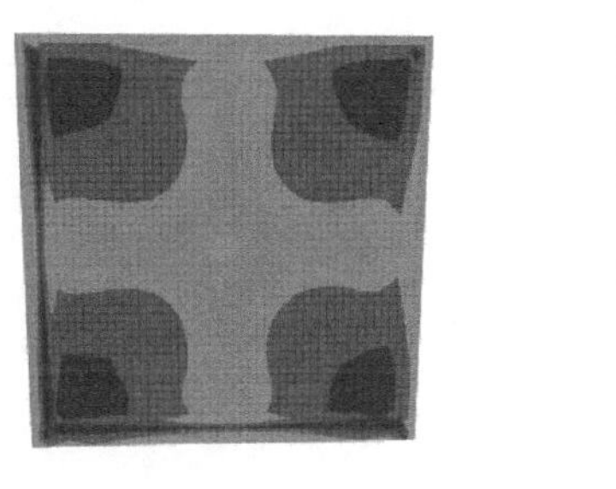

(a) 无纤维尾砂胶结材料最大、最小主应力图

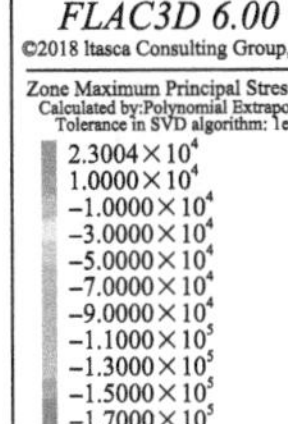

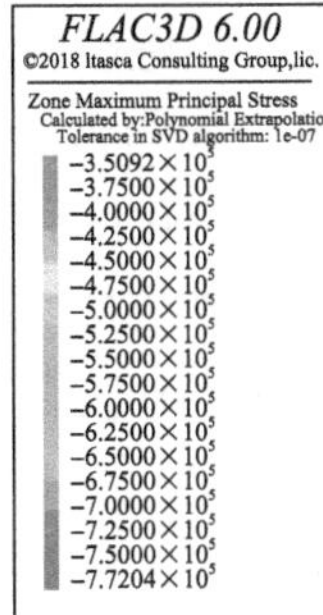

(b) 聚丙烯腈纤维增强尾砂胶结材料最大、最小主应力图

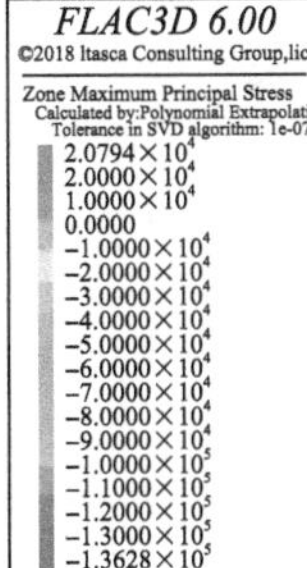

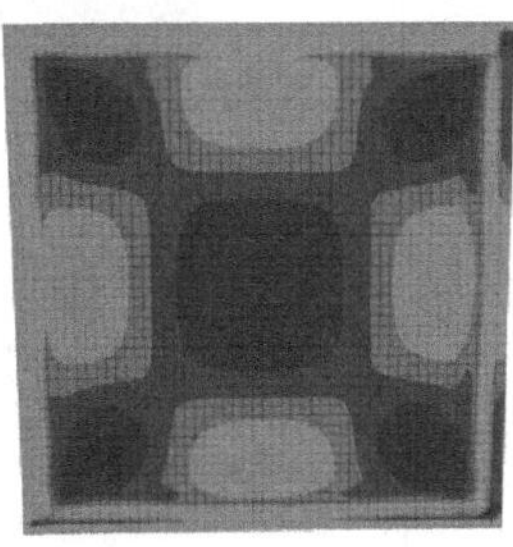

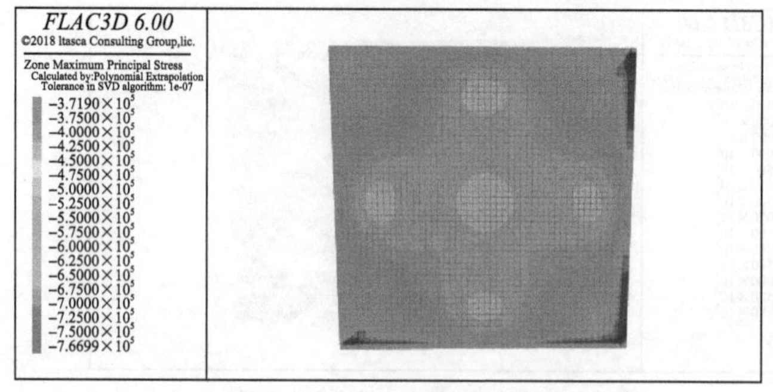

扫码见彩图

(c) 玻璃纤维增强尾砂胶结材料最大、最小主应力图

图 11-4　尾砂胶结材料顶端最大、最小主应力图

增强，故在四周形成较小的应力集中区域，而在中间形成较大的应力集中区域。而无纤维尾砂胶结材料在四个角点形成较大的应力集中区域，故会更早出现试样崩落等现象。

11.2.2　单轴压缩过程中加载方向位移变化

图 11-5 为尾砂胶结材料加载方向位移分布图。由图 11-5 可知，无纤维尾砂胶结材料加载方向的位移变化区间为−1.959～1.959mm，聚丙烯腈纤维增强尾砂胶结材料加载方向的位移变化区间为−3.3～3.3mm，玻璃纤维增强尾砂胶结材料加载方向的位移变化区间为−3.3～3.3mm。其中，负号表示位移方向与坐标方向相反。通过对比可以发现，聚丙烯腈纤维增强尾砂胶结材料位移的变化区间最大，而无纤维尾砂胶结材料位移的变化区间最小。这说明无纤维尾砂胶结材料相对其他两种纤维增强尾砂胶结材料来说更早发生破坏，而添加纤维的尾砂胶结材料在达到极限抗压强度后不会立即破坏，还具有一定的承载能力。因此，纤维增强尾砂胶结材料加载方向的位移区间大于无纤维尾砂胶结材料。这与第 2 章所得的结论是一致的。

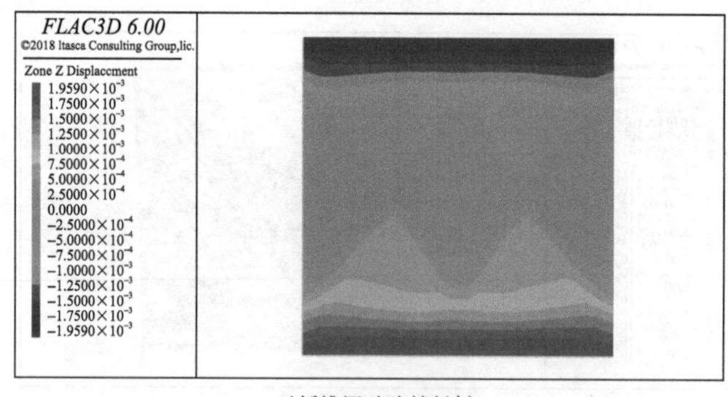

(a) 无纤维尾砂胶结材料

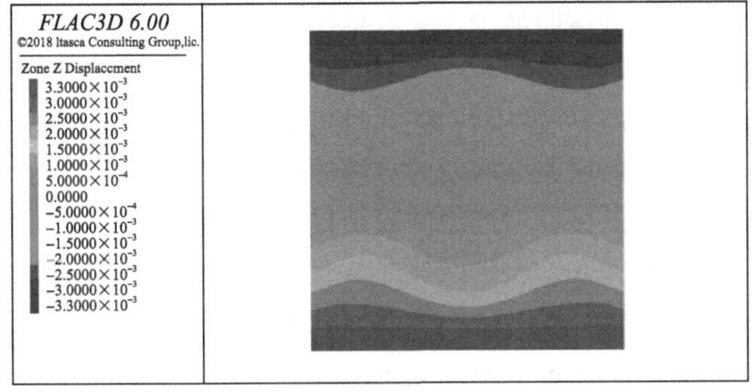

(b) 聚丙烯腈纤维增强尾砂胶结材料

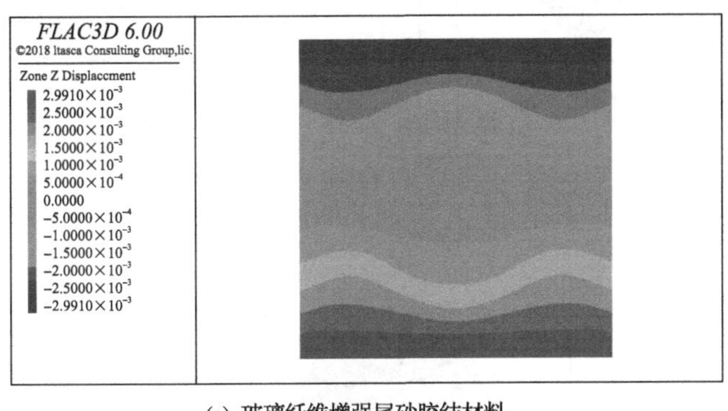

扫码见彩图

(c) 玻璃纤维增强尾砂胶结材料

图 11-5 尾砂胶结材料加载方向位移分布图

同时，不同尾砂胶结材料加载方向的位移分布均是沿水平方向对称分布，在数值上均是从两端向中心逐渐增大，且所分布的面积也逐步扩大。这符合单轴压缩下试样位移的变化规律，即试样加载方向两端的位移最大。同时，这也说明了此次模型建立的合理性与准确性。值得注意的是，聚丙烯腈纤维增强尾砂胶结材料和玻璃纤维增强尾砂胶结材料加载方向的位移变化相对比较均匀，而无纤维尾砂胶结材料加载方向的位移加速向中心扩散，形成双 X 形。这与第 2 章所得的结论“无纤维尾砂胶结材料呈明显的 X 剪切共轭破坏，而纤维增强尾砂胶结材料主要沿加载方向发生破坏”有较好的一致性。

11.2.3 单轴压缩过程中塑性区分布

通过在 $FLAC^{3D}$ 内嵌的 FISH 中添加塑性区的判定环节，可得到尾砂胶结材料试样内部塑性区分布，如图 11-6 所示，其中红色部分为试样屈服区域。由图 11-6 可知，尾砂胶结材料的塑性区分布均呈漏斗状，但存在一定的区别。无纤维尾砂胶结材料塑性区分布更深且更为完整，而聚丙烯腈纤维增强尾砂胶结材料和玻璃纤维增强尾砂胶结材料的塑性区分布则更为稀散，呈开花状的漏斗。这说明了纤维增强尾砂胶结材料的屈服区域明显少于无纤维尾砂胶结材料，无纤维尾砂胶结材料的破坏程度也高于纤维增强尾砂胶结材料。并且无纤维尾砂胶结材料的各角点均发生屈服，所以无纤维尾砂胶结材料破坏时角点会出现碎块崩落的现象。同时，纤维增强尾砂胶结材料的屈服区域较为分散的原因可能是纤维的加入具有桥接和阻裂作用，在一定程度上可以增加尾砂胶结材料的抗压强度，从而使尾砂胶结材料在达到峰值强度后不会立即发生破坏而具有一定的承载能力，从而使得纤维增强尾砂胶结材料发生屈服破坏的区域明显少于无纤维尾砂胶结材料。

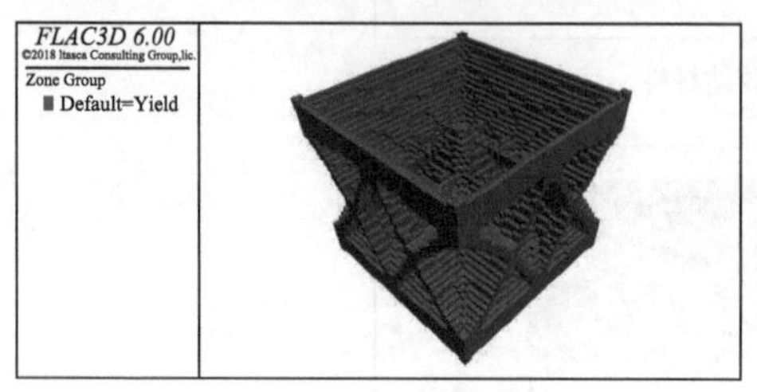

(a) 无纤维尾砂胶结材料

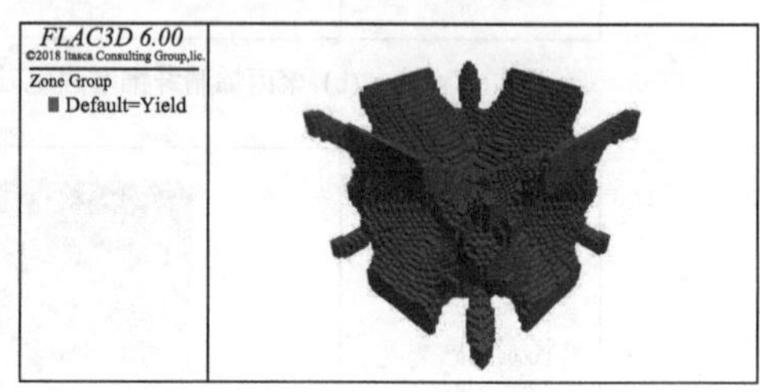

(b) 聚丙烯腈纤维增强尾砂胶结材料

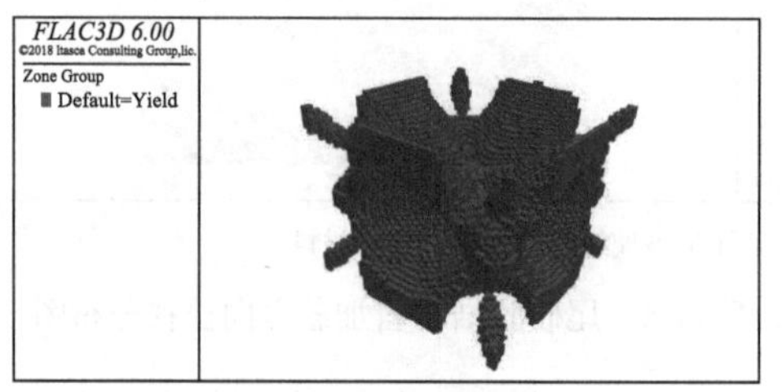

扫码见彩图

(c) 玻璃纤维增强尾砂胶结材料

图 11-6　尾砂胶结材料试样内部塑性区分布图

11.2.4　单轴压缩过程中位移-应力曲线

根据室内试验测得不同尾砂胶结材料试样的基本力学参数，通过拟合公式计算模拟所需参数，对三种不同尾砂胶结材料进行单轴压缩数值模拟，并得到不同尾砂胶结材料的应力-位移曲线，如图 11-7 所示。图 11-7 的尾砂胶结材料应力-位移曲线与第 2 章的室内力学试验所得的应力-应变曲线对比可知，不同尾砂胶结材料的应力-应变曲线大致相同，均可分为初始压密阶段、弹性变形阶段、塑性变形阶段、峰后破坏阶段。值得注意的是，由图 11-7(b)和(c)可以明显看出，纤维增强尾砂胶结材料的应力在达到应力峰值后，应力快速下降，但出现了一个或两个应力次峰的情况。这可能是因为本次数值模拟的纤维采用的是锚杆单元，将其他参数均设置较小，只设置杨氏模量和屈服强度来模拟纤维在尾砂胶结材料内部产生的作用。因此，锚杆单元可能在一定程度上增强了尾砂胶结材料的抗压强度，尾砂胶结材料的应力出现了在短时间内下降又上升的情况。此外，无纤维尾砂胶结材料、聚丙烯腈纤维增强尾砂胶结材料和玻璃纤维增强尾砂胶结材料单轴压缩数值模拟的峰值强度分别为 0.522MPa、0.804MPa 和 0.764MPa，与室内力学试验所测得的抗压强度误差分别为 4.4%、1%和 4.66%。由此可见，FLAC^{3D}能够较好地模拟出尾砂胶结材料在单轴压缩条件下的破坏情况。

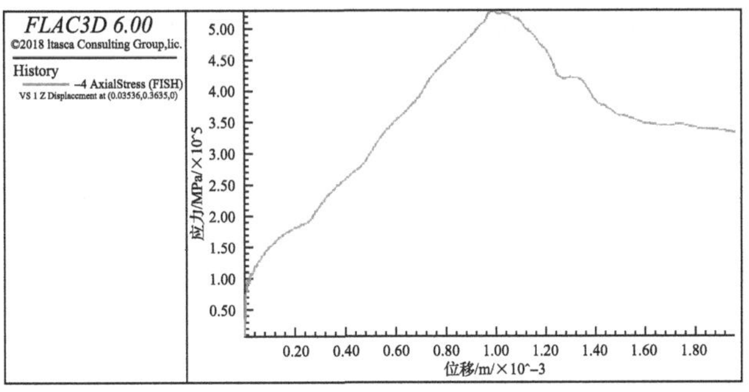

(a) 无纤维尾砂胶结材料

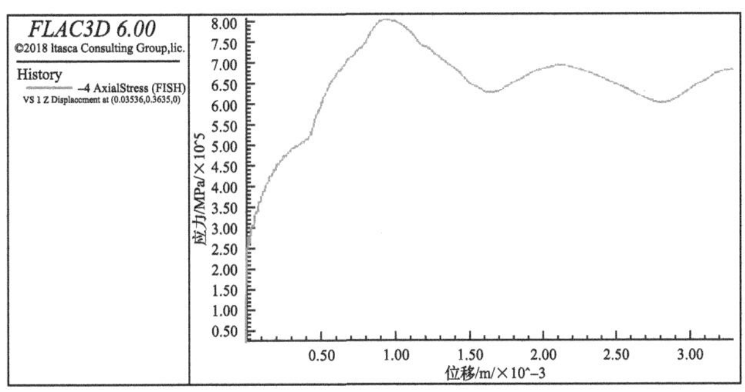

(b) 聚丙烯腈纤维增强尾砂胶结材料

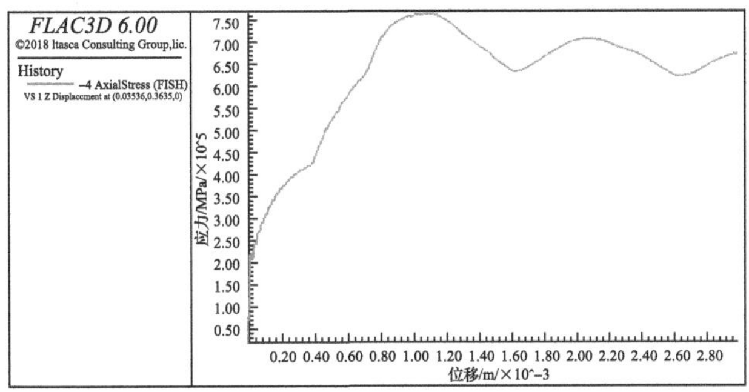

(c) 玻璃纤维增强尾砂胶结材料

图 11-7 尾砂胶结材料应力-位移曲线

参 考 文 献

[1] 吴疆宇, 靖洪文, 浦海, 等. 分形矸石胶结充填体的宏细观力学特性[J]. 岩石力学与工程学报, 2021, 40(10): 18.

[2] Fu J, Wang J, Song W. Damage constitutive model and strength criterion of cemented paste backfill based on layered effect considerations-ScienceDirect[J]. Journal of Materials Research and Technology, 2020, 9(3): 6073-6084.

[3] Liu Q S, Liu D F, Tian Y C, et al. Numerical simulation of stress-strain behaviour of cemented paste backfill in triaxial compression[J]. Engineering Geology, 2017, 231: 165-175.

[4] Yan B, Jia H, Yilmaz E, et al. Numerical study on microscale and macroscale strength behaviors of hardening cemented paste backfill[J]. Construction and Building Materials, 2022, 321: 126327.